端曲面齿轮时变啮合传动设计及应用

林 超 著

科学出版社

北京

内 容 简 介

本书主要论述了端曲面齿轮传动原理、设计、分析、制造、实验及潜在应用等方面的相关内容。在原理方面，研究了端曲面齿轮传动的时变啮合原理、啮合规律、运动特征及复合传动特点；在设计方面，研究了端曲面齿轮的设计准则、节曲线及齿廓设计，直（斜）齿端曲面齿轮设计，端曲面齿轮虚拟仿真及匹配模式设计；在分析方面，研究了端曲面齿轮传动的时变运动、时变力学、时变接触、时变动态及时变复合传动等时变特性；在制造方面，研究了端曲面齿轮传动的三轴、五轴、增材制造与测量等相关技术；在实验方面，研究了端曲面齿轮传动相关实验技术及验证方法；在潜在应用方面，探究了端曲面齿轮时变啮合传动机构在捆压机构、联轴器、机器人、冲击钻及柱塞泵等方面的潜在应用。端曲面齿轮传动是一种新型空间非圆齿轮传动机构，研究还处于探索阶段，尚不成熟，故本书系统地介绍了相关的基础理论研究及其潜在的应用研究。

本书可供大专院校教师、研究生以及从事特殊传动机构与空间非圆齿轮传动机构的设计、分析、制造、检测及应用的工程技术人员阅读与参考。

图书在版编目（CIP）数据

端曲面齿轮时变啮合传动设计及应用 / 林超著. —北京：科学出版社，2019.9

ISBN 978-7-03-061814-6

Ⅰ. ①端… Ⅱ. ①林… Ⅲ. ①齿轮传动 Ⅳ. ①TH132.41

中国版本图书馆 CIP 数据核字（2019）第 137151 号

责任编辑：华宗琪 / 责任校对：彭珍珍
责任印制：罗　科 / 封面设计：墨创文化

科　学　出　版　社 出版
北京东黄城根北街 16 号
邮政编码：100717
http://www.sciencep.com

成都锦瑞印刷有限责任公司 印刷
科学出版社发行　各地新华书店经销

*

2019 年 9 月第 一 版　开本：787×1092　1/16
2019 年 9 月第一次印刷　印张：18 1/4
字数：430 000
定价：146.00 元
（如有印装质量问题，我社负责调换）

前　　言

随着科学技术及装备制造业的迅速发展，对齿轮传动机构的要求越来越多样化，20世纪初提出了非圆齿轮传动；20世纪末提出的非圆锥齿轮传动，是一种新型的空间非圆齿轮传动；在对非圆锥齿轮传动进行研究的基础上，21世纪初提出了端曲面齿轮传动（或称为正交非圆面齿轮传动、变传动比面齿轮传动），补充了空间齿轮传动类型的空缺。

端曲面齿轮传动是一种新型特殊的空间变传动比齿轮机构，用于传递相交轴间的变传动比运动与动力，具有非圆齿轮、面齿轮和空间端面凸轮传动的三重特性，具有传递旋转运动及轴向移动的复合传动特点；可应用于汽车、工程机械、船舶机械、纺织机械、农业机械及具有特殊要求的执行机构中，在航空航天、制造业、国防及民用装备等领域具有潜在应用前景。但作为一种新型特殊的空间齿轮传动形式，针对端曲面齿轮传动的原理、设计、分析、制造及检测等的研究还处于探索阶段，尚不成熟。因此，系统地开展端曲面齿轮传动的深入研究，具有重要的理论意义和潜在的工程应用前景。

本书内容来源于三项国家自然科学基金项目（项目编号：50875269、51275537、51675060）资助，作者多年从事空间非圆齿轮传动的原理、设计、制造及实验等相关基础研究，为端曲面齿轮传动机构潜在的工程应用提供理论方法及相关依据。

本书共7章。第1章概述非圆齿轮传动、面齿轮传动及端曲面齿轮传动等相关研究进展；第2章介绍端曲面齿轮传动的时变原理、啮合规律、运动特征及复合传动特点；第3章介绍端曲面齿轮传动设计准则、节曲线设计、齿形设计、虚拟仿真成形及传动匹配模式设计；第4章介绍端曲面齿轮传动的时变特性及时变复合传动特性；第5章介绍端曲面齿轮传动的制造与测量及评价研究；第6章介绍端曲面齿轮传动的实验技术，包括实验装置、时变运动、时变弯曲、时变接触、时变动态、时变复合传动特性等实验方法；第7章介绍空间时变啮合齿轮机构的应用，探究端曲面齿轮时变啮合传动机构的潜在应用。

本书介绍的成果是作者多年和数届博士研究生、硕士研究生共同研究完成的，他们的学位论文以及与作者共同发表的研究论文是本书写作的基础。全书由林超主笔，参与者有蔡志钦、何春江、喻永权、胡亚楠、吴小勇、魏艳群、黄超、曾东、顾思家、赵相路、刘毅、王瑶、曹喜军、龚海、李莎莎、樊宇、徐萍、刘刚等二十余名研究生；其中，蔡志钦、何春江、喻永权、胡亚楠等研究生参与本书统稿及整理工作，在此表示衷心的感谢。

本书的出版得到国家自然科学基金项目资助、重庆大学机械传动国家重点实验室/机械工程学院多年的帮助与支持，以及前辈们、同事们的指引与鼓励；在编写过程中，得到科学出版社的热情推荐与支持,也得到国内外齿轮界新、老朋友的热心帮助,在此表示衷心的感谢!向本书所引用参考文献的作者致以诚挚的谢意!

由于作者的学术水平有限,书中难免有一些疏漏和不妥之处,敬请广大读者批评指正。

林　超

2019 年 1 月于重庆大学

目　　录

第1章 绪 论

1.1 研究背景及意义

1.1.1 研究背景

机械传动中最常见、最普遍的传动形式是圆柱齿轮传动,圆柱齿轮的节圆是圆形,只能实现定速比传动。随着技术的发展,需要变传动比运动的场合越来越多,尤其是农业机械、纺织机械和一些特殊的领域。

非圆齿轮传动是一种瞬时传动比按一定规律变化的齿轮机构,可以实现特殊的运动和函数运算,提高机构的性能,改善机构运动条件。作为一种新型的齿轮传动形式,其在运动学、几何学方面具备特有的传动特点。在非圆齿轮传动机构中,其运动学上的特殊性主要体现在实现主动机构和从动机构间的非线性函数输出关系。尽管凸轮机构和连杆机构同样能够实现这种非线性运动关系,但相比而言,非圆齿轮机构更加紧凑、可靠和平稳。非圆齿轮通过节曲线的改变就可以实现不同的传动比变化规律,这是其他机构所无法实现的。基于以上优点,非圆齿轮传动在工程机械、农业机械等机械领域中具有广阔的应用前景。例如,①将非圆齿轮与曲柄滑块的组合机构应用于卧式小型压力机。该机构在缩短压力机的空行程时间,延长工作时间,让机构具有急回作用的同时,使其工作时的速度均匀化,改善了机器的受力状况。②将非圆齿轮和转位槽轮的组合机构应用于自动车床上的转位机构,从而缩短机床加工的辅助时间,延长机床的工作时间等[1-6]。

相交轴间变传动比空间齿轮机构是一种新型、非标准的非圆齿轮传动形式,现阶段主要通过非圆锥齿轮副来实现这种传动形式。非圆锥齿轮传动作为一种新型的非圆齿轮机构,与传统圆锥齿轮机构相比,其节锥角随转角的变化而变化,导致其节锥面为变量圆锥面,非圆锥齿轮是传统圆锥齿轮的一种变型。该齿轮机构可实现传递相交轴间的变传动比运动与动力[7-10]。但是非圆锥齿轮的研究刚刚起步,其设计方法复杂、尚无通用的理论,这些缺点使得非圆锥齿轮的实际应用受到很大的限制。端曲面齿轮是在非圆锥齿轮的研究基础上,提出的一种新型的相交轴间变传动比非圆齿轮机构,如图 1.1 所示,其节曲线形式为变极径、周期性封闭曲线,具有非圆齿轮、面齿轮和空间端面凸轮传动的三重特性。该传动机构由非圆齿轮和端曲面齿轮共轭啮合组成,可用于传递相交轴间的变传动比运动和动力。

端曲面齿轮副的运动关系可以通过圆柱滚子直动从动件圆柱端面凸轮机构引入,根据圆柱滚子的运动特点,通过将其设计成齿轮的节曲线,端曲面齿轮副可以分为两种主要的传动形式:①圆柱齿轮和端曲面齿轮的相互啮合齿轮副,该齿轮副可以实现圆柱齿轮的变

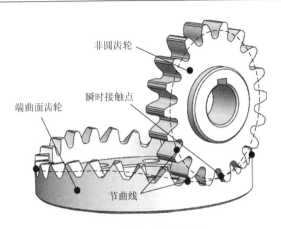

图 1.1　端曲面齿轮传动

传动比转速输出与往复轴向移动的复合运动，或者端曲面齿轮的往复螺旋输出[11]；②非圆齿轮和端曲面齿轮的相互啮合齿轮副，该齿轮副可以实现相交轴间变传动比输出或者非圆齿轮的往复螺旋输出[12,13]。因此，端曲面齿轮副转化的多样性特点导致其传动匹配模型同样具有多样性。为了方便设计，选择一种基于端曲面齿轮时变特性的齿轮结构和设计方案是很有必要的。

相比于非圆锥齿轮，端曲面齿轮副的承载能力高、重量轻、互换性能好、自锁性好、重合度高、结构紧凑。基于这些特殊性，端曲面齿轮传动可以运用在工程机械、农用机械、纺织机械、高动力航天器等场合，并有往高速、重载方向发展的趋势。综上所述，常见的非圆齿轮的特性及应用场合如表 1.1 所示。

表 1.1　常见非圆齿轮的特性及应用场合

齿轮类型	特点	应用类型	应用场合
非圆齿轮	平行轴间变传动比传动，传动效率高	自动化机械：卧式小型压力机、纺织机械等	
		精密机械：函数电位计等	
非圆锥齿轮	相交轴间变传动比传动，体积小	车辆机械：防滑差速器等	
		液压机械：变量泵等	
端曲面齿轮（定轴端曲面齿轮）	相交轴定轴变传动比传动	农业机械：草料捆压机等	

续表

齿轮类型	特点	应用类型	应用场合
端曲面齿轮（复合端曲面齿轮）	相交轴间变传动比复合运动传动（旋转和移动）或螺旋传动	液压机械：往复柱塞泵等	
		自动化机械：复合冲击钻、管道清洗机器人等	

1.1.2 研究意义

本书来源于三项国家自然科学基金项目（项目编号：50875269、51275537、51675060），其中以项目"变传动比面齿轮啮合传动的设计理论与制造技术研究"（项目编号：51275537）为主要内容。旨在开展端曲面齿轮传动的时变啮合传动特性及参数化设计等关键技术研究，属于国家自然科学基金项目中的理论研究部分，该部分研究将为端曲面齿轮副的潜在工程实际应用提供理论依据。在非圆锥齿轮、空间端面凸轮、非圆齿轮和面齿轮等传动研究的基础上，提出了一种新型相交轴间变传动比齿轮机构——端曲面齿轮传动，在运动学、几何学等方面具有与非圆齿轮、面齿轮和空间端面凸轮相同的三重特性，弥补了现有相交轴之间齿轮传动的不足。但作为一种新型的齿轮传动形式，针对该齿轮副的分析研究与设计方法还处于探索阶段，尚不成熟。针对目前该齿轮副传动形式多样化、没有统一设计理论及方法的问题，需要提出一种基于端曲面齿轮时变啮合特性、可推广应用到任意位移曲线及任意偏心距离的端曲面齿轮传动设计方法，从而实现端曲面齿轮的通用化及参数化设计。相比于传统齿轮机构，端曲面齿轮机构的特殊性主要在于其时变啮合特性上，主要包括时变几何特性、时变运动学特性、时变轮齿变形力学特性、时变动力学特性和时变复合传动特性。目前针对这些方面的研究尚处于探索阶段，还没有统一系统的分析理论。因此，针对端曲面齿轮传动开展时变啮合传动的参数化设计，时变啮合特性分析、设计、制造、测量与评价等的研究具有重要的理论意义和潜在的工程应用前景。

1.1.3 研究目的

端曲面齿轮机构结合了非圆齿轮、面齿轮和空间端面凸轮三者共同的传动特点，可用来传递相交轴间的变传动比运动和动力，在工程机械、农用机械、纺织机械等领域具有潜在的应用前景。本书旨在对端曲面齿轮传动的通用化设计理论和时变特性进行研究，分析计算端曲面齿轮传动时变啮合特性及其运动规律，随端曲面齿轮传动基本参数变化的影响规律，研究一套端曲面齿轮传动的设计理论和时变特性分析方法，为端曲面齿轮传动的研究提供一个新途径，以便更好地在工程实际中应用。

1.2　国内外研究现状

1.2.1　非圆齿轮传动研究现状

非圆齿轮传动作为一种新型的齿轮传动形式，其在运动学、几何学及动力学等方面具备特有的传动特点，能够方便地实现预定的变传动比函数输出。

1. 几何设计

非圆齿轮的节曲线不是圆，导致其齿廓曲线无法在圆内均匀分布，因此在非圆齿轮的设计和制造中存在着许多与圆柱齿轮不同的特殊问题[14-16]。关于非圆齿轮的一些啮合理论及实际问题，在近几年来已得到了很好的解决。在复杂曲面的齿面设计研究方面，国外学者中，Litvin 等对曲面共轭的基本原理和齿轮几何学进行了系统的研究[17]。Yang 等应用齿轮啮合原理和微分几何理论对曲线及其包络线的形成进行了研究[18]。Tong 等基于曲面啮合理论的通用性特点和共轭齿廓的啮合角函数理论，提出了基于啮合角函数的滚子从动件盘形凸轮机构的设计计算方法[19]。Tsay 等将啮合原理分析过程运用于空间凸轮机构的分析与综合[20]。Bravo 等提出了一种新的粒子群优化（particle swarm optimization，PSO）技术，并将该技术应用到凸轮优化问题上[21]。Figliolini 等创建了 N 阶椭圆锥齿轮副节锥合成的一般公式，获得了共轭冠齿轮的节曲面[22]。Fan 基于齿面和齿根几何计算、啮合齿轮副的共轭关系、无负荷剖析和轮齿接触分析，提出了一种确定弧齿锥齿轮和准双曲面齿轮的优化锥面单元的方法[23]。国内学者中，刘大伟等提出了基于补偿思想的构建封闭非圆齿轮的方法[24]。刘永平等根据非圆齿轮的啮合原理，分析了几种常见的凸封闭节曲线及其共轭的非圆齿轮，推导了节曲线的计算公式，进行了对比分析[25]。夏继强等提出了一种变传动比相交轴锥齿轮副的精确几何设计方法。利用该方法，只要给出齿轮副的传动比函数和相交轴间的夹角，就可以实现其对应的非圆锥齿轮副的参数计算、齿形生成和实体建模[26, 27]。龚海基于面齿轮传动和非圆齿轮传动理论提出了端曲面齿轮传动形式，并对该齿轮副的节曲线、齿面方程、啮合方程和过渡曲线方程等进行了研究[28]。林超等采用虚拟仿真技术和软件技术，分析了加工过程中刀具的走刀轨迹，开发了端曲面齿轮副的参数化设计方法和仿真加工系统[29]。

2. 时变运动特性研究

在非圆齿轮运动特性研究方面，国外研究中，Penaud 等基于复杂齿轮机构的机构图和邻接矩阵计算理论，获得了复杂齿轮机构运动学约束矩阵的零空间，提出了一种复杂齿轮机构运动分析的新方法[30]。Talpasanu 等基于一个边缘化机构图的关联矩阵，提出了一种非圆锥齿轮传动运动学分析的新技术[31]。国内研究中，徐辅仁探讨了非圆齿轮瞬时角速比，将椭圆齿轮机构和摆动导杆机构组合，推广了非圆齿轮的运用[32]。冉小虎采用齿轮传动技术，对非圆齿轮传动基本理论及设计方法进行了研究，分析了非圆齿轮运动学的参数影响规律，获得了运动学特性[33]。陈全明对面齿轮传动系统进行了研究[34]。

3. 时变几何特性研究

在非圆齿轮几何时变特性研究方面，啮合齿面是齿轮运动与动力转换的直接作用要素，齿面的几何特性是提高其性能的关键因素之一[35]。在非圆齿轮的齿面数值解方面，在国外学者中，Bair 等基于齿轮啮合原理，获得了圆弧齿椭圆齿轮的数学模型[36]。Tsay 等基于傅里叶级数逼近理论，提出了一种节曲线的近似求解方法，推导了非圆齿轮齿廓的数学模型。该数学模型具有足够的精度和灵活性，可用于处理现有非圆齿轮的逆向工程问题[37]。在国内学者中，林菁定义了非圆齿轮的啮合角函数，在此基础上建立了非圆齿轮齿廓方程，并分析了非圆齿轮的几何特性[38]。童婷等基于齿廓法线法，提出了一种简单的非圆齿轮齿廓的数值算法，该方法通过将非圆齿轮齿廓计算转化为求解啮合瞬心，有效地解决了非圆齿轮内凹节曲线齿廓的求解[39]。Qiu 等基于平面齿轮基本规律和平面曲线偏移理论，提出了一种获得非圆齿轮完整齿廓的实用计算方法，并探讨了算法和数值求解过程中的一些细节问题[40]。李建刚、张瑞等综合研究了高阶椭圆和变性椭圆非圆齿轮传动，提出了一种迅速获得齿面坐标点的非圆齿廓数值计算方法，该方法可检测是否发生根切或齿顶变尖缺陷[41, 42]。方毅等通过计算齿形中点在节曲线上的曲率半径及曲率中心坐标，将它们分别作为当量齿轮的分度圆半径和当量几何中心，采用坐标变换理论，结合渐开线直齿圆柱齿轮齿形设计方法，获得椭圆齿轮齿形的坐标[43]。Li 等基于 Jarvis 步进算法和非圆齿轮的齿形特点，提出了一种非圆齿轮齿廓的数值算法[44]。林超等对椭圆锥齿轮的设计及特性进行了分析[45]。

对于非圆齿轮的根切，目前进行的研究很少，其主要原因在于用齿廓啮合基本定理计算非圆齿轮齿廓时，需要推导大量公式并求解非线性方程组，使得判断根切的过程变得相当复杂。国内研究中，Wu 等给出了根据已知节曲线最小曲率半径来判断标准非圆齿轮不发生根切的最大模数，该方法属于一种近似算法，其未考虑由非圆齿轮各个齿廓的不同所导致的根切现象的差异性[46]。李建刚等提出了一种判断非圆齿轮任意齿廓是否发生根切的精确方法，根据非圆齿轮插齿数值计算模型并结合啮合原理，对根切现象进行深入分析，并给出根切的判断条件和根切程度的评价指标[47]。

4. 动态啮合特性研究

在非圆齿轮动态啮合特性研究方面，王艾伦等使用拉格朗日键合图理论，考虑离心力和扭转加速度等因素，建立了相应的动力学模型，研究了椭圆齿轮的动力学问题，为端曲面齿轮的动力学建模提供了一个新的思路，但并未考虑传递误差和椭圆齿轮其他一些固有特性的影响[48]；冉小虎根据静力学基本原理建立非圆齿轮传动静力学模型，采用虚拟仿真技术建立非圆齿轮传动的动力学虚拟模型，并进行虚拟仿真，通过改变静力学参数研究动力学特性，该方法具有一定的可行性，但同动力学特性还是存在一定的距离[33]。王雷提出了一种精确重合度调整的方法，建立了一般的综合考虑时变刚度、惯量的非圆齿轮动力学模型。通过假设输入扭矩恒定值，给出了逐段线性近似的求解方法，并采用解析解代替数值解法，该方法明显降低了系统的计算量，但只建立了扭转振动动力学模型[49]。现有关于非圆齿轮动态特性的研究大都没有考虑时变重合度引起的啮合刚度、啮合角时变性、驱动扭矩时变性等非圆齿轮的固有特性的影响。

5. 测量与实验研究

齿轮传动试验台是研究齿轮传动质量、承载力、影响传动的条件和因素,进行产品试验以及鉴定新型的啮合传动必不可少的设备。近年来,随着齿轮生产、使用和要求的发展以及研究的深入,试验台的研究设计和建造日趋广泛,并得到了普遍重视[50]。非圆齿轮形状复杂、种类繁多且测量参数多,目前国内外都尚未制定出非圆齿轮完整的精度标准,一般是根据使用要求提出一些检查项目。非圆锥齿轮的误差检测方面的研究还比较少,林超等提出了非圆锥齿轮的啮合检测技术[51]。林超等结合三坐标测量机对非圆齿轮进行了坐标检测,同时,采用三维光学扫描测试仪,在对滚机上对非圆锥齿轮副的接触斑点进行了检测,验证了方法的可行性[52]。

李莎莎对正交变传动比面齿轮副的接触印痕进行试验,得到该型齿轮副在传动过程中呈现出无规律的接触特性的结论[53]。林超等对端曲面齿轮副进行对滚实验,验证了重合度分析理论、接触算法与接触印痕分析的正确性[54]。王瑶通过实验对端曲面齿轮副的齿根弯曲应力及传动特性进行了验证[55]。而在非圆齿轮实验研究方面,刘永平等针对非圆齿轮动态特性进行研究,搭建动态测试实验平台,分析了非圆齿轮传动过程中的传动误差、振动特性等传动性能[56]。张鸿翔等采用光栅传感器对非圆齿轮转角进行测试,得到了三阶椭圆齿轮节曲线综合误差,并对其成因进行了初步探讨[57]。侯玉杰对椭圆锥齿轮的接触线轨迹、传动比规律及其影响参数等传动特性进行实验,验证了椭圆锥齿轮副的良好接触特性[58]。

1.2.2　面齿轮传动研究现状

1. 几何特性研究

面齿轮作为一种变齿厚空间齿轮传动机构,在面齿轮的内径处,由于加工制造中根切界限线的存在,可能发生根切现象[59-62]。而在面齿轮的齿顶位置容易发生齿轮毛坯和加工刀具齿根圆角间的齿顶干涉现象,产生齿顶干涉曲线,根切现象和齿顶干涉现象的出现限制了面齿轮的内径。而在面齿轮外径处,由于是等高齿,齿顶厚变小,两侧齿面有可能相交,产生齿顶变尖现象[63,64],限制了面齿轮的有效齿宽,从而使面齿轮轮齿的弯曲强度大大降低,严重影响传动质量。Litvin 和 Sandro 等针对面齿轮设计中避免根切和齿顶变尖的设计方法进行了大量的研究,研究所采用的理论基本上结合共轭曲面包络法和齿轮啮合原理,采用了现有的面齿轮根切条件方程和变尖条件[65-70]。李政民卿、朱如鹏等对面齿轮的齿面生成、面齿轮齿宽的限制条件的啮合理论做了大量研究[71-74]。

2. 动态特性研究

端曲面齿轮传动是具有质量偏心的回转系统,其偏心产生的离心力和因转速变化导致的惯性力,使端曲面齿轮在传动过程当中产生较大幅度的振动,这直接导致了传动效率的降低。国内外文献对面齿轮的研究主要集中在标准面齿轮的振动特性方面[75-79]。在面齿轮传动时变啮合刚度变化研究方面，为保证传动的平稳性，需对传动过程中的动态效应（振动、噪声）进行研究，求解齿轮啮合刚度是进行齿轮传动动态性能分析的基础[79]。而由端面齿轮轮齿啮合变形引起的刚度激励是其传动中的主要动态激励之一。因此，齿轮的变形一直是研究的热点之一，许多学者对其做了大量的工作。一般而言，轮齿变形的研究主要集中在圆柱齿轮和圆锥齿轮[80-84]，并取得了一定的研究成果。齿轮轮齿变形的研究方法主要包括：①分析方法，常用的是 Weber-Banaschck 公式和石川公式[85, 86]；②有限元算法，目前常用的是 Kuang 等提出的直齿圆柱齿轮啮合刚度的计算公式[86]；③实验方法，典型的方法是激光散斑干涉法和光弹性法[87-89]。而目前对于面齿轮轮齿（或者螺旋锥齿轮）这种空间复杂曲面的变形研究，由于难以求得轮齿在接触载荷作用下的准确综合弹性变形，较难得到其啮合刚度的精确解，目前可供参考的文献较少。研究方法多采用有限元法，其计算效率低[90-92]。而针对其实验测量方法的研究，目前国外尚未见相关文献报道。

齿轮传动效率一直是国内外的重要研究课题[93-97]。在国外研究中，Barone 等提出了面齿轮齿面的任意啮合点的摩擦系数计算公式，并分析了影响摩擦系数的主要因素[97]；Radzimovsky 等提出了按齿面滚动和滑动速度确定摩擦损失的理论，探讨了速度、重合度等对摩擦系数的影响[98]；Winter 等分析了齿轮偏移量和润滑油基本参数对准双曲面传动效率的影响规律[99]；Kolivand 等提出了准双曲面齿轮副齿轮接触、摩擦系数预测和机械效率方程等啮合效率模型，分析了准双曲面齿轮的功率损失规律[100]。在国内研究中，盛兆华等建立了含安装误差的面齿轮传动啮合分析模型，探讨了面齿轮传动啮合效率的理论计算方法，分析了面齿轮设计参数对其传动啮合效率的影响规律[101]；苏进展等基于直齿面齿轮弹性流体动力润滑理论和啮合仿真技术，提出了直齿面齿轮啮合效率的计算方法，探讨了输入扭矩、转速等对直齿面齿轮啮合效率的影响规律[102]；赵木青分析了齿轮几何参数、润滑参数和轴承参数对准双曲面齿轮功率损失的影响规律，确定了影响因素的主次关系[103]。

3. 加工与精度评价研究

作为一种特殊的面齿轮，端曲面齿轮设计过程复杂、加工精度不高和磨齿困难等，制约了端曲面齿轮传动的应用与发展[104-107]。针对面齿轮的加工技术，国外研究中，美国 DARPA（国防部高级研究计划局）在 TRP（技术再投资计划）项目中对渗碳磨削面齿轮的制造技术进行了研究。Harumi 等改进了滚刀设计与制造技术，使其适用于小齿面齿轮加工，提高了齿面加工精度[108]。Ohshima 等提出一种少齿数大螺旋滚齿刀加工面齿轮的方法[109]。在面齿轮铣削技术上，Frackowiak 等对面齿轮的铣削加工方法做了相关研究[110]。国内研究中，薛东彬等通过设计正交面齿轮毛坯加工工艺，编制数控铣削程序，用数控雕铣机完成了正交面齿轮的加工[111]。在面齿轮磨削方面，Li 等基于蜗杆砂轮修整方法，研究了蜗杆磨削面齿轮的方法[112]。彭先龙等提出了一种基于无进给运动的大碟形刀具加工面齿轮的方法[113]。在面齿轮插齿加工方面，付自平利用 VB 和 Auto CAD 二次开发实现正交面齿轮插齿加工运动的计算机仿真[114]。姬存强等设计制作了面齿轮插齿工装，在 Y514 型插齿机上进行了插齿加工试验[115]。

随着现代工业和科学技术的迅速发展，对齿轮传动的性能要求越来越高。同时，为了满足高质量、低噪声的齿轮大批量生产要求，齿轮的质量控制和精度检测显得尤为重要[116-118]。由于面齿轮传动应用狭窄，对于面齿轮的误差检测与评定方法目前还不成熟。Health 等提出了采用齿轮测量中心对面齿轮进行齿距偏差检测的方法[119]；王延忠等提出了采用面齿轮齿面法向偏差作为评定面齿轮加工齿面精度的标准[120]；王志等提出用坐标测量仪对面齿轮进行误差测量，规划了齿面检测路径，分析了测量仪测头半径对测量误差的影响规律及测头补偿方法，研制了面齿轮单面啮合测量仪[121-124]。

4. 实验研究

在面齿轮实验研究方面，郭辉等根据共轭展成的原理对面齿轮的齿面偏差进行分析，探讨磨齿实验中砂轮回转半径、偏置距误差等参数对齿面精度的影响[125]。崔艳梅对弧线齿面齿轮进行对滚实验，得到了弧线齿面齿轮的啮合印痕，验证了弧线齿面齿轮副的啮合状况[126]。何国旗在 YD9550 检测机上对面齿轮接触印痕和振动特性进行实验，分析了制造精度与接触区域稳定性的关系，并对不同参数下的啮合特性进行分析，得到传动比越大，接触状况越好的结论[127]。何国旗等对齿数差为 1~3 的圆柱齿轮与面齿轮啮合实验进行分析，得到不同齿数的接触印痕位置、大小、形状及相似性，且传动比越大接触质量越好[128]。

1.2.3　端曲面齿轮传动研究现状

端曲面齿轮作为一种特殊的面齿轮传动机构，同时受非圆齿轮轮齿差异性与周期性变化规律及凸轮机构运动特殊性的影响。因此，端曲面齿轮传动的研究相比于一般齿轮更加复杂。

（1）在时变啮合特性研究方面，该齿轮传动机构兼有非圆齿轮、面齿轮和空间端面凸轮传动的三重特性，既能实现空间端面凸轮的变速传动，又可实现面齿轮的高效精确传动。其时变啮合特性相比于面齿轮与非圆齿轮而言更加复杂，主要体现在端曲面齿轮时变啮合传动的运动学、力学及动力学等时变啮合特性关键问题上。

（2）在齿面精确算法方面，由于其轮齿的变齿厚特征和周期性变化规律的特点，同时受齿面方程非线性的影响，轮齿的精确建模直接影响了端曲面齿轮时变啮合特性分析、轮齿制造及测量评价中齿面啮合点的精确定位等关键问题。

（3）在几何设计研究方面，端曲面齿轮的齿宽设计是进行端曲面齿轮传动的有关计算时必须考虑的一个因素，其是影响齿轮的齿根强度的一个重要指标，而限制齿宽的因素主要为根切、齿顶干涉、轮齿变尖等方面。但由于端曲面齿轮传动设计方法复杂、尚无通用的理论方法，特别是轮齿的齿面几何建模和加工方法，国内外尚未提出很好的解决方案，这些缺点使得端曲面齿轮研究理论的发展受到很大的限制。

（4）在参数化设计方面，由于端曲面齿轮副传动形式多样化，没有统一参数化设计理论及方法，端曲面齿轮传动存在参数化匹配与设计的难点问题。该问题的解决需要对端曲面齿轮传动模式的传动原理、设计匹配准则及参数化设计原则等方面进行研究。本书结合端曲面齿轮传动过程中的关键问题，以端曲面齿轮传动为研究对象，采用空间啮合原理、齿轮时变啮合包络啮合理论、现代设计等相关理论及方法，对端曲面齿轮传动的时变啮合传动原理、时变啮合特点、时变啮合传动参数化设计、时变啮合动态模型设计及制造方法和几何测量进行研究，分析端曲面齿轮传动的时变啮合传动特性，通过相关实验研究验证评价理论的正确性，目前端曲面齿轮传动的基本设计及理论研究体系如图 1.2 所示。

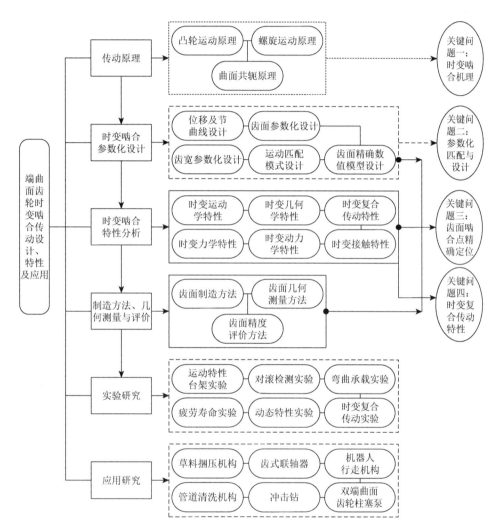

图 1.2　端曲面齿轮传动的基本设计及理论研究体系

第 2 章　端曲面齿轮传动原理

端曲面齿轮传动是一种能够实现相交轴间变速比传动的新型非圆齿轮机构，其运动特性与一般齿轮传动有所不同，该齿轮传动机构兼有非圆齿轮、面齿轮和空间端面凸轮传动的三重特性，既能实现空间端面凸轮的变速传动，又可实现面齿轮的高效精确传动。因此，端曲面齿轮机构不仅可以代替传统的凸轮、连杆等变速比结构，而且具有齿轮机构传递功率范围大、承载能力高、寿命长及工作可靠等一般变速机构不可比拟的优点。

2.1　端曲面齿轮传动时变啮合规律

端曲面齿轮传动机构由非圆齿轮和端曲面齿轮共轭啮合组成，可以实现相交传动轴间特殊的运动和函数变化规律。端曲面齿轮的节曲线运动轨迹遵循直动圆柱形从动滚子与圆柱空间端面凸轮机构（端面凸轮机构）的共轭啮合规律，节曲线形式为变极径、周期性封闭曲线，即端曲面齿轮副的节曲线由直动圆柱滚子的复合运动轨迹（绕自身轴线的旋转和直线往复运动）转化而成，如图 2.1 所示。

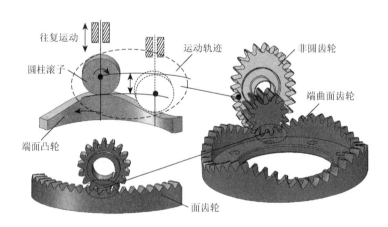

图 2.1　端曲面齿轮结构转化形式

图 2.2 为一种传动轴相错、主动件偏心的圆柱滚子直动从动件圆柱端面凸轮机构（端面凸轮机构）。端面凸轮为机构原动件，圆柱滚子与端面凸轮沿外部轮廓做纯滚动，同时带动从动件连杆往复直动。假设 m 点为端面凸轮机构传动轴相错时，滚子轴线与连杆轴线之间的交点，θ_m 为端面凸轮在 m 点的角位移，则由端面凸轮的理论廓面原理可知，m

点也是端面凸轮理论廓面上的一点。根据工作要求选定从动件的运动规律，建立以端面凸轮转角 θ 为参变量的端面凸轮机构速度方程。

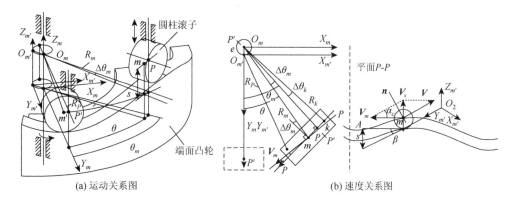

(a) 运动关系图　　　　　(b) 速度关系图

图 2.2　端面凸轮机构

以端面凸轮底面中心为原点建立圆柱坐标系 $S_{m'}(O_{m'}\text{-}X_{m'}Y_{m'}Z_{m'})$ 以及偏心圆柱坐标系 $S_m(O_m\text{-}X_mY_mZ_m)$，偏心距为 e，坐标轴 O_mY_m 与 $O_{m'}Y_{m'}$ 初始位置重合且经过 P 点，其中 P 点为端面凸轮副无相错角（正交）时，滚子轴线与连杆轴线之间的交点，$\overline{mP}$ 为相错距离，相错角为 $\Delta\theta_m$；过 P 点作平面 $P\text{-}P$ 和 $P'\text{-}P'$，平面内 $P\text{-}P$ 的运动关系如图 2.2（b）所示；k 点为圆柱滚子与端面凸轮的实际接触点，R_k 为在坐标系 $S_{m'}$ 中对应的实际圆柱半径，该平面内的运动关系如图 2.2（b）所示。

由图 2.2 可知，m 点和平面 $P\text{-}P$ 之间的相错距离 $\overline{mP}$ 与相错角 $\Delta\theta_m$ 在坐标系 S_m 下的表达式分别为

$$
\begin{cases}
\overline{mP} = E - s / \tan\alpha_c \\
\Delta\theta_m = \arctan\left(\dfrac{\overline{mP}}{\overline{O_mP}}\right)
\end{cases}
\tag{2.1}
$$

式中，s 为连杆的位移方程；α_c 为凸轮压力角；$E = R_m\tan\theta$，R_m 为端面凸轮 m 点处的圆柱半径，可以表达为

$$
R_m = \sqrt{\overline{O_mP}^2 + \overline{mP}^2} = \sqrt{\begin{aligned}&R_P^2 + e^2 - 2R_Pe\cos\left[\pi - \theta_m + \arctan\left(\dfrac{\overline{mP}}{R_P}\right)\right]\\&+[E - s(\theta_m) / \tan\alpha_c]^2\end{aligned}}
\tag{2.2}
$$

由图 2.2 可知，$\overline{O_mP}$ 可以表示为

$$
\begin{cases}
\overline{O_mP} = \sqrt{R_P^2 + e^2 - 2R_Pe\cos(\pi - \theta)} \\
\theta = \theta_m - \Delta\theta_m = \theta_m - \arctan\left(\dfrac{\overline{mP}}{R_P}\right)
\end{cases}
\tag{2.3}
$$

式中，R_P 和 θ_m 分别为偏心距 $e=0$ 时的端面凸轮的圆柱半径和转角。

由图 2.2（b）可知，在端面凸轮上 m 点的速度可以表达为

$$|V| = \sqrt{|V_m|^2 + |V_s|^2} = \sqrt{(R_m \omega_m)^2 + (\mathrm{d}s / \mathrm{d}\theta_m)^2} \tag{2.4}$$

式中，ω_m 为端面凸轮 m 点的角速度；$|V_s|$ 为连杆的移动速度；$|V_m|$ 为端面凸轮上 m 点的切向速度。

由此圆柱滚子在 m 点处的角速度为

$$\omega_g = \frac{|V|}{r_g} = \frac{\sqrt{(R_m \omega_m)^2 + (\mathrm{d}s/\mathrm{d}\theta_m)^2}}{r_g} \tag{2.5}$$

式中，r_g 为圆柱滚子半径。对于结构及尺寸确定的端面凸轮机构，圆柱滚子的角速度 ω_g 及连杆的移动速度 $|V_s|$ 都是端面凸轮角速度 ω_m 的某一确定函数。这种通过高副连接所组成的机构就能够实现从动构件的往复移动和绕自身轴线转动的有效复合运动输出。

2.2　端曲面齿轮副运动特征

端曲面齿轮传动机构可理解为以端面凸轮理论廓线作为端曲面齿轮节曲线的齿轮机构与滑块机构的组合体。端曲面齿轮副的运动关系可以通过圆柱滚子直动从动件圆柱端面凸轮机构引入，假设圆柱滚子的复合运动轨迹可以转化为非圆齿轮的定轴旋转运动，圆柱滚子可以转化为产形轮（圆柱齿轮），圆柱滚子的运动轨迹即可转化为非圆齿轮的节曲线。端面凸轮为与之共轭运动的端曲面齿轮，则端面凸轮机构即可转化成端曲面齿轮副传动机构。

端曲面齿轮传动可以实现相交传动轴间变传动比定轴转动输出，如图 2.3 所示。为便于分析，暂不考虑传动轴的相错情况，即 $\Delta\theta_m = 0$。以端曲面齿轮旋转中心及端曲面齿轮节曲线波谷位置为起点，建立端曲面齿轮直角坐标系 $S_2(O_2\text{-}X_2Y_2Z_2)$；以非圆齿轮的旋转中心及非圆齿轮节曲线波峰位置为起点，建立非圆齿轮的直角坐标系 $S_1(O_1\text{-}X_1Y_1Z_1)$；$\omega_1$ 为非圆齿轮的旋转角速度；$r(\theta_1)$ 为非圆齿轮的极径，R 为端曲面齿轮的圆柱半径。

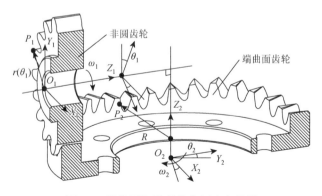

图 2.3　端曲面齿轮副的空间啮合关系

　　设 P_1 是非圆齿轮节曲线上一点，P_2 为端曲面齿轮节曲线上一点，当非圆齿轮转过角位移 θ_1、端曲面齿轮转过角位移 θ_2 时，P_1 和 P_2 两点重合，且非圆齿轮节曲线与端曲面齿轮的节曲线相切，根据齿轮啮合原理，两节曲线相切点的速度必须相等，则

$$\overline{O_1P_1}\cdot\omega_1 = r(\theta_1)\omega_1 = R\omega_2 \tag{2.6}$$

式中，非圆齿轮的极径节曲线方程为

$$r(\theta_1) = s(0) + s(\theta_1) \tag{2.7}$$

式中，$s(\theta_1)$ 为产形轮的位移曲线，则端曲面齿轮传动的传动比为

$$i_{12} = \frac{\omega_1}{\omega_2} = \frac{R}{s(0) + s(\theta_1)} \tag{2.8}$$

　　端曲面齿轮传动过程中，端曲面齿轮的输出角位移为

$$\theta_2 = \int_0^{\theta_1}\frac{1}{i_{12}}\mathrm{d}\theta = \frac{1}{R}\int_0^{\theta_1} r(\theta)\mathrm{d}\theta \tag{2.9}$$

　　在传动过程中，假设主动非圆齿轮的输入角速度 ω_1 为常量，为了研究各参数对传动比的影响，采用控制变量法得到如图 2.4～图 2.6 所示的传动比变化规律。

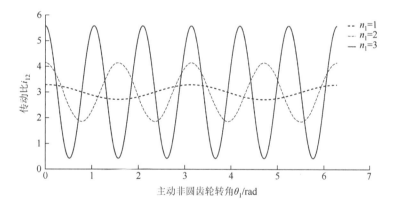

图 2.4　阶数 n_1 对传动比的影响

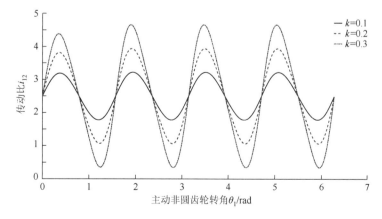

图 2.5　偏心率 k 对传动比的影响

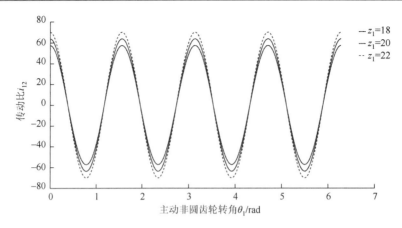

图 2.6　齿数 z_1 对传动比的影响

　　偏心率 k 不影响传动比的变化周期，其主要影响传动比的波动范围，在实际传动中，若需获得更大范围的传动比，可适当地增加偏心率 k 的值；非圆齿轮的齿数主要通过影响非圆齿轮的瞬时半径来影响传动比的波动范围和峰值，若需要增加传动比的范围和峰值，可以适当地增大非圆齿轮的齿数。

2.3　端曲面齿轮复合传动副运动特征

　　面齿轮相对锥齿轮有一些独特的优点，如重合度较大、均载性能好等。端曲面齿轮复合传动机构是将端曲面齿轮与凸轮运动的原理结合提出的一种可以产生旋转/移动复合运动的齿轮机构，由圆柱齿轮与端曲面齿轮组成。两齿轮的轴线正交，当圆柱齿轮轴线固定时，端曲面齿轮可以实现旋转运动和轴向移动。

　　如图 2.7 所示，从端面凸轮的基本原理出发，结合端曲面齿轮传动，本书提出了一种新型的端曲面齿轮复合传动机构，即将端面凸轮机构中的滚子替换为圆柱齿轮，将其旋转

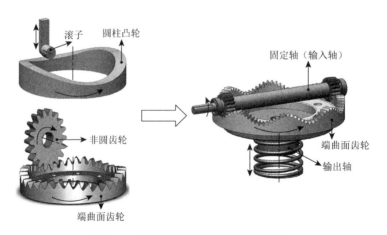

图 2.7　端曲面齿轮复合传动机构原理

中心固定并施加一个驱动力矩。将端面凸轮替换为端曲面齿轮，可旋转并轴向移动。为保证端曲面齿轮始终与圆柱齿轮保持接触，在端曲面齿轮的下端施加弹簧力，或者在传动时使其在负载的作用下始终保持啮合。端曲面齿轮旋转时，同时产生类似于端面凸轮机构的轴向移动。

　　为便于分析端曲面齿轮参数变化对端曲面齿轮复合传动副的影响，假设存在一个非圆齿轮，分别与端曲面齿轮和直齿圆柱齿轮相啮合，其节曲线与端曲面齿轮共轭，如图 2.8 所示。三者的节曲线方程如表 2.1 所示，可以看出端曲面齿轮的节曲线是由非圆齿轮节曲线决定的，故非圆齿轮节曲线参数的变化对端曲面齿轮复合传动副的运动规律有影响。

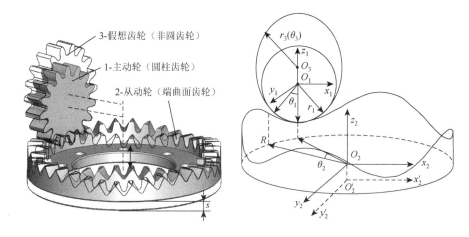

图 2.8　端曲面齿轮复合传动模型

表 2.1　端曲面齿轮复合传动副节曲线方程

1-主动轮（圆柱齿轮）	2-从动轮（端曲面齿轮）	3-假想齿轮（非圆齿轮）
$\begin{cases} x_1 = 0 \\ y_1 = -r_1\sin\theta_1 \\ z_1 = -r_1\cos\theta_1 \end{cases}$	$\begin{cases} x_2 = -R\cos\theta_2 \\ y_2 = -R\sin\theta_2 \\ z_2 = r(0) - r(\theta_3) \end{cases}$	$r(\theta_3) = \dfrac{a(1-k^2)}{1-k\cos(n_1\theta_3)}$

　　表 2.1 中，r_1 为直齿圆柱齿轮的节曲线半径；R 为端曲面齿轮的节曲线半径；a 为非圆齿轮节曲线长半轴；k 为非圆齿轮偏心率；n_1 为非圆齿轮的阶数。

　　端曲面齿轮阶数 n_2 表示其节曲线和齿形在 $0 \sim 2\pi$ 内变化的周期数。当端曲面齿轮阶数改变时，端曲面齿轮复合传动副的模型如表 2.2 所示。表 2.2 中分别是直齿面齿轮副、二阶端曲面齿轮复合传动副、三阶端曲面齿轮复合传动副、四阶端曲面齿轮复合传动副。面齿轮阶数为 0 时，该机构无轴向移动，该齿轮副即端曲面齿轮副。阶数的增加即意味着每周期波峰的增加，端曲面齿轮每旋转一周，该机构轴向往复运动 $2n_2$ 次。齿轮副运转时，小齿轮固定，端曲面齿轮在共轭齿面的作用下旋转并做轴向往复运动。

表 2.2   各阶端曲面齿轮复合传动副

名称	阶数	齿数	端曲面齿轮	端曲面齿轮复合传动副	输出
端曲面齿轮传动副	$n_2 = 0$	$z_1 = 17$ $z_2 = 50$			旋转运动
端曲面齿轮复合传动副	$n_2 = 2$	$z_1 = 12$ $z_2 = 36$			旋转和移动的复合运动
	$n_2 = 3$	$z_1 = 12$ $z_2 = 60$			
	$n_2 = 4$	$z_1 = 17$ $z_2 = 88$			

第3章 端曲面齿轮传动机构参数化设计

3.1 端曲面齿轮传动设计准则

齿轮传动在工作过程中必须具有足够的工作能力，保证在整个工作寿命期间不会导致失效。因此，针对不同的工作情况确立相应的设计准则。对于端曲面齿轮传动这种新型齿轮传动机构，由于尚未建立起适合工程实际应用且有效的参数设计方法及设计准则，目前端曲面齿轮传动副是参考圆柱齿轮、面齿轮和非圆齿轮的设计准则进行计算的。

端曲面齿轮的基本参数设计具有一般齿轮基本参数设计的特点，同样受非圆齿轮齿数 z_1、压力角 α_n、模数 m、齿顶高系数 h_a^* 和顶隙系数 c^* 的影响。同时，端曲面齿轮的基本参数还具有非圆齿轮的特点，受偏心率 k、非圆齿轮阶数 n_1 和端曲面齿轮阶数 n_2 的影响。

1. 非圆齿轮齿数和模数

模数和齿数是齿轮最主要的参数。在齿数不变的情况下，模数越大则轮齿越大，抗折断的能力越强，当然齿轮轮坯也越大，空间尺寸越大；模数不变的情况下，齿数越大则渐开线越平缓，齿顶圆齿厚、齿根圆齿厚相应地越厚。端曲面齿轮在传动过程当中，受惯性力的影响，会产生较大幅度的振动冲击，为了提高传动的平稳性，减小振动冲击，以齿数大一些为好。同时，为使齿轮免于根切，参考圆柱齿轮的齿数选择标准（对于闭式齿轮传动机构，小齿轮的齿数一般初选 20～40 个），对非圆齿轮齿数 z_1 进行选择。为了改善啮合过程中非圆齿轮的受力情况，通常将非圆齿轮的长轴加工成齿槽，短轴加工成轮齿，如图 3.1 所示。

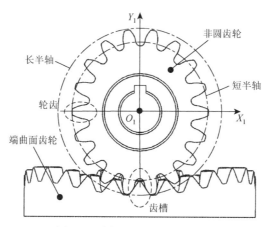

图 3.1　端曲面齿轮副轮齿分布

非圆齿轮的齿数 z_1 应满足如下条件：

$$z_1 = n_1(2\tau + 1) \tag{3.1}$$

式中，τ 为自然数；n_1 为非圆齿轮的阶数。

模数 m 是确定齿轮尺寸的主要参数之一，齿数相同的齿轮模数大，则其尺寸也大。齿轮的主要几何尺寸都与模数成正比，m 越大，则节距 p 越大，轮齿就越大，轮齿的抗弯能力就越强，所以模数 m 又是轮齿抗弯能力的标志。端曲面齿轮的模数选择一般参考面齿轮的选择标准。

2. 端曲面齿轮压力角

由齿轮啮合原理可知，齿轮副压力角定义为齿面一点处的绝对速度与该点齿面法向量方向之间的锐角，一般而言，齿轮压力角指节曲线处的压力角。端曲面齿轮的压力角如图 3.2 所示。

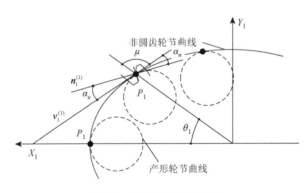

图 3.2　端曲面齿轮压力角

如图 3.2 所示，非圆齿轮转过 θ_1 角度时，非圆齿轮的节曲线与产形轮节曲线在 P_1 点处相切，由齿轮压力角的定义可知，α_u 为产形轮的压力角，端曲面齿轮的压力角 α_n 是在接触点 P_1 点处的绝对速度 $\boldsymbol{v}_1^{(1)}$ 与其齿廓法向 $\boldsymbol{n}_1^{(1)}$ 之间的锐角，端曲面齿轮副的压力角为

$$\alpha_n(\theta_1) = \alpha_u + \frac{\pi}{2} - \mu(\theta_1) \tag{3.2}$$

式中，$\mu(\theta_1)$ 为非圆齿轮的基本设计参数，具体求解方法见文献[28]。受角位移 θ_1 的影响，端曲面齿轮副节曲线处的压力角具有周期性变化规律。产形轮的压力角一般为 20°，在某些场合也采用 $\alpha_u = 14.5°$、15°、22.5° 及 25° 等。

齿轮压力角的变化对齿轮强度有重要影响，齿轮压力角增大，齿面接触正应力和工作剪应力均明显减小，这对防止齿面疲劳点蚀和齿面剥落有重要效果；齿根危险剖面的剖面模量增大，可提高齿根的弯曲强度，防止轮齿折断，齿部的机械强度增高。但随着压力角的增大，齿轮的传动效率降低。而对于端曲面齿轮而言，压力角过大还可能产生自锁。因此，为了保证端曲面齿轮的传动性能，防止传动过程中的自锁，一般要求最大压力角 $\alpha_n(\theta_1) \leqslant 65°$。

3. 端曲面齿轮齿顶高系数和顶隙系数

齿轮啮合时，总是一个齿轮的齿顶进入另一个齿轮的齿根，为了防止热膨胀顶死和具有储存润滑油的空间，要求齿根高大于齿顶高。为此引入了齿顶高系数和顶隙系数。一般齿轮的齿顶高系数 $h_a^* = 1$、顶隙系数 $c^* = 0.25$；短齿齿顶高系数 $h_a^* = 0.8$、顶隙系数 $c^* = 0.3$。端曲面在插齿加工过程中，如果插齿刀（产形轮）的齿根过渡曲线部分参与啮合，端曲面齿轮的齿顶圆半径与啮合线的交点 P 低于产形轮的基圆与啮合线的交点 K 时，将会发生产形轮齿根和端曲面齿轮毛坯之间的干涉现象，如图 3.3 所示。

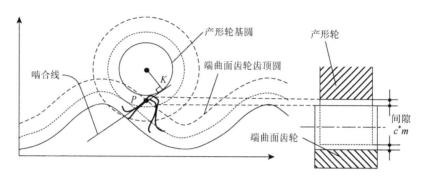

图 3.3　产形轮与端曲面齿轮的啮合

对于端曲面齿轮来说，正确选择产形轮参数是避免这种干涉问题的唯一办法。其中齿顶高系数和顶隙系数是影响产形轮几何形状的主要参数[129]。因此，对于端曲面齿轮，齿顶高系数和顶隙系数的选择必须综合进行考虑，两者的取值范围一般为：$0.8 \leqslant h_a^* \leqslant 1$ 和 $0.25 \leqslant c^* \leqslant 0.3$。

4. 端曲面齿轮偏心率和阶数

偏心率 k、非圆齿轮阶数 n_1 和端曲面齿轮阶数 n_2 等基本参数为评判端曲面齿轮传动性能优劣提供了依据，如图 3.4 所示。偏心率 k 影响传动比和基本输出参数（转速、扭矩、角加速度等）的波动范围，造成传动过程中的冲击载荷影响齿轮传动过程中的振动和噪声，是端曲面齿轮设计过程中的主要设计参数。传动比是齿轮传动过程中主动轮转速和从动轮转速的比值，对于端曲面齿轮传动，其平均传动比定义为 $i = n_2/n_1$。其中，非圆齿轮的阶数 n_1 主要影响传动比及基本输出参数的变化周期数，而端曲面齿轮的阶数 n_2 主要影响传动比及基本输出参数的平均值，n_1 和 n_2 均为自然数。

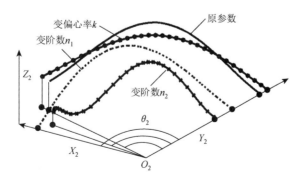

图 3.4　不同参数的端曲面齿轮节曲线

为了不影响端曲面齿轮副的强度,同时考虑到端曲面齿轮传动过程中的冲击与速度波动的情况,建议端曲面齿轮副阶数的取值范围为 $1 \leqslant n_1 \leqslant 3$、$1 \leqslant n_2 \leqslant 4$;而偏心率的取值范围 $0.1 \leqslant k \leqslant 0.3$。

5. 端曲面齿轮长半轴

根据齿轮啮合原理,当齿轮副做变速比传动时,节点不是定点,端曲面齿轮副的节曲线不是标准圆。非圆齿轮节曲线不具有圆柱齿轮的高度对称性,因此,在设计非圆齿轮时,在保证节曲线封闭性的前提下,还要保证非圆齿轮的轮齿均匀分布在节曲线上。根据封闭节曲线上轮齿均匀分布的特点,假设非圆齿轮节曲线在一个圆周内的总弧长为 L,则应满足:

$$L = \int_0^{2\pi} \sqrt{r^2(\theta) + r'^2(\theta)}\,\mathrm{d}\theta = z_1 p = z_1 \pi m \qquad (3.3)$$

为了准确地计算椭圆节曲线的总弧长 L,使其等于整数倍齿距 $L = z_1 \pi m$,若非圆齿轮节曲线的参数是随意确定的,很少恰好满足要求。因此设计时,必须改变非圆齿轮节曲线的某些参数,以满足要求。

在非圆齿轮的设计过程中,一般通过修改长半轴 a 来满足齿数 z_1、模数 m、阶数 n_1 和偏心率 k 的选取要求,如图 3.5 所示。其计算公式为

$$a = \cfrac{mz_1\pi}{2n_1(1-k^2)\displaystyle\int_0^{\frac{\pi}{n_1}} \cfrac{\sqrt{1 - 2k \cdot \cos(n_1\theta_1) + k^2[1 + (n_1^2 - 1)\sin(2n_1\theta_1)]}}{[1 - k \cdot \cos(n_1\theta_1)]^2}\,\mathrm{d}\theta_1} \qquad (3.4)$$

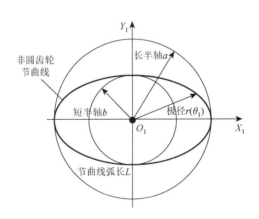

图 3.5　非圆齿轮基本参数

6. 齿宽

端曲面齿轮的齿宽设计是进行端曲面齿轮传动的有关计算时必须考虑的一个因素,其是影响齿轮齿根强度的一个重要指标,而限制齿宽的因素主要为端曲面齿轮轮齿根切和变尖两方面。端曲面齿轮的内径处可能发生根切现象,从而限制了端曲面齿轮的内径;而在其外径处,受等高齿条件的限制,齿顶厚变小,导致左右两侧齿面可能相交,产生变尖现

象，限制端曲面齿轮的齿宽，如图 3.6 所示。因此，端曲面齿轮齿宽必须依据根切内半径和变尖外半径予以确定。

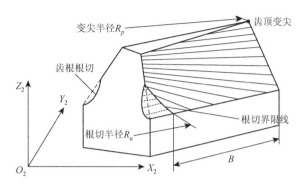

图 3.6　端曲面齿轮有效齿宽模型

通过计算端曲面齿轮不发生根切的最大内半径和不发生变尖的最小外半径，端曲面齿轮的齿宽初选范围可表示为

$$B = \max(R_p) - \min(R_u) \tag{3.5}$$

式中，R_p 和 R_u 分别为变尖半径和根切半径，受端曲面齿轮轮齿周期性变化规律的影响，可以表达为

$$\begin{cases} R_p \approx R_2 \times \left[1 - \dfrac{\sin\mu(\theta_1) + \cos\lambda(\theta_1)}{\sin\mu(\theta_1)\cos\lambda(\theta_1)}\right] \\ R_u \approx R_2 - 0.9R_2[1 - \cos\mu(\theta_1)] \end{cases} \tag{3.6}$$

式中，$\mu(\theta_1)$ 和 $\lambda(\theta_1)$ 为非圆齿轮的基本设计参数。

7. 输入转速

非圆传动是具有质量偏心的回转系统，受离心力和惯性力影响，非圆齿轮在传动过程当中会产生较大幅度的振动冲击，因此，非圆齿轮的输入转速低于一般齿轮传动系统。对于端曲面齿轮，齿轮旋转中心和质量中心重合，因此，旋转过程中的离心力可以忽略不计，主要考虑惯性力的影响。而引起惯性力的主要原因在于端曲面齿轮传动过程中转速的周期性波动变化。非圆齿轮阶数 n_1 和端曲面齿轮阶数 n_2 只影响端曲面齿轮输出转速的周期数与平均值，而偏心率 k 与输入转速 ω_1 则直接影响输出转速的波动量。因此，在基本参数的选择上，根据相应的应用场合，需要对端曲面齿轮的基本参数有所侧重。当应用在低速场合时（对于非圆齿轮，输出转速为 0～500r/min），对于端曲面齿轮基本参数的选取可以偏重于满足时变运动输出的要求；当应用在中高速场合时（对于非圆齿轮，输出转速为 500～1500r/min），对于端曲面齿轮基本参数的选择，必须考虑偏心率 k 及输入转速 ω_1 对端曲面齿轮传动系统动态响应与动态效率的影响。综上所述，在端曲面齿轮的设计中所需要的基本设计参数如表 3.1 所示。

表 3.1　端曲面齿轮基本设计参数

名称	代号	公式	初选范围
非圆齿轮齿数	z_1	$z_1 = n_1(2\tau + 1)$	$20 \leqslant z_1 \leqslant 40$
模数	m	GB 12368—1990 标准模数	根据强度要求
压力角	α_n	$\alpha_n(\theta_1) = \alpha_u + \dfrac{\pi}{2} - \mu(\theta_1)$	$\alpha_n(\theta_1)_{\max} \leqslant 65°$
齿顶高系数	h_a^*	根据齿顶干涉条件	$0.8 \leqslant h_a^* \leqslant 1$
顶隙系数	c^*	根据齿顶干涉条件	$0.25 \leqslant c^* \leqslant 0.3$
偏心率	k	根据运动与动态特性条件	$0.1 \leqslant k \leqslant 0.3$
非圆齿轮阶数	n_1	根据运动与动态特性条件	$1 \leqslant n_1 \leqslant 3$
端曲面齿轮阶数	n_2	根据传动比要求	$1 \leqslant n_2 \leqslant 4$
根切内半径、变尖外半径、齿宽	R_u R_p B	$R_u \approx R_2 - 0.9 R_2 [1 - \cos\mu(\theta_1)]$ $R_p \approx R_2 - R_2 \dfrac{\sin\mu(\theta_1) + \cos\lambda(\theta_1)}{\sin\mu(\theta_1)\cos\lambda(\theta_1)}$ $B = \max(R_p) - \min(R_u)$	根据变尖和根切条件获得
输入转速	ω_1	根据动态响应特性	低速：0～500r/min 中高速：500～1500r/min

3.2　端曲面齿轮传动节曲线设计

节曲线是齿轮传动设计的基础,根据空间齿轮啮合原理,结合主动非圆齿轮的节曲线,推导与其共轭的端曲面齿轮的节曲线,验证端曲面齿轮的节曲线是柱面曲线;由端曲面齿轮节曲线封闭的条件,求得端曲面齿轮节曲线所在柱面的半径;利用圆柱面转化为平面的数学原理,得到端曲面齿轮的齿顶与齿根曲线方程。

3.2.1　端曲面齿轮的基本参数

多种类型的曲线可以用来作为非圆齿轮的节曲线,如对数螺线、心形线,而最典型的是椭圆曲线,包括低阶椭圆曲线和高阶椭圆曲线,本书讨论的非圆齿轮节曲线为椭圆曲线,其极坐标方程为

$$r(\theta) = \frac{a(1 - k^2)}{1 - k\cos(n_1\theta)} \tag{3.7}$$

式中,θ 为椭圆方程的极角;a 为椭圆的长半轴;k 为椭圆的偏心率;n_1 为椭圆的阶数。

当取 $a = 30\text{mm}$,$k = 0.1$,$n_1 = \{1, 2, 3, 4\}$ 时,在极坐标系下,偏心、卵形、三叶、四方四种最典型的非圆齿轮节曲线如图 3.7 所示。

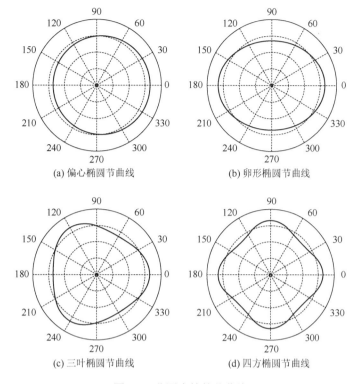

图 3.7　非圆齿轮的节曲线

　　非圆齿轮的齿顶曲线和齿根曲线应在非圆齿轮节曲线法线方向计算，因此，理论上它们应该是非圆齿轮节曲线法向等距线，非圆齿轮的齿顶高系数 h_a^*、顶隙系数 c^*，以及非圆齿轮齿顶、齿根曲线可从文献中得到，非圆齿轮的齿顶曲线与齿根曲线方程为

$$\begin{cases} r_{ha} = \sqrt{r(\theta)^2 + h_a^2 + 2r(\theta)h_a \cdot \sin\mu} \\ \varphi_{ha} = \theta - \arcsin\left(\dfrac{h_a \cdot \cos\mu}{r_{ha}}\right) \end{cases} \tag{3.8}$$

$$\begin{cases} r_{hf} = \sqrt{r(\theta)^2 + h_f^2 + 2r(\theta)h_f \cdot \sin\mu} \\ \varphi_{hf} = \theta + \arcsin\left(\dfrac{h_f \cdot \cos\mu}{r_{hf}}\right) \end{cases} \tag{3.9}$$

式中，h_a 为非圆齿轮齿顶高，$h_a = h_a^* m$；h_f 为非圆齿轮齿根高，$h_f = (h_a^* + c^*)m$，m 为非圆齿轮的模数；$\mu = \arctan[r(\theta)/r'(\theta)]$，$r'(\theta) = \mathrm{d}r(\theta)/\mathrm{d}\theta$，$\mu \in [0, \pi]$。

　　当取 $a = 30\mathrm{mm}$，$k = 0.1$，$n_1 = \{1, 2, 3, 4\}$ 时，在极坐标系下，偏心、卵形、三叶、四方四种最典型的非圆齿轮齿顶与齿根曲线如图 3.8 所示。

　　由于非圆齿轮节曲线不具有圆形齿节曲线的高度对称性，在设计非圆齿轮时，最重要的是保证非圆齿轮的轮齿均匀分布在它的节曲线上，若非圆齿轮的齿数为 z_1、模数为 m，非圆齿轮节曲线在 2π 角度内总长度为 L，其对应的恰好是 z_1 个齿距 p，则应满足如下条件：

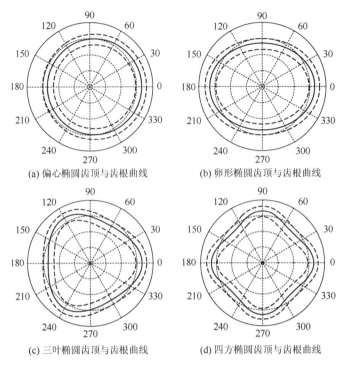

(a) 偏心椭圆齿顶与齿根曲线 (b) 卵形椭圆齿顶与齿根曲线

(c) 三叶椭圆齿顶与齿根曲线 (d) 四方椭圆齿顶与齿根曲线

图 3.8 非圆齿轮齿顶与齿根曲线

$$L = z_1 p = z_1 \pi m \tag{3.10}$$

式中，$L = \int_0^{2\pi} \sqrt{r^2(\theta) + r'^2(\theta)}\, \mathrm{d}\theta$。

而为了加工时方便，通常将非圆齿轮的长轴端加工成齿槽，短轴端加工成轮齿，这样也可以改善啮合过程中非圆齿轮的受力情况，则非圆齿轮的相互参数关系：

$$n_1 = \frac{z_1}{2\tau + 1} \tag{3.11}$$

通常情况下，若非圆齿轮节曲线的参数是随意确定的，很少恰好满足式（3.3），因此设计时，必须改变非圆齿轮的节曲线的某些参数，反复地计算，直到恰好满足式（3.3），如修改节曲线的偏心率 k、长半轴 a 等，而一般情况下，通过修改长半轴 a 来达到这个目的，则非圆齿轮节曲线的长半轴 a 的计算公式为

$$a = \frac{mz_1\pi}{2n_1(1-k^2)\int_0^{\frac{\pi}{n_1}} \sqrt{\dfrac{1 - 2k \cdot \cos(n_1\theta)}{[1 - k \cdot \cos(n_1\theta)]^4} + \dfrac{k^2[1 + (n_1^2 - 1)\sin(2n_1\theta)]}{[1 - k \cdot \cos(n_1\theta)]^4}}\, \mathrm{d}\theta} \tag{3.12}$$

由于非圆齿轮的加工与圆柱齿轮一样，是用齿条刀具或插齿刀来进行加工的，非圆齿轮的齿距、齿高、齿厚等参数的计算方法和圆柱齿轮一样。

3.2.2 端曲面齿轮的节曲线

在齿轮啮合传动过程中，具体表现为两齿轮的节曲线做纯滚动，这两条节曲线是设计齿轮传动的基础，建立端曲面齿轮副的数学传动模型如图 3.9 所示。

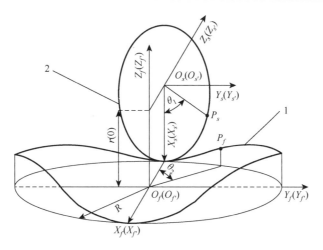

图 3.9　端曲面齿轮副的空间啮合原理

1-非圆齿轮节曲线；2-端曲面齿轮节曲线

如图 3.9 所示，设 P_s 是非圆齿轮节曲线上一点，P_f 为端曲面齿轮节曲线上一点，当非圆齿轮转过 θ_1、端曲面齿轮转过 θ_2 时，P_s、P_f 两点重合，根据空间坐标转换原理，在啮合过程中，非圆齿轮动坐标系 s' 到非圆齿轮静坐标系 s 的齐次转换矩阵为

$$\boldsymbol{M}_{ss'} = \begin{bmatrix} \cos\theta_1 & \sin\theta_1 & 0 & 0 \\ -\sin\theta_1 & \cos\theta_1 & 0 & 0 \\ 0 & 0 & 1 & 0 \\ 0 & 0 & 0 & 1 \end{bmatrix} \tag{3.13}$$

非圆齿轮静坐标系 s 到端曲面齿轮静坐标系 f 的齐次转换矩阵为

$$\boldsymbol{M}_{fs} = \begin{bmatrix} 0 & 0 & -1 & -R \\ 0 & 1 & 0 & 0 \\ -1 & 0 & 0 & r(0) \\ 0 & 0 & 0 & 1 \end{bmatrix} \tag{3.14}$$

端曲面齿轮静坐标系 f 到端曲面齿轮动坐标系 f' 的齐次转换矩阵为

$$\boldsymbol{M}_{f'f} = \begin{bmatrix} \cos\theta_2 & -\sin\theta_2 & 0 & 0 \\ \sin\theta_2 & \cos\theta_2 & 0 & 0 \\ 0 & 0 & 1 & 0 \\ 0 & 0 & 0 & 1 \end{bmatrix} \tag{3.15}$$

因此，非圆齿轮的动坐标系 s' 到端曲面齿轮动坐标系 f' 的齐次转换矩阵为

$$\boldsymbol{M}_{f's'} = \boldsymbol{M}_{f'f}\boldsymbol{M}_{fs}\boldsymbol{M}_{ss'} = \begin{bmatrix} -\sin\theta_1\sin\theta_2 & \cos\theta_1\sin\theta_2 & -\cos\theta_2 & -R\cos\theta_2 \\ -\cos\theta_2\sin\theta_1 & \cos\theta_1\sin\theta_2 & \sin\theta_2 & R\sin\theta_2 \\ -\cos\theta_1 & -\sin\theta_1 & 0 & r(0) \\ 0 & 0 & 0 & 1 \end{bmatrix} \tag{3.16}$$

P_s 点在 s' 坐标系下的坐标可表示为 $[r(\theta_1)\cos\theta_1, r(\theta_1)\sin\theta_1, 0]$，由于 P_s、P_f 两点重合，

则 P_f 在 s' 坐标系下的坐标为 $[r(\theta_1)\cos\theta_1, r(\theta_1)\sin\theta_1, 0]$，根据空间坐标转换关系 P_f 在 f' 坐标系下的坐标可表示为

$$\begin{bmatrix} x_2 \\ y_2 \\ z_2 \\ 1 \end{bmatrix} = \boldsymbol{M}_{f's'} \begin{bmatrix} r(\theta_1)\cos\theta_1 \\ r(\theta_1)\sin\theta_1 \\ 0 \\ 1 \end{bmatrix} = \begin{bmatrix} -R\cos\theta_2 \\ -R\sin\theta_2 \\ r(0)-r(\theta_1) \\ 1 \end{bmatrix} \tag{3.17}$$

从而可得到端曲面齿轮节曲线参数方程为

$$\begin{cases} x_2 = -R\cos\theta_2 \\ y_2 = -R\sin\theta_2 \\ z_2 = r(0)-r(\theta_1) \end{cases} \tag{3.18}$$

由式（3.18）可以得出，端曲面齿轮的节曲线是以 R 为半径的圆柱面曲线。

3.2.3 端曲面齿轮节曲线所在圆柱面的半径

端曲面齿轮的节曲线必须是封闭的，否则端曲面齿轮副只能做往复的摆动而不能连续地回转，若要求端曲面齿轮的节曲线是封闭的，且在 $0\sim2\pi$ 变化 n_2（n_2 为正整数）个周期，则端曲面齿轮的节曲线应满足的条件为

$$\frac{2\pi}{n_1 n_2} = \int_0^{\frac{2\pi}{n_1}} \frac{1}{i_{12}} \mathrm{d}\theta = \frac{1}{R} \int_0^{\frac{2\pi}{n_1}} r(\theta) \mathrm{d}\theta \tag{3.19}$$

从而可得

$$R = \frac{n_2}{2\pi} \int_0^{\frac{2\pi}{n_1}} r(\theta) \mathrm{d}\theta \tag{3.20}$$

将式（3.20）代入式（3.18）可得到端曲面齿轮节曲线参数方程：

$$\begin{cases} x_2 = -\dfrac{n_2}{2\pi} \cos\theta_2 \int_0^{\frac{2\pi}{n_1}} r(\theta) \mathrm{d}\theta \\ y_2 = -\dfrac{n_2}{2\pi} \sin\theta_2 \int_0^{\frac{2\pi}{n_1}} r(\theta) \mathrm{d}\theta \\ z_2 = r(0)-r(\theta_1) \end{cases} \tag{3.21}$$

由于 n_2 表示端曲面齿轮节曲线在 $0\sim2\pi$ 变化的周期个数，与 n_1 具有类似的意义，可以将 n_2 称为端曲面齿轮的阶数。

取 $z_1 = \{25, 26, 27, 28\}$，$m = 3\mathrm{mm}$，$k = 0.1$，$n_1 = \{1, 2, 3, 4\}$，$n_2 = 4$ 时，端曲面齿轮副的节曲线如图 3.10 所示。

3.2.4 端曲面齿轮的齿顶与齿根曲线

端曲面齿轮的齿顶高和齿根高应沿其节曲线法线方向计算，由 3.2.3 节的推导可知，端曲面齿轮的节曲线是圆柱面曲线，则端曲面齿轮的齿顶曲线与齿根曲线是其节曲线的圆柱

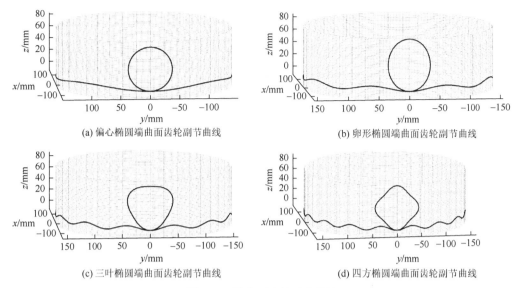

(a) 偏心椭圆端曲面齿轮副节曲线　　　　　　　(b) 卵形椭圆端曲面齿轮副节曲线

(c) 三叶椭圆端曲面齿轮副节曲线　　　　　　　(d) 四方椭圆端曲面齿轮副节曲线

图 3.10　端曲面齿轮副节曲线

等距曲线，然而圆柱面的几何问题求解过于复杂，可先将端曲面齿轮圆柱面节曲线展开为平面曲线，从而圆柱面等距曲线的问题变成平面等距曲线的问题。

　　圆柱面曲线展开为平面曲线的基本原理是：将圆柱面沿其一条母线展开，如图 3.11所示。

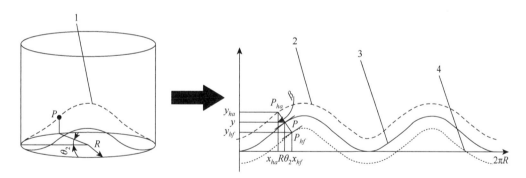

图 3.11　端曲面齿轮节曲线的平面化

1-端曲面齿轮节曲线；2-端曲面齿轮平面齿顶曲线；3-端曲面齿轮平面节曲线；4-端曲面齿轮平面齿根曲线

　　由图 3.11 和式（3.18）可得端曲面齿轮的平面节曲线参数方程：

$$\begin{cases} x = R\theta_2 = \int_0^{\theta_1} r(\theta)\mathrm{d}\theta \\ y = r(0) - r(\theta_1) \end{cases} \tag{3.22}$$

　　再根据式（3.22）和图 3.11，可得到端曲面齿轮平面齿顶曲线和平面齿根曲线的参数方程，端曲面齿轮平面齿顶曲线参数方程为

$$\begin{cases} x_{ha} = \int_0^{\theta_1} r(\theta)\mathrm{d}\theta - h_a \cdot \sin\beta \\ y_{ha} = r(0) - r(\theta_1) + h_a \cdot \cos\beta \end{cases} \tag{3.23}$$

式中，$\beta = \arctan\{kn_1\sin(n_1\theta_1)/[1-k\cos(n_1\theta_1)]\}$。

端曲面齿轮的平面齿根曲线参数方程为

$$\begin{cases} x_{hf} = \int_0^{\theta_1} r(\theta)\mathrm{d}\theta + h_f \cdot \sin\beta \\ y_{hf} = r(0) - r(\theta_1) - h_f \cdot \cos\beta \end{cases} \quad (3.24)$$

再将端曲面齿轮的平面齿顶与齿根曲线转化成圆柱面曲线，最终可以得到端曲面齿轮的齿顶曲线参数方程：

$$\begin{cases} x'_{ha} = -R\cos\left(\theta_2 - \dfrac{h_a \cdot \sin\beta}{R}\right) \\ y'_{ha} = -R\sin\left(\theta_2 - \dfrac{h_a \cdot \sin\beta}{R}\right) \\ z'_{ha} = r(0) - r(\theta_1) + h_a \cdot \cos\beta \end{cases} \quad (3.25)$$

端曲面齿轮的齿根曲线参数方程为

$$\begin{cases} x'_{hf} = -R\cos\left(\theta_2 + \dfrac{h_f \cdot \sin\beta}{R}\right) \\ y'_{hf} = -R\sin\left(\theta_2 + \dfrac{h_f \cdot \sin\beta}{R}\right) \\ z'_{hf} = r(0) - r(\theta_1) - h_f \cdot \cos\beta \end{cases} \quad (3.26)$$

非圆齿轮的齿数 z_1 分别取 25、26、27、28，模数 $m = 3\mathrm{mm}$，偏心率 $k = 0.1$，非圆齿轮的阶数 n_1 分别取 1、2、3、4，端曲面齿轮的阶数 $n_2 = 4$ 时，主动非圆齿轮的节曲线与从动端曲面齿轮的节曲线、齿顶与齿根曲线分别如图 3.12（a）～（d）所示。

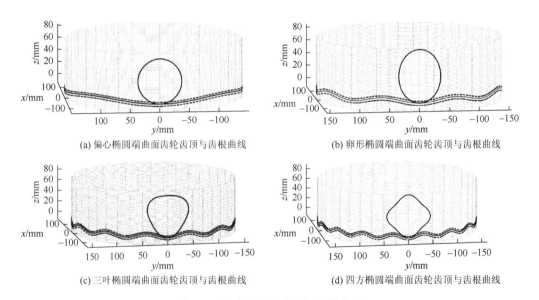

(a) 偏心椭圆端曲面齿轮齿顶与齿根曲线　　　　(b) 卵形椭圆端曲面齿轮齿顶与齿根曲线

(c) 三叶椭圆端曲面齿轮齿顶与齿根曲线　　　　(d) 四方椭圆端曲面齿轮齿顶与齿根曲线

图 3.12　端曲面齿轮齿顶与齿根曲线

3.3　端曲面齿轮齿形设计

3.3.1　端曲面齿轮的齿面设计

1. 端曲面齿轮的齿廓形成原理

由于齿轮齿廓是齿轮副能正确地按预定的传动比进行传动的根本保证,齿廓设计在整个齿轮副的设计中占有很重要的地位,在分析总结传统面齿轮加工原理的基础上,提出端曲面齿轮的加工方法,研究加工过程中加工刀具基本参数的确定和刀具的空间走刀轨迹等,为端曲面齿轮的实际加工奠定理论基础。

1）接触痕迹限制在局部

在端曲面齿轮加工时,所用的刀具和主动非圆齿轮是完全一样的复制品,这样的加工方法有两个缺点。

（1）由于在实际生产中尚无非圆刀具,若按此方法加工,须设计非圆刀具。

（2）这种加工过程是对非圆齿轮与端曲面齿轮的准确啮合模拟,然而在实际应用中,齿轮副的安装存在安装误差,李特文指出这样的加工方法加工出的齿轮副对安装误差相当敏感,在实际场合是不能应用的。

如果能使非圆齿轮与端曲面齿轮的接触痕迹限制在局部,上述的缺点是可以避免的,接触痕迹限制在局部是指在齿轮传动过程中,使非圆齿轮与端曲面齿轮之间形成点接触,代替瞬时的线接触。李特文进一步指出采用合适的加工方法,将接触痕迹限制在局部是可以实现的。

非圆齿轮与端曲面齿轮的接触痕迹限制在局部基于以下的加工方法。在非圆齿轮与端曲面齿轮传动过程中,假想同时有一个小圆柱齿轮与非圆齿轮做内啮合,例如,此时非圆齿轮与端曲面齿轮啮合的瞬间可以看成端曲面齿轮与小圆柱齿轮的啮合,如图 3.13 所示。

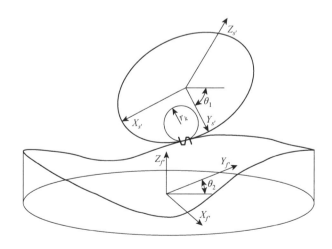

图 3.13　共轭齿廓的形成

观察端曲面齿轮的齿廓形成情况如下：如图 3.14 所示，非圆齿轮的节曲线、端曲面齿轮的节曲线、圆柱齿轮的节曲线分别是 a、b、c，三者同时相切于点 P，当非圆齿轮的节曲线 a 与端曲面齿轮的节曲线 b 做纯滚动时，圆柱齿轮的节曲线和非圆齿轮的节曲线 a、端曲面齿轮的节曲线 b 同时做纯滚动，圆柱齿轮的齿廓可以分别包络出非圆齿轮的齿廓 1 和端曲面齿轮的齿廓 2；根据齿廓啮合基本定理，在任一瞬时，圆柱齿轮的齿廓 3 与非圆齿轮的齿廓 1、端曲面齿轮的齿廓 2 的切点是同一个点，所以非圆齿轮的齿廓 1、端曲面齿轮的齿廓 2 也在该点相切，因此，若让非圆齿轮的齿廓直接带动端曲面齿轮的齿廓，是能够保证非圆齿轮的节曲线 1 与端曲面齿轮的节曲线 2 做纯滚动的。

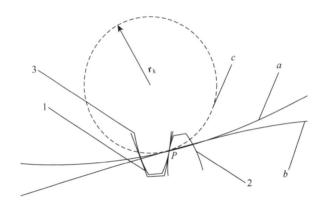

图 3.14　齿廓啮合

1-非圆齿轮的齿廓；2-端曲面齿轮的齿廓；3-圆柱齿轮的齿廓；
a-非圆齿轮的节曲线；b-端曲面齿轮的节曲线；c-圆柱齿轮的节曲线

以上即端曲面齿轮的齿廓形成原理，因此，在加工实际中，小圆柱齿轮可作为加工刀具来加工端曲面齿轮齿廓。

2）齿面啮合情况分析

根据上述的加工方法，考察刀具的齿面 $\varSigma_1$、非圆齿轮的齿面 $\varSigma_2$、被加工的端曲面齿轮齿面 $\varSigma_3$ 三者的啮合情况。

刀具的齿面 $\varSigma_1$ 与端曲面齿轮的齿面 $\varSigma_3$ 的啮合情况如图 3.15 所示，插齿刀的旋转中心轴与端曲面齿轮的旋转中心轴交于点 O_k'，刀具相对于端曲面齿轮的瞬时回转轴为 $O_k'I_1$。

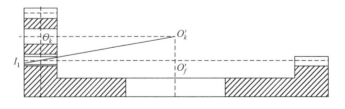

图 3.15　刀具与端曲面齿轮的啮合

刀具的齿面 $\varSigma_1$ 与非圆齿轮的齿面 $\varSigma_2$ 的内啮合情况如图 3.16 所示，刀具相对于非圆齿轮的瞬时回转轴为 AI_2。

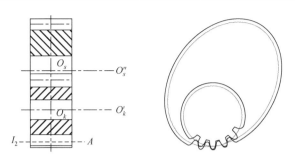

图 3.16　刀具与非圆齿轮的啮合

分析刀具的齿面 Σ_1、非圆齿轮的齿面 Σ_2 和被加工的端曲面齿轮齿面 Σ_3 三者的接触情况：刀具的齿面 Σ_1 与被加工的端曲面齿轮齿面 Σ_3 在啮合的每一瞬时都处于线接触，如图 3.17（a）所示。刀具的齿面 Σ_1 与非圆齿轮的齿面 Σ_2 啮合的每一瞬时也都处于线接触，如图 3.17（b）所示。而被加工的端曲面齿轮齿面 Σ_3 与非圆齿轮的齿面 Σ_2 的每一瞬时都处于点接触，该点是两条流动接触线 L_1 与 L_2 的交点，如图 3.17（c）所示的 M 点。由分析可得，这样加工出来的端曲面齿轮可以达到点接触代替瞬时的线接触，接触痕迹限制在局部的要求。

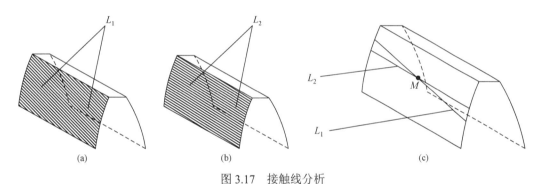

图 3.17　接触线分析

3）加工刀具的基本参数

由上述加工原理加工的端曲面齿轮不仅可以保证在传动过程中，非圆齿轮的节曲线与端曲面齿轮的节曲线做纯滚动，还可以实现在啮合过程中，点接触代替瞬时的线接触，接触痕迹限制在局部的要求。在上述加工原理基础上，进一步讨论加工刀具参数的确定。

由于非圆齿轮的节曲线为非圆形，其上各点的曲率半径不同，若加工刀具的分度圆半径过大，刀具的分度圆将超出非圆节曲线，如图 3.18 所示，在这种情况下加工刀具与非圆齿轮无法做内啮合，从而加工刀具的分度圆半径必须不大于非圆齿轮节曲线最小曲率半径，则可得加工刀具的分度圆半径的取值范围为

$$r_k \leqslant \frac{[r^2(0)+r'^2(0)]^{\frac{3}{2}}}{r^2(0)+2r'^2(0)-r(0)r''(0)} = \frac{r^3(0)}{r^2(0)-r(0)r''(0)} \tag{3.27}$$

式中，$r' = \mathrm{d}r(\theta)/\mathrm{d}\theta$；$r'' = \mathrm{d}r'/\mathrm{d}\theta$。

从而加工刀具的齿数 z_k 的取值范围为

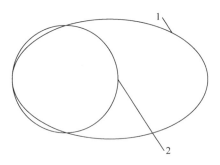

图 3.18 加工刀具分度圆的半径

1-非圆齿轮节曲线；2-加工刀具的分度圆

$$z_k = \frac{2r_k}{m} \leqslant \frac{2r^3(0)}{m[r^2(0) - r(0)r''(0)]} \qquad (3.28)$$

由式（3.28）可得到插齿刀的齿数范围，因为加工刀具本身为标准的圆柱齿轮，自身也不能产生根切，综合两者，在实际加工中，选择合适的齿数 z_k，即可以确定加工刀具。

4）刀具的空间走刀轨迹

为了方便计算，假设加工刀具的初始位置在非圆齿轮的静坐标系 s 原点处，根据上述加工原理，当非圆齿轮由初始位置转过的角度为 θ_1 时，刀具的空间走刀轨迹可以描述如下。

（1）刀具由初始位置平移到非圆齿轮与端曲面齿轮初始啮合点，再绕非圆齿轮节曲线做内纯滚动到 P_s 点，如图 3.19 所示。

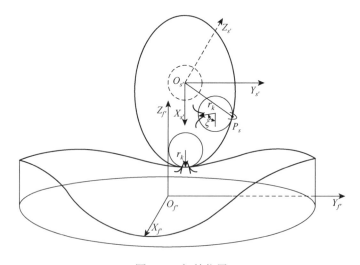

图 3.19 初始位置

（2）刀具绕 $O_{s'}Z_{s'}$ 轴沿顺时针方向旋转 θ_1 角度，同时端曲面齿轮的毛坯绕 $O_{f'}Z_{f'}$ 轴沿逆时针方向旋转 θ_2 角度，如图 3.20 所示。

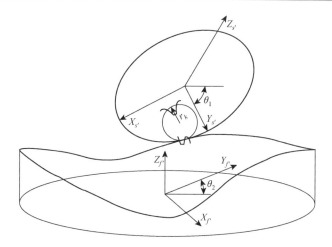

图 3.20　刀具旋转 θ_1 角度

根据上述走刀轨迹，分析刀具的空间位置，刀具绕非圆齿轮节曲线做内纯滚动运动，如图 3.21 所示，加工刀具由其初始位置平移到非圆齿轮与端曲面齿轮初始啮合点 P_1，再绕非圆齿轮的节曲线做内纯滚动到点 P_s，其中坐标系 $k(X_kO_kY_k)$ 与刀具刚性固定在一起。

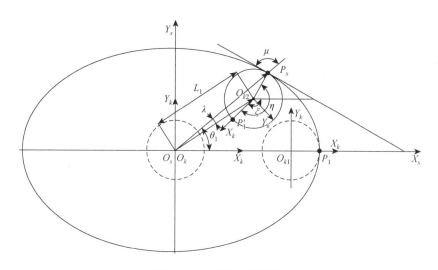

图 3.21　刀具的空间位置

由图 3.21 可知，刀具绕非圆齿轮做内纯滚动运动，可以分解成：①刀具绕自身旋转轴 O_kZ_k 的旋转；②插齿刀沿 $\overline{O_sO_{k2}}$ 的平移，其中刀具绕自身旋转轴转过的角度为

$$\xi = \frac{\pi}{2} + \eta - \theta_1 - \mu \tag{3.29}$$

则刀具绕自身旋转轴旋转后，其随动坐标系 k 到非圆齿轮静坐标系 s 的转换齐次矩阵为

$$\boldsymbol{M}_{1sk} = \begin{bmatrix} \cos\xi & \sin\xi & 0 & 0 \\ -\sin\xi & \cos\xi & 0 & 0 \\ 0 & 0 & 1 & 0 \\ 0 & 0 & 0 & 1 \end{bmatrix} \quad (3.30)$$

在坐标系 $X_sO_sZ_s$ 中

$$\overline{O_sO_{k2}} = [L_1\cos(\theta_1-\lambda), L_1\sin(\theta_1-\lambda), 0]^{\mathrm{T}} \quad (3.31)$$

式中，$L_1 = \sqrt{r^2(\theta_1) + r_k^2 - 2r_kr(\theta_1)\sin\mu}$；$\lambda = \arccos[L_1^2 + r^2(\theta_1) - r_k^2 / (2L_1r(\theta_1))]$。

从而，刀具沿 $\overline{O_sO_{k2}}$ 平移后，刀具的随动坐标系 k 到非圆齿轮的静坐标系 s 的齐次变换矩阵为

$$\boldsymbol{M}_{2sk} = \begin{bmatrix} 1 & 0 & 0 & L\cos(\theta_1-\lambda) \\ 0 & 1 & 0 & L\sin(\theta_1-\lambda) \\ 0 & 0 & 1 & 0 \\ 0 & 0 & 0 & 1 \end{bmatrix} \boldsymbol{M}_{1sk} = \begin{bmatrix} \cos\xi & \sin\xi & 0 & L_1\cos(\theta_1-\lambda) \\ -\sin\xi & \cos\xi & 0 & L_1\sin(\theta_1-\lambda) \\ 0 & 0 & 1 & 0 \\ 0 & 0 & 0 & 1 \end{bmatrix} \quad (3.32)$$

刀具绕 O_kZ_k 轴沿顺时针方向旋转 θ_1 角度，此时，刀具的随动坐标系 k 到非圆齿轮的静坐标系 s 的齐次变换矩阵为

$$\boldsymbol{M}_{3sk} = \begin{bmatrix} \cos\theta_1 & \sin\theta_1 & 0 & 0 \\ -\sin\theta_1 & \cos\theta_1 & 0 & 0 \\ 0 & 0 & 1 & 0 \\ 0 & 0 & 0 & 1 \end{bmatrix} \boldsymbol{M}_{2sk} = \begin{bmatrix} \cos(\xi+\theta_1) & \sin(\xi+\theta_1) & 0 & L_1\cos\lambda \\ -\sin(\xi+\theta_1) & \cos(\xi+\theta_1) & 0 & -L_1\sin\lambda \\ 0 & 0 & 1 & 0 \\ 0 & 0 & 0 & 1 \end{bmatrix} \quad (3.33)$$

端曲面齿轮的毛坯应绕 O_fZ_f 轴沿逆时针方向旋转 θ_2 角度，利用反转法，可以看成刀具应绕 O_fZ_f 轴沿顺时针方向旋转 θ_2 角度，端曲面齿轮毛坯静止不动，则刀具绕 O_fZ_f 轴沿顺时针方向旋转 θ_2 角度后，刀具的随动坐标系 k 到端曲面齿轮随动坐标系 f' 的齐次变换矩阵为

$$\begin{aligned} \boldsymbol{M}_{f'k} &= \boldsymbol{M}_{ff'}\boldsymbol{M}_{fs}\boldsymbol{M}_{3sk} \\ &= \begin{bmatrix} \sin(\xi+\theta_1)\sin\theta_2 & -\cos(\xi+\theta_1)\sin\theta_2 & -\cos\theta_2 & L_1\sin\lambda\sin\theta_2 - R\cos\theta_2 \\ -\sin(\xi+\theta_1)\cos\theta_2 & \cos(\xi+\theta_1)\cos\theta_2 & -\sin\theta_2 & -L_1\sin\lambda\cos\theta_2 - R\sin\theta_2 \\ -\cos(\xi+\theta_1) & -\sin(\xi+\theta_1) & 0 & r(0) - L_1\cos\lambda \\ 0 & 0 & 0 & 1 \end{bmatrix} \end{aligned}$$

$$(3.34)$$

由于 ξ、θ_2、λ 等都是 θ_1 的函数，加工时连续变化 θ_1 值，由式（3.34）可以确定加工刀具的空间连续的走刀轨迹。

2. 端曲面齿轮的齿面方程

通过上述分析与研究，确定了端曲面齿轮的齿廓形成原理，得到了加工时刀具的空间走刀轨迹。在"端曲面齿轮的齿廓形成原理"部分的基础上，推导出端曲面齿轮副的啮合方程，结合共轭齿廓原理，得出端曲面齿轮的齿廓参数方程及其过渡曲面参数方程。

1）刀具的齿面

端曲面齿轮的加工刀具为渐开线圆柱齿轮，如图 3.22 所示。

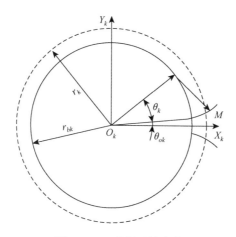

图 3.22　刀具渐开线齿廓

由于加工刀具齿槽具有对称性，可以只讨论刀具的左齿廓，另一面可由对称性得到，在坐标系 k 下刀具左齿廓可以用矢量表示为

$$\boldsymbol{r}_k(u_k,\theta_k) = \begin{bmatrix} r_{bk}[\cos(\theta_{ok}+\theta_k)+\theta_k\sin(\theta_{ok}+\theta_k)] \\ r_{bk}[\sin(\theta_{ok}+\theta_k)-\theta_k\cos(\theta_{ok}+\theta_k)] \\ u_k \\ 1 \end{bmatrix} \tag{3.35}$$

式中，r_{bk} 为刀具基圆半径，$r_{bk}=r_k\cos\alpha_u$，α_u 为刀具的压力角；u_k 为标记 Z_k 方向上的刀具齿面 Σ_1 参数；θ_{ok} 由齿宽在基圆上对应展开角决定，$\theta_{ok}=\pi/2z_k-\text{inv}\,\alpha_u$。

加工刀具齿面单位法线矢量在坐标系 k 中表示为

$$\boldsymbol{n}_k = \dfrac{\dfrac{\partial \boldsymbol{r}_k}{\partial \theta_k}\times\dfrac{\partial \boldsymbol{r}_k}{\partial u_k}}{\left|\dfrac{\partial \boldsymbol{r}_k}{\partial \theta_k}\times\dfrac{\partial \boldsymbol{r}_k}{\partial u_k}\right|} = \begin{bmatrix} \sin(\theta_{ok}+\theta_k) \\ -\cos(\theta_{ok}+\theta_k) \\ 0 \end{bmatrix} \tag{3.36}$$

2）端曲面齿轮的齿面

端曲面齿轮齿面 Σ_2 是由刀具齿面 Σ_1 包络而成的，刀具齿面 Σ_1 形成的包络曲面簇在 f' 坐标系中可表示为

$$\boldsymbol{r}_2(u_k,\theta_k,\theta_1) = \boldsymbol{M}_{f k}\boldsymbol{r}_k(u_k,\theta_k) \tag{3.37}$$

在加工过程中的啮合方程为

$$f(u_k,\theta_k,\theta_1) = \boldsymbol{N}^{(s)}\cdot\boldsymbol{v}_{12}^{(s)} = 0 \tag{3.38}$$

式中，$\boldsymbol{N}^{(s)}$ 为坐标系 s 中刀具齿面 Σ_1 的法线；$\boldsymbol{v}_{12}^{(s)}$ 为坐标系 s 下，刀具齿面 Σ_1 与端曲面齿轮齿面 Σ_2 的相对速度。

由空间坐标转换原理，可得

$$N^{(s)} = L_{2sk} n_k = \begin{bmatrix} -\sin(\xi - \theta_{ok} - \theta_k + \theta_1) \\ -\cos(\xi - \theta_{ok} - \theta_k + \theta_1) \\ 0 \end{bmatrix} \tag{3.39}$$

式中，L_{2sk} 为去掉 M_{2sk} 最后一行和最后一列的矩阵。

而坐标系 s 下，相对速度 $v_{12}^{(s)}$ 可用矢量表示为

$$\begin{aligned} v_{12}^{(s)} &= (\omega_1 - \omega_2) \times M_{2sk} r_k(u_k, \theta_k) \\ &= |\omega_1| \begin{bmatrix} r_{bk} \sin\phi_s + L_1 \sin\lambda + r_{bk}\theta_k \cos\phi_s \\ L_1 \cos\lambda + r_{bk}\cos\phi_s - i_{21}(u_k + R) - r_{bk}\theta_k \sin\phi_s \\ -i_{21}(L_1 \sin\lambda + r_{bk}\theta_k \cos\phi_s + r_{bk}\sin\phi_s) \end{bmatrix} \end{aligned} \tag{3.40}$$

式中，ω_1 为非圆齿轮角速度矢量；ω_2 为端曲面齿轮角速度矢量；$\phi_s = \xi + \theta_1 - \theta_k - \theta_{ok}$；$i_{21} = 1/i_{12}$。

由式（3.38）～式（3.40）可求得啮合方程：

$$f(u_k, \theta_k, \theta_1) = r_{bk} + L_1 \cos(\phi_s - \lambda) - i_{21}(R + u_k)\cos\phi_s = 0 \tag{3.41}$$

根据齿轮啮合原理，端曲面齿轮的齿面方程可表示为

$$\begin{cases} r_2(u_k, \theta_k, \theta_1) = M_{fk} r_k(u_k, \theta_k) \\ f(u_k, \theta_k, \theta_1) = r_{bk} + L_1 \cos(\phi_s - \lambda) - i_{21}(R + u_k)\cos\phi_s = 0 \end{cases} \tag{3.42}$$

将式（3.42）中的 u_k 去掉，端曲面齿轮的齿面 Σ_2 用矢量 $r_2(\theta_k, \theta_1)$ 可表示为

$$r_2(\theta_k, \theta_1) = \begin{bmatrix} L_1 \sin\lambda \sin\theta_2 - \dfrac{r_{bk} + L_1 \cos(\phi_s - \lambda)}{i_{21}\cos\phi_s}\cos\theta_2 + r_{bk}\sin\theta_2(\sin\phi_s + \theta_k \cos\phi_s) \\ -L_1 \sin\lambda \cos\theta_2 - \dfrac{r_{bk} + L_1 \cos(\phi_s - \lambda)}{i_{21}\cos\phi_s}\sin\theta_2 - r_{bk}\cos\theta_2(\sin\phi_k + \theta_k \cos\phi_s) \\ r(0) - L_1 \cos\lambda - r_{bk}(\cos\phi_s + \theta_k \sin\phi_s) \end{bmatrix} \tag{3.43}$$

3）过渡曲面

与加工传统面齿轮一样，加工端曲面齿轮时，它的齿根部也会形成过渡曲面，如图 3.23 所示。

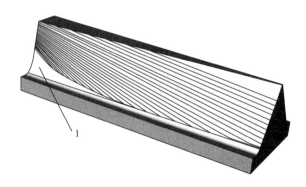

图 3.23　端曲面齿轮的齿根过渡曲面

1-过渡曲面

过渡曲面的形成可分为两种情况。

（1）加工刀具的齿顶角处没有倒圆，是一个尖角，如图 3.24 所示，此时的过渡曲面是由刀具齿顶母线 G 形成的。在坐标系 k 中，刀具齿顶母线 G 的参数方程为

$$\boldsymbol{r}_g(\theta_{ak}, u_k) = \begin{bmatrix} r_a \sin\theta_{ak} \\ r_a \cos\theta_{ak} \\ u_k \end{bmatrix} \tag{3.44}$$

式中，$r_a = mz_k / 2 + h_a^* m$；$\theta_{ak} = \sqrt{r_a^2 - r_{bk}^2} / r_{bk}$。

此时，过渡曲面 $\varSigma_3$ 的参数方程在 f' 坐标系中可表示为

$$\begin{cases} \boldsymbol{r}_3(u_k, \theta_{ak}, \theta_1) = \boldsymbol{M}_{f'k}\boldsymbol{r}_g(\theta_{ak}, u_k) \\ f(u_k, \theta_{ak}, \theta_1) = r_{bk} + L_1\cos(\phi_s - \lambda) - i_{21}(R + u_k)\cos\phi_s = 0 \end{cases} \tag{3.45}$$

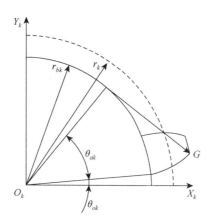

图 3.24 齿顶母线

（2）加工刀具的齿顶角处存在圆角，圆角半径为 ρ，如图 3.25 所示，此时的过渡曲面是由刀具齿顶圆角形成的。若在坐标系 k 中，刀具齿顶圆角中心 C 的坐标为 (x_c, y_c)，则刀具齿顶圆角的参数方程为

$$\boldsymbol{r}_R = \begin{bmatrix} x_c + \rho\cos\theta_3 \\ y_c - \rho\sin\theta_3 \\ u_k \end{bmatrix} \tag{3.46}$$

刀具齿顶圆角单位法线矢量在坐标系 k 中表示为

$$\boldsymbol{n}_R = \begin{bmatrix} \cos\theta_3 \\ -\sin\theta_3 \\ 0 \end{bmatrix} \tag{3.47}$$

根据空间坐标转换原理，刀具齿顶圆角单位法线矢量在坐标系 s 中表示为

$$\boldsymbol{N}_R^{(s)} = \boldsymbol{L}_{2sk}\boldsymbol{n}_R = \begin{bmatrix} \cos(\xi + \theta_1 + \theta_3) \\ -\sin(\xi + \theta_1 + \theta_3) \\ 0 \end{bmatrix} \tag{3.48}$$

刀具齿顶圆角曲面 Σ_3 与端曲面齿轮齿面 Σ_2 的相对速度在坐标系 s 中可表示为

$$
\begin{aligned}
\boldsymbol{v}_{32}^{(s)} &= (\boldsymbol{\omega}_1 - \boldsymbol{\omega}_2) \times \boldsymbol{M}_{2sk}\boldsymbol{r}_R \\
&= |\boldsymbol{\omega}_1| \begin{bmatrix} x_c\sin(\xi+\theta_1) - y_c\cos(\xi+\theta_1) + L_1\sin\lambda + \rho\sin(\xi+\theta_1+\theta_3) \\ x_c\cos(\xi+\theta_1) + y_c\sin(\xi+\theta_1) + L_1\cos\lambda + \rho\sin(\xi+\theta_1+\theta_2) - i_{21}(u_k+R) \\ -i_{21}[x_c\sin(\xi+\theta_1) - y_c\cos(\xi+\theta_1) + L_1\sin\lambda + \rho\sin(\xi+\theta_1+\theta_3)] \end{bmatrix}
\end{aligned}
$$

$$（3.49）$$

从而此时端曲面齿轮的过渡曲面参数方程为

$$
\begin{cases}
\boldsymbol{r}_3(u_k,\theta_3,\theta_1) = M_{f'k}\boldsymbol{r}_R \\
f(u_k,\theta_3,\theta_1) = \boldsymbol{N}_R^{(s)} \cdot \boldsymbol{v}_{32}^{(s)} = 0
\end{cases}
$$

$$（3.50）$$

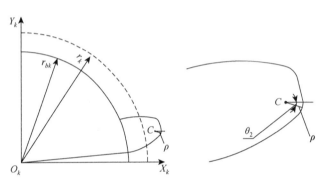

图 3.25　齿顶圆角

3.3.2　端曲面齿轮的齿宽设计

1. 端曲面齿轮根切半径

在端曲面齿轮轮齿的内齿廓处，加工制造中根切界限线的存在降低了轮齿的弯曲强度，严重影响着端曲面齿轮的传动质量。端曲面齿轮的齿宽设计是进行端曲面齿轮传动的有关计算时必须考虑的一个因素，是影响齿轮的齿根强度的一个重要指标。端曲面齿轮的轮齿内齿廓可能发生根切现象，从而限制了端曲面齿轮的内径；而在轮齿外齿廓处，受等高齿条件的限制，齿顶厚变小，导致左右两侧齿面可能相交，产生轮齿变尖现象，根切现象和变尖现象的存在限制了端曲面齿轮的轮齿齿宽。其中，变尖点和变尖半径的求解方法结合端曲面齿轮的齿面离散求解算法［式（3.50）］获得，仅考虑轮齿内齿廓根切内径的计算方法。

端曲面齿轮的齿面由产形轮齿面包络而成，一般多用普通渐开线插刀插齿加工。为清晰地表达端曲面齿轮的根切现象，假设端曲面齿轮的轮齿内径 R_1 足够小，根据虚拟仿真技术，在 SolidWorks 平台下，利用编程语言 VB 与应用程序的接口（API），结合端曲面齿轮的基本参数，设置产形轮走刀路径，编制程序进行仿真加工，获得端曲面齿轮的根切齿形，如图 3.26 所示。

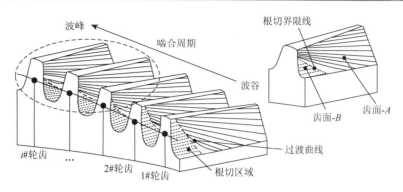

图 3.26　端曲面齿轮齿面仿真加工的根切齿形

图 3.27 为仿真加工后的端曲面齿轮根切齿面，由图中可知，产形轮形成的产形面包络出两个子齿面：齿面-A 和齿面-B。其中，齿面-A 由一系列满足啮合方程的啮合线组成，形成端曲面齿轮的包络齿面；齿面-B 为虚齿面，一部分形成根切齿面，另一部分不形成齿面。两齿面之间的交线即根切界限线。端曲面齿轮的啮合线在内齿廓处逐步接近端曲面齿轮的齿顶线，因此，端曲面齿轮齿宽方向上的每一个根切点并不在同一个水平面上。结合端曲面齿轮的齿面离散化求解算法，端曲面齿轮的虚拟加工齿面的特征如图 3.27 所示。根切界限线位于齿顶曲线和齿根曲线之间，并与过渡曲线相交。根切界限线的啮合角范围为 $\theta_1 \subseteq [\theta_{1ha}, \theta_{1out}]$。

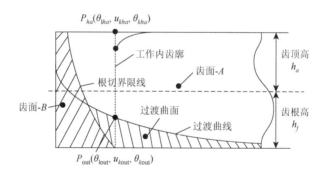

图 3.27　端曲面齿轮根切齿面

由 3.3.1 节可知，式（3.41）保证了端曲面齿轮副两齿面间的正确啮合，其对时间 t 的一阶导数，称为共轭曲面的二类界限函数。

$$f_1(u_k, \theta_k, \theta_1) = \frac{\mathrm{d}(\boldsymbol{n}_1^{(1)} \cdot \boldsymbol{v}_{12}^{(1)})}{\mathrm{d}t} = \boldsymbol{n}_{1t}^{(1)} \cdot \boldsymbol{v}_{12}^{(1)} + \boldsymbol{n}_1^{(1)} \cdot \boldsymbol{v}_{12t}^{(1)} \qquad (3.51)$$

式中，$\boldsymbol{n}_{1t}^{(1)}$ 为坐标系 S_1 中非圆齿轮的单位法线向量对时间 t 的导数，可以表达为

$$\boldsymbol{n}_{1t}^{(1)} = -\frac{\mathrm{d}\phi_s}{\mathrm{d}\theta_1}\left|\boldsymbol{\omega}_1^{(1)}\right| \begin{bmatrix} -\cos\phi_s \\ \sin\phi_s \\ 0 \end{bmatrix} \qquad (3.52)$$

其中，ϕ_s 参考式（3.40）。$\boldsymbol{v}_{12t}^{(1)}$ 为坐标系 S_1 中端曲面齿轮副的相对速度对时间 t 的导数，可以表达为

$$
\begin{cases}
\boldsymbol{v}_{12t}^{(1)} = \left|\boldsymbol{\omega}_1^{(1)}\right|\left|\boldsymbol{\omega}_2^{(1)}\right|
\begin{bmatrix}
\dfrac{\mathrm{d}i_{12}}{\mathrm{d}\theta_1} S_k + i_{12} H_1 \\[2mm]
-\dfrac{\mathrm{d}i_{12}}{\mathrm{d}\theta_1} L_k - i_{12} H_2 \\[2mm]
-H_1
\end{bmatrix} \\[6mm]
H_1 = r_{bk}\dfrac{\mathrm{d}\phi_s}{\mathrm{d}\theta_1}(\cos\phi_s - \theta_k\sin\phi_s) + \dfrac{\mathrm{d}L_1}{\mathrm{d}\theta_1}\sin\lambda + L_1\cos\lambda\dfrac{\mathrm{d}\lambda}{\mathrm{d}\theta_1} \\[4mm]
H_2 = r_{bk}\dfrac{\mathrm{d}\phi_s}{\mathrm{d}\theta_1}(\sin\phi_s + \theta_k\cos\phi_s) - \dfrac{\mathrm{d}L_1}{\mathrm{d}\theta_1}\cos\lambda + L_1\sin\lambda\dfrac{\mathrm{d}\lambda}{\mathrm{d}\theta_1}
\end{cases} \tag{3.53}
$$

式中，S_k 和 L_k 的大小参考式（4.18）。由齿轮啮合原理可知，共轭曲面间满足啮合方程 [式（3.41）]，且共轭曲面一类界限函数 G 为零的点为根切点，这些点的集合即根切界限线。共轭曲面的一类界限函数 G 为

$$
G = f_t(u_k, \theta_k, \theta_1) + \boldsymbol{p}\cdot\boldsymbol{v}_{12}^{(1)} \tag{3.54}
$$

其中，

$$
\boldsymbol{p} = \boldsymbol{\omega}_{12}^{(1)}\times\boldsymbol{n}_1^{(1)} - \left|\boldsymbol{v}_{12}^{(1)}\right|\dfrac{\mathrm{d}\boldsymbol{n}_1^{(1)}}{\mathrm{d}s}\boldsymbol{v}_{12}^{(1)}\times\boldsymbol{\omega}_{12}^{(1)}\times\boldsymbol{n}_1^{(1)} + k_{v_{12}}^{(1)}\cdot\boldsymbol{v}_{12}^{(1)} + f_{v_{12}}^{(1)}\cdot\boldsymbol{n}_1^{(1)}\times\boldsymbol{v}_{12}^{(1)} \tag{3.55}
$$

式中，$\boldsymbol{\omega}_{12}^{(1)}$ 为端曲面齿轮副在坐标系 S_1 中的相对角速度；$k_{v_{12}}^{(1)}$ 和 $f_{v_{12}}^{(1)}$ 分别为在坐标系 S_1 中非圆齿轮齿面 Σ_2 上沿着相对速度 $\boldsymbol{v}_{12}^{(1)}$ 方向的法曲率和短程挠率。

进一步得到

$$
\boldsymbol{p}\cdot\boldsymbol{v}_{12}^{(1)} = k_{v_{12}}^{(1)}\cdot\left|\boldsymbol{v}_{12}^{(1)}\right|^2 + (\boldsymbol{\omega}_{12}^{(1)}\times\boldsymbol{n}_1^{(1)})\boldsymbol{v}_{12}^{(1)} + f_{v_{12}}^{(1)}(\boldsymbol{n}_1^{(1)}\times\boldsymbol{v}_{12}^{(1)})\boldsymbol{v}_{12}^{(1)} \tag{3.56}
$$

化简后得

$$
\boldsymbol{p}\cdot\boldsymbol{v}_{12}^{(1)} = k_{v_{12}}^{(1)}\cdot\left|\boldsymbol{v}_{12}^{(1)}\right|^2 + (\boldsymbol{\omega}_{12}^{(1)}\times\boldsymbol{n}_1^{(1)})\boldsymbol{v}_{12}^{(1)} \tag{3.57}
$$

从式（3.57）可以看出，$\boldsymbol{p}$ 与共轭曲面的曲率相联系，因此需要对其进行求解。沿着 $\boldsymbol{v}_{12}^{(1)}$ 方向的法曲率 $k_{v_{12}}^{(1)}$ 可以表达为

$$
k_{v_{12}}^{(1)} = \frac{\partial\boldsymbol{n}_1^{(1)}\boldsymbol{v}_{12}^{(1)}}{\partial s_1^{(1)}\left|\boldsymbol{v}_{12}^{(1)}\right|} = \left(\frac{\partial\boldsymbol{n}_1^{(1)}}{\partial t}\times\frac{\partial s_1^{(1)}{}^{-1}}{\partial t}\right)\cdot\frac{\boldsymbol{v}_{12}^{(1)}}{\left|\boldsymbol{v}_{12}^{(1)}\right|} \tag{3.58}
$$

式中，$\dfrac{\partial\boldsymbol{n}_1^{(1)}}{\partial s_1^{(1)}}$ 为非圆齿轮齿面 Σ_2 上啮合点 P 点的公共法矢 $\boldsymbol{n}_1^{(1)}$ 在坐标系 S_1 中沿曲线弧长参数 $s_1^{(1)}$ 的导矢。

$$
\begin{aligned}
s_1^{(1)} &= \left|\boldsymbol{\omega}_1^{(1)}\right|\int_0^t\sqrt{\left(\frac{\partial x_1(u_k,\theta_k,\theta_1)}{\partial t}\right)^2 + \left(\frac{\partial y_1(u_k,\theta_k,\theta_1)}{\partial t}\right)^2 + \left(\frac{\partial z_1(u_k,\theta_k,\theta_1)}{\partial t}\right)^2}\,\mathrm{d}t \\[3mm]
&= \left|\boldsymbol{\omega}_1^{(1)}\right|\int_0^t\left|\frac{\partial\boldsymbol{r}_1(u_k,\theta_k,\theta_1)}{\partial t}\right|\mathrm{d}t
\end{aligned} \tag{3.59}
$$

则弧长参数 $s_1^{(1)}$ 的导数为

$$\frac{\partial s_1^{(1)}}{\partial t} = \left| \boldsymbol{\omega}_1^{(1)} \right| \sqrt{\left(\frac{\partial x_1(u_k, \theta_k, \theta_1)}{\partial t} \right)^2 + \left(\frac{\partial y_1(u_k, \theta_k, \theta_1)}{\partial t} \right)^2 + \left(\frac{\partial z_1(u_k, \theta_k, \theta_1)}{\partial t} \right)^2} \qquad (3.60)$$

式中，$x_1(u_k, \theta_k, \theta_1)$、$y_1(u_k, \theta_k, \theta_1)$ 和 $z_1(u_k, \theta_k, \theta_1)$ 为非圆齿轮的齿面方程坐标。

将以上参数代入式（3.60）中，根据根切界限线方程和齿面啮合方程，取 $\theta_1 \subseteq [\theta_{1ha}, \theta_{1out}]$，即可得到一系列满足根切条件的点。由于受端曲面齿轮齿根高 h_f 和齿顶高 h_a 的影响，需以此为约束条件，获得端曲面齿轮工作齿面上的根切界限线，求解方程为

$$\begin{cases} G(u_k, \theta_k, \theta_1) = 0 \\ f(u_k, \theta_k, \theta_1) = 0 \\ -h_f \leqslant z_2 \leqslant h_a \end{cases} \qquad (3.61)$$

式中，z_2 为端曲面齿轮的齿面坐标。将满足以上约束条件的点代入端曲面齿轮的齿廓方程（3.43），即得到端曲面齿轮的根切界限线及其每个界限点处的根切半径。

2. 端曲面齿轮变尖半径

与传统的面齿轮副相同，端曲面齿轮副也存在轮齿变尖现象，轮齿变尖会限制端曲面齿轮副的齿宽，从而影响端曲面齿轮的加工与承载能力，在此主要对端曲面齿轮的轮齿变尖现象进行讨论，进而给出一种近似解法。

设当非圆齿轮转过 θ_1 角度时，加工刀具与端曲面齿轮的位置如图 3.28 所示，加工刀具和端曲面齿轮的旋转轴分别记为 $O_k Z_k$ 和 $O_f Z_f$，加工过程中刀具相对端曲面齿轮的瞬时回转轴为 $O_k' I_1$，$O_k'' P^*$ 是节曲线，P 是节点，I 是 $O_k' I_1$ 上流动点，分别用平面 $\varPi_1$ 和 $\varPi_2$ 切割刀具齿面 $\varSigma_1$ 和端曲面齿轮齿面 $\varSigma_3$，且平面 $\varPi_1$ 过点 P，平面 $\varPi_2$ 过点 I。

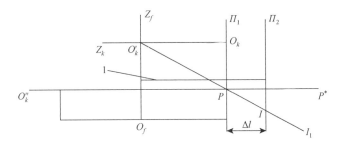

图 3.28 加工刀具与端曲面齿轮的位置关系

由平面 $\varPi_1$、$\varPi_2$ 切割得到的截面分别如图 3.29（a）和（b）所示。

端曲面齿轮的轮齿变尖现象的近似解，基于以下三点考虑。

（1）将端曲面齿轮的轮齿两截面内的两齿廓当成直线处理，即由上述平面 $\varPi_1$、$\varPi_2$ 截得的端曲面齿轮两齿廓可以分别用构成 $2\alpha_u$ 和 2α 的直线来确定。

（2）平面 $\varPi_2$ 正好在端曲面齿轮的轮齿变尖处切割端曲面齿轮的齿面，从而平面 $\varPi_2$ 截得的端曲面齿轮两齿廓在齿顶面上相交。

（3）求解目标：平面 $\varPi_1$ 到平面 $\varPi_2$ 的距离 Δl。

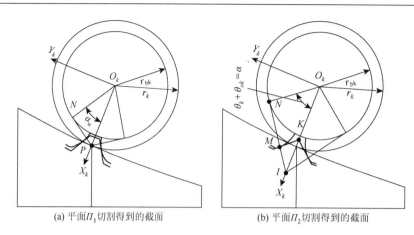

(a) 平面 Π_1 切割得到的截面　　(b) 平面 Π_2 切割得到的截面

图 3.29　平面 Π_1、Π_2 切割的截面

由图 3.29 可知，在坐标系 k 中，M 点坐标为 $(r_{bk}\cos\alpha + r_{bk}\theta_k\sin\alpha,\ r_{bk}\sin\alpha - r_{bk}\theta_k\sin\alpha,\ r_{bk}\theta_k\cos\alpha)$，$K$ 点坐标为 $(r_{bk} - h_a, 0)$，端曲面齿轮的齿廓 MK 与 X_k 轴间的夹角为 α，则

$$\frac{r_{bk}\sin\alpha - r_{bk}\theta_k\cos\alpha}{r_{bk}\cos\alpha + r_{bk}\theta_k\sin\alpha - r_{bk} + h_a} = \tan\alpha \qquad (3.62)$$

考虑到 $\theta_k = \alpha - \theta_{ok}$，代入式（3.62）并化简为

$$\alpha - \frac{(z_k - 2h_a^*)\sin\alpha}{z_k\cos\alpha_u} = \theta_{ok} \qquad (3.63)$$

通过非线性方程（3.63）可以求得角 α，设为 α^*，由图 3.28、图 3.29（a）和（b）可为

$$\Delta h = \overline{O_kI} - \overline{O_kP} = \frac{r_{bk}}{\cos\alpha^*} - \frac{r_{bk}}{\cos\alpha_u} \qquad (3.64)$$

由图 3.28 可以得到

$$\Delta l = \frac{\Delta hR}{r_k\sin\mu} \qquad (3.65)$$

则端曲面齿轮最大外径为

$$R_2 = R + \Delta l = R + \frac{\Delta hR}{r_k\sin\mu} \qquad (3.66)$$

由于 μ 是 θ_1 的函数，由式（3.66）可知，端曲面齿轮每个轮齿变尖的最大外圆半径不一样，若其中最容易变尖的轮齿可避免变尖，则其他的轮齿也一定可避免变尖，即

$$R_2 = \min\left(R + \frac{\Delta hR}{r_k\sin\mu} \right), \quad \mu \in \left[\frac{\pi}{2}, \pi \right] \qquad (3.67)$$

由式（3.67）可得，显然在 $\mu = \pi/2$ 时，R_2 取得最小值，此时 $\theta_1 = 0$，即端曲面齿轮的第一个轮齿最容易变尖，则端曲面齿轮不产生变尖现象的最大外径为

$$R_2 = R + \Delta l = R + \frac{\Delta h R}{r_k} \tag{3.68}$$

3.4　斜齿端曲面齿轮设计

与现有端曲面齿轮副齿廓成形原理类似，斜齿端曲面齿轮副齿廓成形原理是将圆柱齿轮换为斜齿渐开线产形轮。假想在加工过程中，采用一个产形轮来同时与斜齿非圆齿轮内啮合和斜齿端曲面齿轮外啮合。根据对于端曲面齿轮副齿廓成形原理的分析，现对产形轮的基本参数进行讨论和分析。

图 3.30 是斜齿渐开线产形轮截面，其中，β 为螺旋角，r_{bs} 为基圆半径，θ_s 为渐开线上一点的角度参数，θ_{so} 为齿槽对称线到渐开线起始点的角度参数，ξ_s 为螺旋运动的回转角，$\xi_s = u_k \tan\beta / r_{as}$，$r_{as}$ 为齿顶圆半径，u_k 为齿宽系数。假设 p_s 为螺旋参数，则 $p_s = H / (2\pi)$，其中 H 为导程。

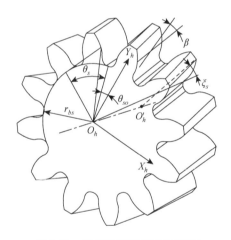

图 3.30　斜齿渐开线产形轮截面

根据渐开线斜齿轮的相关文献可知，斜齿渐开线产形轮齿面方程为

$$\boldsymbol{r}_h(\xi_s, \theta_s) = \begin{cases} x_h(\xi_s, \theta_s) = r_{bs}[\cos(\theta_{so} + \theta_s \mp \xi_s) + \theta_s \sin(\theta_{so} + \theta_s \mp \xi_s)] \\ y_h(\xi_s, \theta_s) = r_{bs}[\pm\sin(\theta_{so} + \theta_s \mp \xi_s) \mp \theta_s \cos(\theta_{so} + \theta_s \mp \xi_s)] \\ z_h(\xi_s) = p_s \xi_s \end{cases} \tag{3.69}$$

$$\begin{cases} \theta_{so} = \pi/(2Z) - \mathrm{inv}\,\alpha_n \\ \mathrm{inv}\,\alpha_n = \tan\alpha_n - \alpha_n \end{cases} \tag{3.70}$$

式中，$\mp$ 为渐开线斜齿轮左右齿面；Z 为渐开线斜齿轮齿数。

根据式（3.70）中产形轮齿面方程，可得齿面单位法向量为

$$n_h = \begin{bmatrix} \pm\cos\beta_b\sin(\theta_{so} + \theta_s \mp \xi_s) \\ -\cos\beta_b\cos(\theta_{so} + \theta_s \mp \xi_s) \\ -\sin\beta_b \end{bmatrix} \tag{3.71}$$

式中，β_b 为基圆螺旋角。

由于斜齿非圆齿轮的节曲线为椭圆曲线，其曲率半径在不断变化，故在同产形轮节曲线内啮合的过程中，产形轮的节曲线半径不能大于其最小曲率半径，否则会出现不能啮合的情况，根据图 3.18 所示的展成关系，简化得到斜齿端曲面齿轮副展成加工节曲线关系，如图 3.31 所示。

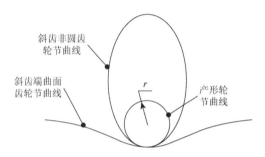

图 3.31　产形轮节曲线半径

如图 3.31 所示，结合曲率半径公式可知，产形轮节曲线半径为

$$r \leqslant \frac{\sqrt{[1 + r'(\theta)^2]^2}}{|r''(\theta)|} \tag{3.72}$$

式中，$r'(\theta)$ 为斜齿非圆齿轮节曲线方程对 θ 的一阶导数；$r''(\theta)$ 为斜齿非圆齿轮节曲线方程对 θ 的二阶导数。

根据渐开线斜齿轮基本参数设计原则，可得产形轮齿数 z_h 的取值为

$$z_h \leqslant \frac{2\sqrt{[1 + r'(\theta)^2]^2}}{m_n|r''(\theta)|} \tag{3.73}$$

根据啮合方程的有关内容，啮合方程表示为产形轮齿面方程的单位法向量与相对速度向量之间的点乘，即

$$f(\xi_s, \theta_s, \theta_1) = N^{(1)} \cdot V^{(1)} \tag{3.74}$$

式中，$N^{(1)}$ 为坐标系 $O_1\text{-}X_1Y_1Z_1$ 下产形轮齿面方程单位法向量；$V^{(1)}$ 为坐标系 $O_1\text{-}X_1Y_1Z_1$ 下啮合过程中的相对速度。

先求得 $N^{(1)}$，根据坐标转换可知

$$N^{(1)} = L_{3-1h}n_h = \begin{bmatrix} \cos(\xi + \theta_1) & \sin(\xi + \theta_1) & 0 \\ -\sin(\xi + \theta_1) & \cos(\xi + \theta_1) & 0 \\ 0 & 0 & 1 \end{bmatrix} \begin{bmatrix} \pm\cos\beta_b\sin(\theta_{so} + \theta_s \mp \xi_s) \\ -\cos\beta_b\cos(\theta_{so} + \theta_s \mp \xi_s) \\ -\sin\beta_b \end{bmatrix}$$

$$= \begin{bmatrix} \cos\beta_b[\pm\cos(\xi+\theta_1)\sin(\theta_{so}+\theta_s\mp\xi_s)-\sin(\xi+\theta_1)\cos(\theta_{so}+\theta_s\mp\xi_s)] \\ \cos\beta_b[\mp\sin(\xi+\theta_1)\sin(\theta_{so}+\theta_s\mp\xi_s)-\cos(\xi+\theta_1)\cos(\theta_{so}+\theta_s\mp\xi_s)] \\ -\sin\beta_b \end{bmatrix} \quad (3.75)$$

取左齿面的法向量进行计算，即 $\pm$ 和 $\mp$ 分别取 $+$ 和 $-$。可以得到

$$\boldsymbol{N}^{(1)} = \begin{bmatrix} -\cos\beta_b\sin(\xi+\theta_1+\xi_s-\theta_{so}-\theta_s) \\ -\cos\beta_b\cos(\xi+\theta_1+\xi_s-\theta_{so}-\theta_s) \\ -\sin\beta_b \end{bmatrix} \quad (3.76)$$

再求 $\boldsymbol{V}^{(1)}$，根据啮合速度向量的关系可知：

$$\boldsymbol{V}^{(1)} = (\boldsymbol{\omega}_1^{(1)} - \boldsymbol{\omega}_2^{(1)}) \times \boldsymbol{M}_{3-1h}\boldsymbol{r}_h(\xi_s,\theta_s) - \overline{O_1O_2} \times \boldsymbol{\omega}_2^{(1)} \quad (3.77)$$

$$\boldsymbol{V}^{(1)} = \begin{bmatrix} |\boldsymbol{\omega}_1|(r_{bs}\sin\psi+r_{bs}\theta_s\cos\psi+L_1\sin\lambda) \\ |\boldsymbol{\omega}_1|(r_{bs}\cos\psi-r_{bs}\theta_s\sin\psi+L_1\cos\lambda-i_{21}p_s\xi_s-i_{21}R) \\ -i_{21}|\boldsymbol{\omega}_1|(r_{bs}\sin\psi+r_{bs}\theta_s\cos\psi+L_1\sin\lambda) \end{bmatrix} \quad (3.78)$$

由上述公式可以得到斜齿端曲面齿轮的啮合方程为

$$\begin{aligned} f(\xi_s,\theta_s,\theta_1) &= -r_{bs}\cos\beta_b-L_1\cos\beta_b\cos(\psi-\lambda)+i_{21}\cos\beta_b\cos\psi(p_s\xi_s+R) \\ &\quad + i_{21}\sin\beta_b(r_{bs}\sin\psi+r_{bs}\cos\psi+L_1\sin\lambda) \\ &= 0 \end{aligned} \quad (3.79)$$

式中，$\psi = \xi+\theta_1-\theta_{so}-\theta_s+\xi_s$。

结合式（3.69）、端曲面齿轮的坐标变换矩阵（3.34）以及式（3.79），可得斜齿端曲面齿轮的齿面方程为

$$\boldsymbol{r}(\xi_s,\theta_s,\theta_1) = \begin{cases} -r_{bs}\sin\theta_2(\sin\psi+\theta_s\cos\psi)-(p_s\xi_s+R)\cos\theta_2-L_1\sin\lambda\sin\theta_2 \\ -r_{bs}\cos\theta_2(\sin\psi+\theta_s\cos\psi)+(p_s\xi_s+R)\sin\theta_2-L_1\sin\lambda\cos\theta_2 \\ -r_{bs}(\cos\psi-\theta_s\sin\psi)+r(0)-L_1\cos\lambda \end{cases} \quad (3.80)$$

3.5　端曲面齿轮虚拟仿真成形设计

端曲面齿轮齿面结合了非圆齿轮的齿面差异性、周期性和面齿轮的非线性变齿厚的特点。目前的齿面建模方法主要有：①NURBS[①]自由曲面重构，该方法基于数值方法求解齿面离散点，计算过程过于抽象而烦琐，从而降低了计算精度和效率；②虚拟仿真加工，该方法基于布尔运算原理，模拟刀具和端曲面齿轮毛坯的范成运动，在三维软件中直接实现端曲面齿轮的几何建模。该方法齿面生成速度快，齿面精度高，大大缩短了端曲面齿轮的齿面建模时间。利用数学软件进行必要的数值及公式计算与推导，同时结合 SolidWorks 的 VBA（Visual Boy Advance）二次开发工具，模拟端曲面齿轮副的范成运动过程。

SolidWorks 中实现的端曲面齿轮的造型过程，实际上是端曲面齿轮毛坯与齿轮刀具做布尔减运算的过程。仿真模型的精度由齿轮刀具转动的步进角控制，步进角越小，精度越高。借助 SolidWorks 曲面造型功能完成齿面模型求解的过程如图 3.32 所示。

---

① NURBS 为一种建模方法。

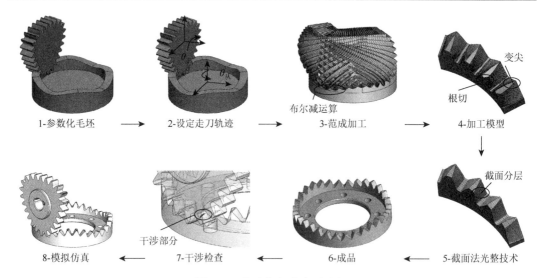

图 3.32　仿真与拟合齿面过程

　　为便于分析，参考表 3.2 中的端曲面齿轮仿真参数，对端曲面齿轮副进行齿面范成求解。

表 3.2　端曲面齿轮仿真参数

编号	偏心率 k	模数 m/mm	齿数 z_1	齿数 z_3	阶数 n_1/n_2	长半轴 a/mm	半径 R/mm	备注
1	0.1	4	18	12	2/4	35.82	71.29	原参数
2	0.1	4	18	12	2/3	35.82	53.46	变阶数 n_2
2-1	0.1	4	18	12	2/2	35.82	35.64	（对比 1）
3	0.1	3	18	12	2/4	26.86	53.45	变模数 m
3-1	0.1	2	18	12	2/4	17.91	35.64	（对比 1）
4	0.1	3	24	18	2/4	35.82	71.27	变齿数 z_1
4-1	0.1	3	30	24	2/4	44.78	89.11	（对比 3）
5	0.2	3	24	14	2/4	35.31	69.18	变偏心率 k
5-1	0.25	3	24	12	2/4	34.96	67.69	（对比 4）
6	0.1	3	24	12	3/4	35.39	46.43	变阶数 n_1
6-1	0.1	3	24	22	1/4	36.09	143.63	（对比 4）

1. 端曲面齿轮节曲线建立

由式（3.18）可知，端曲面齿轮的节曲线在直角坐标系下的表达式为

$$
\begin{cases}
x_2 = R\cos\theta_2 \\
y_2 = R\sin\theta_2 \\
z_2 = r(0) - r(\theta_1)
\end{cases}
\tag{3.81}
$$

由式（3.25）和式（3.26）可知，端曲面齿轮的齿顶和齿根曲线在直角坐标系下的表达式，齿顶曲线的表达式为

$$
\begin{cases}
x_{2a} = R\cos(\theta_2 - h_a\sin\mu/R_a) \\
y_{2a} = R\sin(\theta_2 - h_a\sin\mu/R_a) \\
z_{2a} = r(0) - r(\theta_1) + h_a\cos\mu
\end{cases}
\tag{3.82}
$$

齿根曲线的表达式为

$$
\begin{cases}
x_{2f} = R\cos(\theta_2 + h_f\sin\mu/R_f) \\
y_{2f} = R\sin(\theta_2 + h_f\sin\mu/R_f) \\
z_{2f} = r(0) - r(\theta_1) - h_f\cos\mu
\end{cases}
\tag{3.83}
$$

将表 3.2 中的基本参数代入，得到端曲面齿轮的空间圆柱曲线。

2. 端曲面齿轮毛坯参数化建模

结合式（3.82）计算端曲面齿轮的初始内外齿顶曲线，为方便设计，将式（3.82）转化成直角坐标系：

$$
\begin{cases}
x_a = R_a \times \cos(\theta_2 - h_a\sin\mu/R) \\
y_a = R_a \times \sin(\theta_2 - h_a\sin\mu/R) \\
z_a = r(0) - r(\theta_1) + h_a\cos\mu
\end{cases}
\tag{3.84}
$$

通过改变 R_a，可以得到初始条件下的内外齿顶曲线，导入 SolidWorks 生成三维空间曲线，进行拉伸处理，得到端曲面齿轮的轮齿毛坯。

3. 端曲面齿轮齿面光整

在 SolidWorks 中无法实现实体的连续运动并且进行相关布尔运算，需要靠每次微小角度的转动来模拟刀具和面齿轮毛坯的范成运动。布尔运算后的端曲面齿轮齿面实际上是由一系列小碎片组成的，而不是光整的齿面。端曲面齿轮的齿面精度直接影响后续的加工精度和实验精度，需要对端曲面齿轮的齿面进行光整处理。根据三维反求技术，提出了两种端曲面齿轮齿面光整技术：①截面法齿面光整技术，即通过截面法对齿面进行分层，采用截面放样法，生成最终的齿面；②啮合线法齿面光整技术，即通过反求内外齿廓，采用啮合线放样法，生成最终的齿面。两种光整技术的过程如图 3.33 所示。

根据 SolidWorks 提供的曲率评估工具，得到两种光整技术的齿面曲率，如图 3.34 所示，从图 3.34 中可知，通过啮合线法得到的齿面曲率变化明显，曲率在啮合线处变化显著，从干涉分析中同样可以看出。而通过截面法得到的齿面相比于啮合线法要光滑，齿面干涉量少。

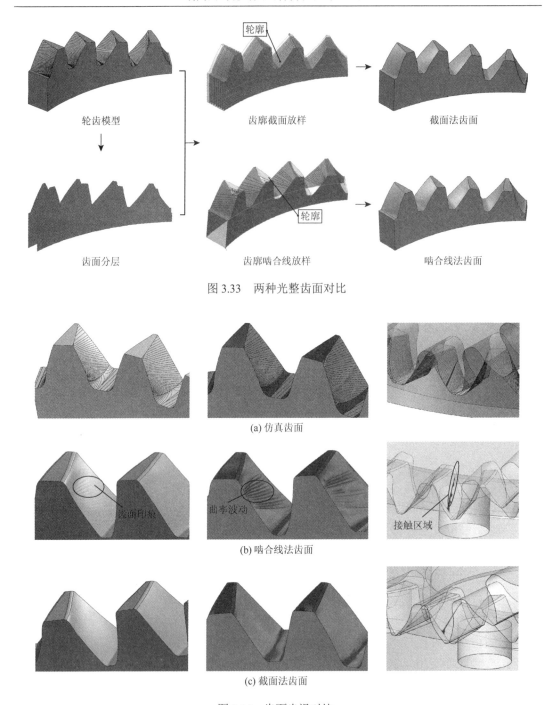

图 3.33　两种光整齿面对比

(a) 仿真齿面

(b) 啮合线法齿面

(c) 截面法齿面

图 3.34　齿面光滑对比

4. 端曲面齿轮三维模型

　　根据端曲面齿轮副基本几何参数,编写端曲面齿轮副仿真加工程序,仿真加工出端曲面齿轮副三维模型,通过齿面光整技术得到端曲面齿轮的加工模型。

　　由图 3.35 可知：①随着阶数 n_2 的减小，端曲面齿轮的齿廓曲线由 4 个波峰到 3 个波峰变化，齿轮尺寸减小；②随着模数 m 的减小，端曲面齿轮的齿廓曲线和尺寸近似等比例缩小；③随着非圆齿轮齿数 z_1 的增加，端曲面齿轮的齿廓曲线和尺寸近似等比例增加；④随着偏心率 k 的增加，端曲面齿轮的齿顶曲面波动变大，齿轮尺寸减小，但变化不明显；⑤随着阶数 n_1 的增加，端曲面齿轮的齿廓曲线和尺寸近似等比例减小。由此可见，端曲面齿轮的尺寸主要受阶数 n_2、阶数 n_1、模数 m 和齿数 z_1 的影响；齿廓曲线的形状主要受阶数 n_2 的影响；齿廓曲线的曲面波动主要受偏心率 k 的影响。其主要原因在于：齿轮的尺寸主要受端曲面齿轮圆柱半径 R 的影响，由式（3.20）可知，其值受阶数 n_2、阶数 n_1 和长半轴 a（受模数 m 和齿数 z_1 的影响）的影响明显，而受偏心率 k 的影响较小。端曲面齿轮齿顶曲面的波动受移动位移 s 的影响，移动位移受偏心率 k、长半轴 a 和阶数 n_1 的影响，其大小与模数 m、齿数 z_1 和长半轴 a 呈近似正比关系，因此，其波动幅度近似等比例变化；受偏心率 k 的影响，端曲面齿轮尺寸变化不明显，其波动幅度变化明显。

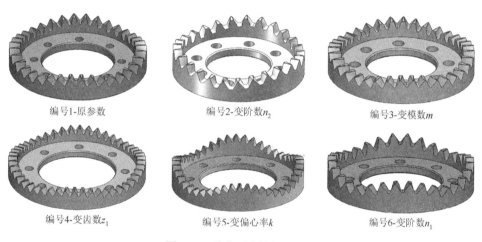

编号1-原参数　　　　　　　　编号2-变阶数n_2　　　　　　　　编号3-变模数m

编号4-变齿数z_1　　　　　　　编号5-变偏心率k　　　　　　　编号6-变阶数n_1

图 3.35　端曲面齿轮加工模型

3.6　端曲面齿轮传动匹配模式设计

　　从机构衍化层面来讲，端曲面齿轮副是圆柱滚子直动从动件圆柱端面凸轮机构和面齿轮相结合的产物。端曲面齿轮副的运动关系可以通过圆柱滚子直动从动件圆柱端面凸轮机构引入，根据圆柱滚子的运动轨迹，将其转化为齿轮的节曲线。端曲面齿轮副可有圆柱齿轮、非圆齿轮与端曲面齿轮、偏心端曲面齿轮等四种组合传动匹配模式。

　　（1）圆柱齿轮和端曲面齿轮复合传动模式（Ⅰ类机构），可以实现圆柱齿轮的变传动比转动输出与往复轴向移动的复合运动，或者端曲面齿轮的往复螺旋输出。假设圆柱滚子为圆柱齿轮 3，端面凸轮为与之共轭运动的端曲面齿轮 2，圆柱齿轮的往复运动依靠弹簧的形变支撑。该机构即可实现圆柱齿轮 3 沿端曲面齿轮轴向的往复移动和绕自身轴线旋转的复合运动输出，或者端曲面齿轮的往复螺旋输出。

如图 3.36 所示，以端曲面齿轮和圆柱齿轮的旋转中心分别建立直角坐标系 $S_2(O_2\text{-}X_2Y_2Z_2)$ 和 $S_3(O_3\text{-}X_3Y_3Z_3)$。$R_2$ 为端曲面齿轮存在偏心距时的圆柱半径；ω_2 和 ω_3 分别为端曲面齿轮和圆柱齿轮的角速度；r_3 为圆柱齿轮的分度圆半径；s 为圆柱齿轮的移动位移；e 为偏心距。为了满足该齿轮机构的运动需求，根据齿轮啮合原理，圆柱齿轮节曲线与端曲面齿轮的节曲线必须相切，且相切点的速度相等，则复合端曲面齿轮副的传动比可以表示为以下两种情况。

当端曲面齿轮 2 输入、圆柱齿轮 3 输出时，端曲面齿轮副的传动比为

$$i_{23} = \frac{\omega_2 r_3}{\sqrt{(R_2\omega_2)^2 + (\mathrm{d}s/\mathrm{d}t)^2}} \tag{3.85}$$

当圆柱齿轮 3 输入、端曲面齿轮 2 输出时，端曲面齿轮副的传动比为

$$i_{32} = \frac{\omega_3}{\dfrac{\mathrm{d}[\arccos(R_2^2 + e^2 - R^2)/(2R_2 e)]}{\mathrm{d}t}} \tag{3.86}$$

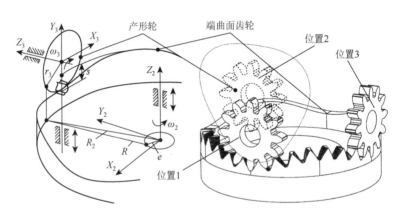

图 3.36　Ⅰ 类：端曲面齿轮副

对于 Ⅰ 类机构而言，端面凸轮的齿廓完全取决于圆柱齿轮的旋转与往复移动的运动轨迹。当圆柱齿轮的移动轨迹为非圆闭合曲线时，通过改变影响非圆闭合曲线的基本参数，可以得到不同的端曲面齿轮齿廓。其中，由于齿轮传动的可逆性，该机构既可以实现圆柱齿轮 3 的复合运动输出，也可以实现端曲面齿轮 2 的螺旋输出。

（2）非圆齿轮和端曲面齿轮定轴传动模式（Ⅱ、Ⅲ 类机构），可以实现相交轴间变传动比定轴转动输出。同时，根据端曲面齿轮 2 的偏心状况可以分为：Ⅱ 类机构——无偏心端曲面齿轮和Ⅲ类机构——有偏心端曲面齿轮，如图 3.37 所示。

对于 Ⅱ 类机构而言，端面凸轮的齿廓布置完全取决于非圆齿轮的节曲线形式。当非圆齿轮的节曲线为非圆闭合曲线时，通过改变影响非圆闭合曲线的基本参数，可以得到不同的非圆齿轮齿廓，再通过非圆齿轮和端曲面齿轮毛坯的布尔运算，可以得到不同的端曲面齿轮齿廓；对于Ⅲ类机构而言，根据偏心端曲面齿轮副在传动过程中两齿轮的节曲线做纯滚动，当非圆齿轮完成旋转运动时，轮齿齿廓在端曲面齿轮毛坯上所形成的包络就是所需的端曲面齿轮齿廓，通过改变基本参数，可以得到不同的端曲面齿轮齿廓。

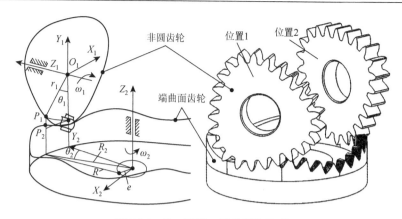

图 3.37　II、III类：端曲面齿轮副

（3）非圆齿轮和偏心端曲面齿轮的复合传动模式（Ⅳ类机构），可以实现非圆齿轮的往复螺旋输出[4]。假设非圆齿轮 1 的定轴输出可以转化为螺旋输出运动，端面凸轮 a 为与之共轭运动的偏心端曲面齿轮 2，非圆齿轮 1 的往复螺旋运动依靠弹簧的形变。该机构可实现非圆齿轮 1 的往复螺旋运动输出，如图 3.38 所示。以端曲面齿轮和非圆齿轮的旋转中心分别建立直角坐标系 $S_2(O_2\text{-}X_2Y_2Z_2)$ 和 $S_1(O_1\text{-}X_1Y_1Z_1)$。$\Delta R$ 为输出位移；θ 为当端曲面齿轮无偏心距时的转角。

该机构的传动比为

$$i_{21} = \frac{\omega_2}{\omega_1} = \frac{\mathrm{d}[\arccos(R_2^2 + e^2 - R^2)/(2R_2e)]}{\omega_1\mathrm{d}t} \tag{3.87}$$

输出位移为

$$\Delta R = \sqrt{R^2 + e^2 - 2Re\cos(\pi - \theta)} - R_2(0) \tag{3.88}$$

式中，$R_2(0)$ 为偏心端曲面齿轮最小圆柱半径。

对于Ⅳ类机构而言，当非圆齿轮完成特定螺旋运动时，轮齿齿廓在偏心端曲面齿轮毛坯上所形成的包络就是所需的端曲面齿轮齿廓，通过改变基本参数，可以得到不同的端曲面齿轮齿廓。

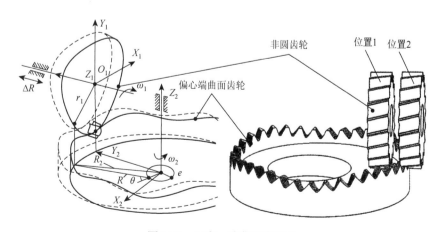

图 3.38　Ⅳ类：端曲面齿轮副

　　无论哪种形式，非圆齿轮和端曲面齿轮的齿廓均是由圆柱齿轮的复合运动获得的。也就是说，当圆柱齿轮的运动轨迹符合一定的运动规律且能形成闭环曲线时，Ⅰ类机构便可转化成Ⅱ类机构；当采用偏心端曲面齿轮副时，Ⅲ类机构和Ⅳ类机构的非圆齿轮的节曲线与偏心端曲面齿轮相同，即非圆齿轮具有通用性，而偏心端曲面齿轮的齿廓取决于非圆齿轮的运动轨迹。四种端曲面齿轮副的匹配模式设计如图 3.39 所示。

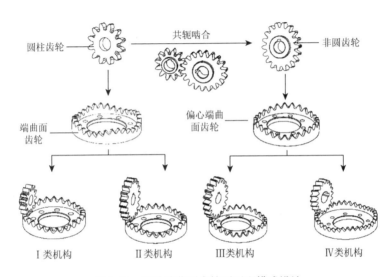

图 3.39　四种端曲面齿轮副匹配模式设计

　　需要注意的是：①对于Ⅳ类机构，若采用非圆直齿柱齿轮，无法完成螺旋运动输出。因此一般采用非圆斜齿柱齿轮，利用斜齿轮的螺旋角来传递螺旋运动。②由前面的分析可知，由Ⅰ类机构同样可以实现螺旋运动。但相比于Ⅳ类机构，其位移值取决于端曲面齿轮的节曲线，该位移值一般通过改变偏心率 k 值实现，而偏心率一般都取得比较小，从而导致移动位移小。因此，Ⅳ类机构通过改变偏心距 e 可以实现大位移往复移动。

　　改变影响非圆节曲线的基本参数偏心率 k、阶数 n_1 和 n_2，可以得到不同的端曲面齿轮齿廓，端曲面齿轮副的仿真齿廓如表 3.3 和表 3.4 所示。

　　由表 3.3 中可以看出：①随着偏心率 k 的提高，在同样的阶数 n_1 和 n_2 下，端曲面齿轮节曲线的波动越来越大，出现了内凹现象，此时用圆柱齿轮刀具进行加工时很容易出现干涉，因此必须减小偏心率或者增加圆柱齿轮的齿数；②随着齿轮阶数 n_1 或 n_2 的变化，在同样偏心率的条件下，端曲面齿轮的内外径尺寸变化明显，出现该现象的主要原因在于端曲面齿轮副的传动比定义为 n_1/n_2。随着阶数的变化，传动比发生变化，从而导致尺寸发生变化。这与普通齿轮传动过程中，在同等参数下，传动比变化导致的尺寸变化一致。

表 3.3 Ⅰ类、Ⅱ类机构传动模式

	参数	模型	参数	模型	参数	模型
Ⅰ类	$k = 0.1$ $n_1 = 2$ $n_2 = 4$		$k = 0.2$ $n_1 = 2$ $n_2 = 4$		$k = 0.25$ $n_1 = 2$ $n_2 = 4$	
Ⅱ类						
Ⅰ类	$k = 0.1$ $n_1 = 1$ $n_2 = 4$		$k = 0.1$ $n_1 = 2$ $n_2 = 4$		$k = 0.1$ $n_1 = 3$ $n_2 = 4$	
Ⅱ类						
Ⅰ类	$k = 0.1$ $n_1 = 2$ $n_2 = 2$		$k = 0.1$ $n_1 = 2$ $n_2 = 3$		$k = 0.1$ $n_1 = 2$ $n_2 = 4$	
Ⅱ类						

由表 3.4 可知，与表 3.3 的分析一样，①端曲面齿轮副的偏心率 k 越大，端曲面齿轮的节曲线的波动也越大，必须减小偏心率或者圆柱齿轮的齿数；②端曲面齿轮与非圆齿轮的阶数相差越大（传动比越大），两齿轮的绝对尺寸值相差越大，为了不影响非圆齿轮的强度，建议的阶数取值范围同表 3.3；③随着偏心距 e 的增大，端曲面齿轮的齿宽减小明显，其主要的原因在于端曲面齿轮的根切内径随着偏心距的增大而增大。

表 3.4 Ⅲ、Ⅳ类机构传动模式

	参数	模型	参数	模型	参数	模型
Ⅲ类	$k = 0.1$ $n_1 = 2$ $n_2 = 4$		$k = 0.2$ $n_1 = 2$ $n_2 = 4$		$k = 0.25$ $n_1 = 2$ $n_2 = 4$	
Ⅲ类	$k = 0.1$ $n_1 = 1$ $n_2 = 4$		$k = 0.1$ $n_1 = 2$ $n_2 = 4$		$k = 0.1$ $n_1 = 3$ $n_2 = 4$	

	参数	模型	参数	模型	参数	模型
III类	$k = 0.1$ $n_1 = 2$ $n_2 = 2$		$k = 0.1$ $n_1 = 2$ $n_2 = 3$		$k = 0.1$ $n_1 = 2$ $n_2 = 4$	
IV类	$k = 0.1$ $n_2 = 2$ $e = 5$		$k = 0.1$ $n_2 = 2$ $e = 8$		$k = 0.1$ $n_2 = 2$ $e = 10$	

端曲面齿轮副的传动模式具有多样化。如图 3.40 所示，假设横坐标为主动轮的阶数，纵坐标为从动轮的阶数，其匹配模式为一个 $(n \times m)$ 的矩阵，n 为非圆齿轮的阶数，m 为端曲面齿轮的阶数，n 或 m 为 0 表示圆柱齿轮或者标准面齿轮。

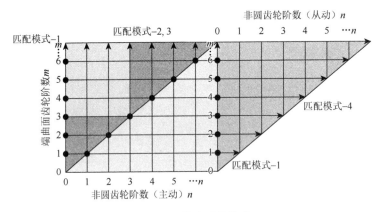

图 3.40　传动匹配模式

（1）对于 I 类端曲面齿轮副的匹配模式，主动轮为圆柱齿轮，从动轮为端曲面齿轮，因此具有 $2m$ 种（I 类机构的可逆性）匹配模式。

（2）对于 II 类或 III 类端曲面齿轮副的匹配模式，主动轮为非圆齿轮，从动轮为端曲面齿轮，因为啮合需满足端曲面齿轮的阶数不小于非圆齿轮的阶数，所以有 $[nm - n(n-1)/2]$ 种匹配模式。

（3）对于 IV 类端曲面齿轮副的匹配模式，主动轮为端曲面齿轮，从动轮为非圆齿轮，由于端曲面齿轮的阶数不小于非圆齿轮的阶数，一共有 $[n(n+1)/2]$ 种匹配模式。

（4）对于端曲面齿轮副等阶匹配模式，该模式适用于除 I 类机构外的任意机构类型，一共有 $3n$ 种匹配模式。

通过以上四种分类，即可把所有的端曲面齿轮副的传动模式进行统一。

第4章　端曲面齿轮传动时变特性研究

4.1　端曲面齿轮时变运动特性

4.1.1　端曲面齿轮副的传动比特性

端曲面齿轮副与传统面齿轮副最明显的区别就是在传动过程中，其理论传动比是变化的，具有周期性、最大值和最小值等；在此主要讨论端曲面齿轮副的几何设计参数对其传动比的影响，以及端曲面齿轮副的传动比变化规律。

在端曲面齿轮传动过程中，一般情况下，主动非圆齿轮的输入角速度 ω_1 为常量，则由式（4.1）可得传动比随时间变化的表达式：

$$i_{12} = \frac{\omega_1}{\omega_2} = \frac{R}{r(\omega_1 t)} = \frac{R - Rk\cos(n_1\omega_1 t)}{a(1-k^2)} \tag{4.1}$$

式中，t 为时间。

1. 偏心率对传动比的影响规律

为了研究偏心率 k 对传动比的影响，固定其他的参数不变，取不同的偏心率 k，做出端曲面齿轮副的传动比曲线，探讨偏心率 k 对传动比的影响规律。

当非圆齿轮的齿数 $z_1 = 26$，模数 $m = 3\text{mm}$，阶数 $n_1 = 2$，输入角速度 $\omega_1 = 10\text{rad/s}$，端曲面齿轮的阶数 $n_2 = 4$，分别取偏心率 $k = 0.1$、0.2、0.3 时，端曲面齿轮副的传动比变化曲线如图 4.1 所示。

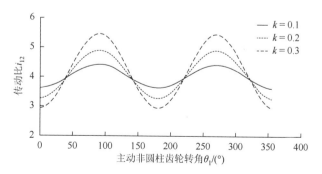

图 4.1　偏心率 k 对传动比的影响

如图 4.1 所示，主动非圆齿轮以一定的角速度 ω_1 传动时，其传动比曲线为连续变化的余弦曲线；随着偏心率 k 的增大，传动比曲线周期没有发生改变，而传动比的波动范围随

偏心率 k 的增大会增大，传动比的最大值会增大，最小值会减小，但平均传动比没有发生变化，当主动非圆齿轮的转角 $\theta_1 = \pi/2 + \tau\pi$ 时，其中 τ 为自然数，传动比取得最大值：

$$i_{max} = \frac{R}{a(1-k)} \tag{4.2}$$

当主动非圆齿轮的转角 $\theta_1 = \tau\pi$ 时，传动比取得最小值：

$$i_{min} = \frac{R}{a(1+k)} \tag{4.3}$$

偏心率 k 不影响传动比的变化周期，其主要影响传动比的波动范围，所以在实际传动中，若需获得更大范围的传动比，可以适当地增加偏心率 k 的值。

2. 阶数 n_1 对传动比的影响规律

非圆齿轮的阶数 n_1 表示其节曲线在极角 θ 为 $0 \sim 2\pi$ 内变化的周期数，它主要影响节曲线的形状，为了更直观地反映阶数 n_1 对传动比的影响，固定其他参数不变，取不同的阶数 n_1，做出端曲面齿轮副的传动比曲线，探讨阶数 n_1 对传动比的影响规律。

分别取非圆齿轮的阶数 $n_1 = 4$、5、6，为了满足式（3.11），非圆齿轮的齿数分别取 $z_1 = 26$、27、28，模数 $m = 3mm$，偏心率 $k = 0.1$，输入角速度 $\omega_1 = 10rad/s$，端曲面齿轮的阶数 $n_2 = 4$，端曲面齿轮副的传动比曲线如图 4.2 所示。

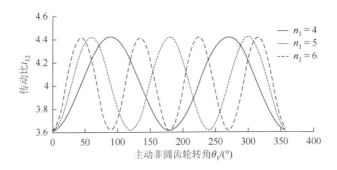

图 4.2　阶数 n_1 对传动比的影响

如图 4.2 所示，主动非圆齿轮以一定的角速度 ω_1 传动时，随着阶数 n_1 的增大，传动的波动范围没有发生变化，其最大传动比、最小传动比和平均传动比等都没有发生变化，但传动比的变化周期数明显增多，由图 4.2 可以得出，在主动非圆齿轮的输入角速度 ω_1 不变的情况下，当主动非圆齿轮转一周时，传动比变化的周期数等于阶数 n_1。

阶数 n_1 不影响传动比的波动范围，其主要影响传动比变化周期数，所以在实际传动中，若需要增加传动比的变化周期数，可以适当地增加阶数 n_1 的值。

3. 阶数 n_2 对传动比的影响规律

端曲面齿轮的阶数 n_2 表示端曲面齿轮节曲线在极角 θ 为 $0 \sim 2\pi$ 内变化的周期数，同样为了更直观地反映阶数 n_2 对传动比的影响，固定其他参数不变，取不同的阶数 n_2，做出端曲面齿轮副的传动比曲线，探讨阶数 n_2 对传动比的影响规律。

当非圆齿轮的齿数 $z_1 = 26$，模数 $m = 3\text{mm}$，偏心率 $k = 0.1$，阶数 $n_1 = 2$，输入角速度 $\omega_1 = 10\text{rad/s}$，分别取端曲面齿轮的阶数 $n_2 = 4$、5、6 时，端曲面齿轮副的传动比曲线如图 4.3 所示。

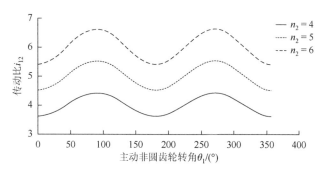

图 4.3　阶数 n_2 对传动比的影响

由图 4.3 可得，当端曲面齿轮的阶数 n_2 增加时，传动比曲线呈整体向上平移的趋势，但传动比的波动范围和周期数没有改变，因为传动比曲线整体上移，所以传动比的最大值、最小值和平均值都增加。

阶数 n_2 不影响传动比的波动范围和周期数，其主要影响传动比的平均值，随着阶数 n_2 的增加，传动比的平均值会增加，所以在实际传动中，若需要较大的传动比，可以适当地增加阶数 n_2 的值。

4. 主动轮角速度对传动比的影响规律

由式（4.1）可知，主动非圆齿轮的输入角速度 ω_1 也是影响端曲面齿轮副传动比的参数，固定其他参数不变，取不同的输入角速度 ω_1，做出端曲面齿轮副的传动比曲线，探讨输入角速度 ω_1 对传动比的影响规律。

当非圆齿轮的齿数 $z_1 = 26$，模数 $m = 3\text{mm}$，偏心率 $k = 0.1$，阶数 $n_1 = 2$，端曲面齿轮的阶数 $n_2 = 4$，分别取输入角速度 $\omega_1 = 10\text{rad/s}$、20rad/s、30rad/s 时，端曲面齿轮副的传动比曲线如图 4.4 所示。

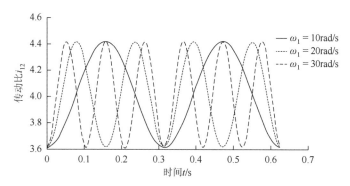

图 4.4　输入角速度 ω_1 对传动比的影响

由图 4.4 可知，随着非圆齿轮的输入角速度 ω_1 的增加，传动比的波动范围、最大值和最小值都没发生变化，而传动比的最小正周期随主动非圆齿轮的输入角速度 ω_1 的增加而减小，结合式（4.1）可得，端曲面齿轮副传动比的最小正周期为

$$T_i = \frac{2\pi}{n_1 \omega_1} \tag{4.4}$$

主动非圆齿轮的输入角速度 ω_1 不影响传动比的波动范围和传动比的峰值，其主要影响传动比变化周期数，所以在实际传动中，若需要增加传动比的周期，可以适当地减小主动椭圆齿轮的输入角速度 ω_1 的值。

4.1.2　端曲面齿轮的角位移特性

端曲面齿轮的角位移公式为

$$\theta_2 = \int_0^{\theta_1} \frac{1}{i_{12}} \mathrm{d}\theta = \frac{2a\sqrt{1-k^2}}{n_1 R} \arctan\left[\sqrt{\frac{1+k}{1-k}} \tan\left(\frac{n_1 \theta_1}{2}\right)\right] \tag{4.5}$$

依据式（4.5）即可分别分析变量 k、n_1、n_2 等参数对端曲面齿轮的转角特性的影响规律。

1. 偏心率对端曲面齿轮角位移的影响规律

为了研究偏心率 k 对端曲面齿轮角位移的影响，固定其他的参数不变，取不同的偏心率 k，做出端曲面齿轮的角位移曲线，探讨偏心率 k 对端曲面齿轮角位移的影响规律。

当非圆齿轮的齿数 $z_1 = 26$，模数 $m = 3\mathrm{mm}$，阶数 $n_1 = 2$，端曲面齿轮的阶数 $n_2 = 4$，分别取偏心率 $k = 0.1$、0.4、0.7 时，端曲面齿轮的角位移曲线如图 4.5 所示。

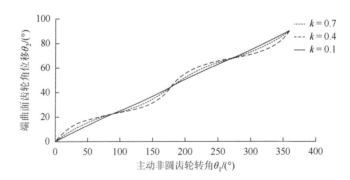

图 4.5　偏心率 k 对端曲面齿轮角位移的影响

由图 4.5 可知，随着偏心率 k 的增加，当主动非圆齿轮转过一周时，从动端曲面齿轮的角位移不变，但是其角位移曲线波动得更加剧烈，即端曲面齿轮的角位移曲线的曲率增加，由此可以判断出，随着偏心率 k 的增加，端曲面齿轮副传动过程中的冲击载荷也增大，故设计时，在基本满足传动要求的情况下，应选用偏心率较小的非圆齿轮进行传动。

2. 阶数 n_1 对端曲面齿轮角位移的影响规律

为了更直观地反映阶数 n_1 对端曲面齿轮角位移的影响，固定其他参数不变，取不同的阶数 n_1，做出端曲面齿轮的角位移曲线，探讨阶数 n_1 对端曲面齿轮角位移的影响规律。

分别取非圆齿轮的阶数 $n_1 = 2$、3、4，为了满足式（3.11），非圆齿轮的齿数分别取 $z_1 = 26$、27、28，模数 $m = 3$mm，偏心率 $k = 0.4$，端曲面齿轮的阶数 $n_2 = 4$，端曲面齿轮角位移曲线如图 4.6 所示。

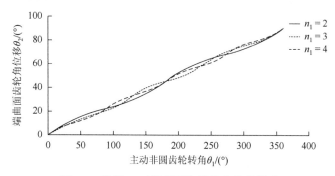

图 4.6 阶数 n_1 对端曲面齿轮角位移的影响

由图 4.6 可知，随着非圆齿轮阶数 n_1 的增加，当主动非圆齿轮转过一周时，从动端曲面齿轮的角位移不变，其角位移曲线波动范围也没有发生变化，但是角位移曲线波动变化次数发生了变化，且可以得出，当主动非圆齿轮转过一周时，角位移曲线波动变化次数为 n_1，所以在实际传动中，若需要传递的运动实现多次的变化，可以选择适当地增大阶数 n_1 的值。

3. 阶数 n_2 对端曲面齿轮角位移的影响规律

研究端曲面齿轮的阶数 n_2 对端曲面齿轮角位移的影响，固定其他参数不变，取不同的端曲面齿轮阶数 n_2，做出端曲面齿轮的角位移曲线，探讨阶数 n_2 对端曲面齿轮角位移的影响规律。

当非圆齿轮的齿数 $z_1 = 26$，模数 $m = 3$mm，偏心率 $k = 0.4$，阶数 $n_1 = 2$，分别取端曲面齿轮的阶数 $n_2 = 4$、5、6 时，端曲面齿轮角位移曲线如图 4.7 所示。

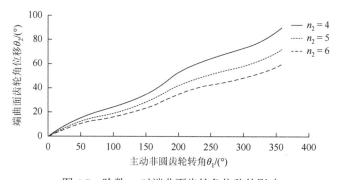

图 4.7 阶数 n_2 对端曲面齿轮角位移的影响

由图 4.7 可知，随着端曲面齿轮阶数 n_2 的增加，当主动非圆齿轮转过一周时，从动端曲面齿轮的角位移发生变化，而端曲面齿轮角位移曲线的变化周期没有发生变化，进一步分析可得，当主动非圆齿轮转过一周时，从动端曲面齿轮的角位移为

$$\theta_2' = \frac{2\pi}{n_2} \tag{4.6}$$

4.1.3 端曲面齿轮的角速度特性

端曲面齿轮副可将输入的匀速角速度转化为有规律的变角速度运动，端曲面齿轮的输出角速度是它最重要的一个量，因此分析端曲面齿轮的角速度特性，可反映端曲面齿轮副自身的特点以及适用的场合。

根据齿轮传动定律，端曲面齿轮角速度计算公式为

$$\omega_2 = \frac{\omega_1}{i_{12}} = \frac{a\omega_1(1-k^2)}{R - Rk\cos(n_1\omega_1 t)} \tag{4.7}$$

与上述的分析方法相同，分别分析偏心率 k、非圆齿轮阶数 n_1、端曲面齿轮阶数 n_2 及主动轮输入角速度 ω_1 对端曲面齿轮输出角速度的影响。

1. 偏心率对端曲面齿轮角速度的影响规律

在研究偏心率 k 对端曲面齿轮角速度的影响时，固定其他的参数不变，取不同的偏心率 k，做出端曲面齿轮角速度曲线，探讨偏心率 k 对端曲面齿轮角速度的影响规律。

当非圆齿轮的齿数 $z_1 = 26$，模数 $m = 3\text{mm}$，阶数 $n_1 = 2$，输入角速度 $\omega_1 = 10\text{rad/s}$，端曲面齿轮的阶数 $n_2 = 4$，分别取偏心率 $k = 0.1$、0.2、0.3 时，端曲面齿轮的角速度曲线如图 4.8 所示。

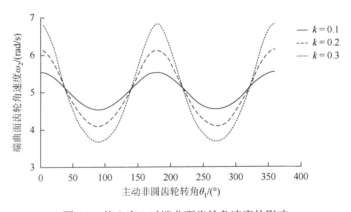

图 4.8　偏心率 k 对端曲面齿轮角速度的影响

由图 4.8 可知，随着偏心率 k 的增加，端曲面齿轮输出角速度的波动范围增大，其最大值变得更大，而最小值变得更小，但端曲面齿轮的输出平均角速度没有发生变化，输出角速度的波动周期也没有变化，由式（4.7）可得，当 $\theta_1 = \tau\pi$ 时，端曲面齿轮输出角速度取得最大值：

$$\omega_{2\max} = \frac{a\omega_1(1+k)}{R} \tag{4.8}$$

当 $\theta_1 = \tau\pi + \pi/2$ 时，端曲面齿轮输出角速度取得最小值：

$$\omega_{2\min} = \frac{a\omega_1(1-k)}{R} \tag{4.9}$$

偏心率 k 不影响端曲面齿轮输出角速度的变化周期和平均值，其主要影响输出角速度的波动范围，所以在实际传动中，若需获得更大范围的输出角速度，可以适当地增加偏心率 k 的值。

2. 阶数 n_1 对端曲面齿轮角速度的影响规律

为了更直观地反映阶数 n_1 对端曲面齿轮输出角速度的影响，固定其他参数不变，取不同的阶数 n_1，做出端曲面齿轮的输出角度曲线，探讨阶数 n_1 对端曲面齿轮角速度的影响规律。

分别取非圆齿轮的阶数 $n_1 = 2$、3、4，为了满足式（3.11），非圆齿轮的齿数分别取 $z_1 = 26$、27、28，模数 $m = 3\text{mm}$，偏心率 $k = 0.1$，输入角速度 $\omega_1 = 10\text{rad/s}$，端曲面齿轮的阶数 $n_2 = 4$，端曲面齿轮的输出角速度曲线如图 4.9 所示。

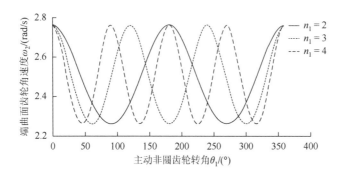

图 4.9　阶数 n_1 对端曲面齿轮角速度的影响

由图 4.9 可知，随着阶数 n_1 的增加，端曲面齿轮的输出角速度的波动范围、最大值、最小值以及平均值都没有发生变化，但在主动非圆齿轮转动一周时，其波动周期数增加，由图 4.9 可以得出，在主动非圆齿轮转动一周时，端曲面齿轮输出角速度的波动周期数等于非圆齿轮的阶数 n_1。

阶数 n_1 不影响端曲面齿轮的输出角速度的波动范围，其主要影响端曲面齿轮的输出角速度的变化周期数，所以在实际传动中，若需要增加端曲面齿轮的输出角速度的变化周期数，可以适当地增加阶数 n_1 的值。

3. 阶数 n_2 对端曲面齿轮角速度的影响规律

为了更客观地反映阶数 n_2 对端曲面齿轮角速度的影响，固定其他参数不变，取不同的阶数 n_2，做出端曲面齿轮角速度曲线，探讨阶数 n_2 对端曲面齿轮角速度的影响规律。

当非圆齿轮的齿数 $z_1 = 26$，模数 $m = 3\text{mm}$，偏心率 $k = 0.1$，阶数 $n_1 = 2$，输入角

速度 $\omega_1 = 10\text{rad/s}$，分别取端曲面齿轮的阶数 $n_2 = 4$、5、6 时，端曲面齿轮角速度曲线如图 4.10 所示。

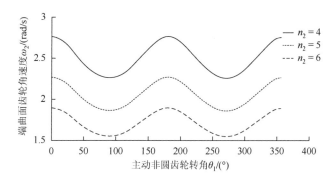

图 4.10　阶数 n_2 对端曲面齿轮角速度的影响

由图 4.10 可知，当端曲面齿轮的阶数 n_2 增加时，端曲面齿轮角速度曲线呈整体向下平移的趋势，但端曲面齿轮角速度曲线的波动范围和周期数没有改变，因为角速度曲线整体下移，所以角速度的最大值、最小值和平均值都减小，端曲面齿轮平均输出角速度等于主动非圆齿轮的输入角速度 ω_1 与端曲面齿轮的阶数 n_2 之比，即

$$\overline{\omega_2} = \frac{\omega_1}{n_2} \tag{4.10}$$

式中，$\overline{\omega_2}$ 为端曲面齿轮的平均输出角速度。

4. 主动轮输入角速度对端曲面齿轮角速度的影响规律

主动非圆齿轮的输入角速度 ω_1 作为直接输入量，对端曲面齿轮的输出角速度有着最直接的影响，与上面分析方法一样，固定非圆齿轮偏心率 k、阶数 n_1、端曲面齿轮阶数 n_2 等参数，取不同的输入角速度 ω_1，做出端曲面齿轮角速度曲线，探讨输入角速度 ω_1 对端曲面齿轮角速度的影响规律。

当非圆齿轮的齿数 $z_1 = 26$，模数 $m = 3\text{mm}$，偏心率 $k = 0.1$，阶数 $n_1 = 2$，端曲面齿轮的阶数 $n_2 = 4$，分别取输入角速度 $\omega_1 = 10\text{rad/s}$、$20\text{rad/s}$、$30\text{rad/s}$ 时，端曲面齿轮角速度曲线如图 4.11 所示。

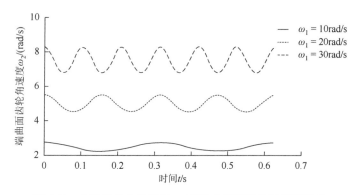

图 4.11　主动轮输入角速度 ω_1 对端曲面齿轮角速度的影响

由图 4.11 可知，随着主动非圆齿轮的输入角速度增加，端曲面齿轮的输出角速度的波动范围、波动周期、平均值都发生变化，端曲面齿轮的输出角速度的波动范围和平均值随着输入角速度增大而增大，而齿轮的输出角速度最小正波动周期减小，由式（4.7）及图 4.11 可以得出，传动过程中，齿轮的输出角速度最小正周期与端曲面齿轮副传动比的最小正周期相等，即

$$T_{\omega 2} = T_i = \frac{2\pi}{n_1 \omega_1} \tag{4.11}$$

4.1.4　端曲面齿轮的角加速度特性

端曲面齿轮的角加速度特性反映了在传动过程中齿轮副所受冲击载荷的大小，端曲面齿轮的角加速度越大，在传动过程中所受的冲击载荷及振动也就越大，这对齿轮的受力、强度、寿命及运动的平稳性不利，应予以改善。由从动轮转角对时间二阶导数可得角加速度方程，即

$$\alpha_2 = \frac{\mathrm{d}\omega_2}{\mathrm{d}t} = \frac{\mathrm{d}\left(\dfrac{\omega_1}{i_{12}}\right)}{\mathrm{d}t} = \frac{\omega_1}{R}\frac{\mathrm{d}[r(\omega_1 t)]}{\mathrm{d}t} \tag{4.12}$$

1. 偏心率对端曲面齿轮角加速度的影响规律

在研究偏心率 k 对端曲面齿轮角加速度的影响时，固定其他的参数不变，取不同的偏心率 k，做出端曲面齿轮角加速度曲线，探讨偏心率 k 对端曲面齿轮角加速度的影响规律。

当非圆齿轮的齿数 $z_1 = 26$，模数 $m = 3\text{mm}$，阶数 $n_1 = 2$，输入角速度 $\omega_1 = 10\text{rad/s}$，端曲面齿轮的阶数 $n_2 = 4$，分别取偏心率 $k = 0.1$、0.2、0.3 时，端曲面齿轮的角加速度曲线如图 4.12 所示。

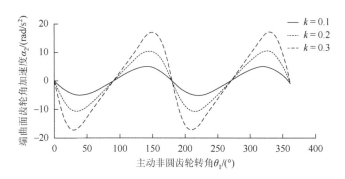

图 4.12　偏心率 k 对端曲面齿轮角加速度的影响

由图 4.12 可知，随着偏心率 k 的增加，端曲面齿轮的角加速度波动范围增加，其最大值更大，最小值更小，但其平均值没有发生变化，其波动周期也没发生变化。端曲面齿轮角加速度增加，端曲面齿轮副传动过程中冲击载荷、振动、噪声等不利因素也会加剧，所以在设计端曲面齿轮副时，应尽量选用小偏心率的非圆齿轮。

2. 阶数 n_1 对端曲面齿轮角加速度的影响规律

研究阶数 n_1 对端曲面齿轮角加速度的影响，固定其他参数不变，取不同的阶数 n_1，做出端曲面齿轮的角加速度曲线，探讨阶数 n_1 对端曲面齿轮角加速度的影响规律。

分别取非圆齿轮的阶数 $n_1 = 2$、3、4，为了满足式（3.11），非圆齿轮的齿数分别取 $z_1 = 26$、27、28，模数 $m = 3\text{mm}$，偏心率 $k = 0.1$，输入角速度 $\omega_1 = 10\text{rad/s}$，端曲面齿轮的阶数 $n_2 = 4$，端曲面齿轮的角加速度曲线如图 4.13 所示。

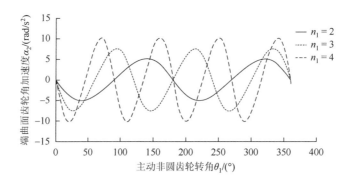

图 4.13　阶数 n_1 对端曲面齿轮角加速度的影响

由图 4.13 可知，随着非圆齿轮阶数 n_1 的增加，端曲面齿轮的角加速度的波动范围、波动周期、最大值和最小值都发生了变化，其角加速度的波动范围和波动周期数增大，角加速度的最值绝对值也增大，但端曲面齿轮角加速度的平均值没有发生变化；因为角加速度的最值绝对值及波动范围增加，所以端曲面齿轮副实际传动中的冲击载荷也会增加，传动时的振动、噪声等不利因素都加强，因此设计时，在基本满足传动要求的情况下，为避免振动和冲击，应选用低阶数的非圆齿轮。

3. 阶数 n_2 对端曲面齿轮角加速度的影响规律

同样为了更客观地反映阶数 n_2 对端曲面齿轮角加速度的影响，固定偏心率 k、非圆齿轮阶数 n_1 等参数，取不同的阶数 n_2，做出端曲面齿轮角加速度曲线，探讨阶数 n_2 对端曲面齿轮角加速度的影响规律。

当非圆齿轮的齿数 $z_1 = 26$，模数 $m = 3\text{mm}$，偏心率 $k = 0.1$，阶数 $n_1 = 2$，输入角速度 $\omega_1 = 10\text{rad/s}$，分别取端曲面齿轮的阶数 $n_2 = 4$、5、6 时，端曲面齿轮角加速度曲线如图 4.14 所示。

由图 4.14 可知，随着端曲面齿轮阶数 n_2 的增加，端曲面齿轮角加速度波动范围、最值发生了变化，而其波动周期和平均值没发生变化，端曲面齿轮角加速度波动范围随着端曲面齿轮阶数 n_2 的增加而减小，其最值绝对值也同样下降，因此，在实际传动中，端曲面齿轮副的冲击载荷、振动和噪声等不利因素也会对应减弱，有利于传动。

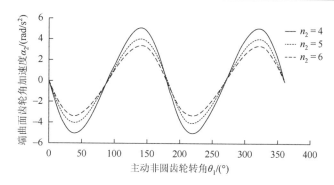

图 4.14　阶数 n_2 对端曲面齿轮角加速度的影响

4. 主动轮输入角速度对端曲面齿轮角加速度的影响规律

研究主动轮输入角速度 ω_1 对端曲面齿轮角加速度的影响规律时，固定非圆齿轮偏心率 k、阶数 n_1、端曲面齿轮阶数 n_2 等参数，取不同的输入角速度 ω_1，做出端曲面齿轮角加速度曲线，探讨输入角速度 ω_1 对端曲面齿轮角加速度的影响规律。

当非圆齿轮的齿数 $z_1 = 26$，模数 $m = 3\text{mm}$，偏心率 $k = 0.1$，阶数 $n_1 = 2$，端曲面齿轮的阶数 $n_2 = 4$，分别取输入角速度 $\omega_1 = 10\text{rad/s}$、$20\text{rad/s}$、$30\text{rad/s}$ 时，端曲面齿轮角加速度曲线如图 4.15 所示。

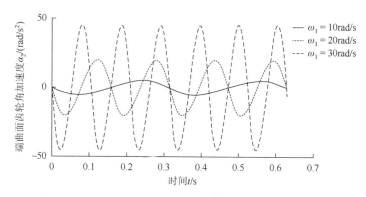

图 4.15　主动轮输入角速度 ω_1 对端曲面齿轮角加速度的影响

由图 4.15 可知，随着非圆齿轮输入角速度的增加，端曲面齿轮角加速度的波动范围、波动周期、最大值和最小值都发生了改变，此时波动的最小正周期减小，但端曲面齿轮角加速度的波动范围和最值绝对值急剧增大，由此可见，其更适合于低转速传动。

4.2　端曲面齿轮传动时变几何特性

4.2.1　齿面精确离散

1. 端曲面齿轮参数化齿面方程

由于端曲面齿轮具有非圆的空间节曲线特征，其齿廓生成比一般齿轮要复杂得多。同时，由于其节曲线内凹的特点，无法采用传统的滚齿加工方法进行加工。为了提高其加工效率和加工精度，端曲面齿轮可采用插齿加工的方法，通过控制插齿刀在横向和纵向上的联动保证轮齿间的正常啮合，如图4.16所示。

端曲面齿轮齿面是通过产形轮与端曲面齿轮毛坯做范成运动形成的。由于端曲面齿轮轮齿插齿加工属于范成加工的一种，在加工过程中存在齿轮副共轭啮合中的一些常见问题，如齿根根切现象和齿顶干涉现象。同时对于端曲面齿轮这类面齿轮机构而言，还存在轮齿外齿廓变尖和齿宽方向变齿厚等现象。因此，端曲面齿轮齿面相比于一般齿轮更加复杂。针对端曲面齿轮的齿面特征，探讨端曲面齿轮齿面参数化建模方法，为端曲面齿轮的时变特性分析奠定基础。

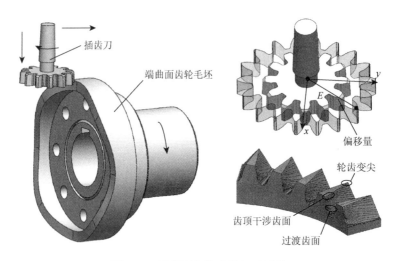

图4.16 端曲面齿轮虚拟加工原理

齿轮的齿面设计在整个齿轮副的设计中是很重要的。共轭曲面定义为机构中两构件上用以实现给定运动规律而连续相切的一对曲面，端曲面齿轮副的啮合齿面即一对共轭曲面。由于端面凸轮的理论廓线可以转化为端曲面齿轮的节曲线，端曲面齿轮的齿面可以结合端面凸轮实际廓线的相关理论进行设计。

在图2.3所示的端曲面齿轮副的空间啮合关系基础上，建立的端曲面齿轮副齿面啮合空间坐标系如图4.17所示。以产形轮的旋转中心为原点，建立产形轮的直角坐标系 S_3 （O_3-$X_3Y_3Z_3$），k 点为端曲面齿轮副的实际接触点，即齿面啮合点；r_3 为产形轮的分度圆半径，V_3 为产形轮的移动速度，V_{2t} 为端曲面齿轮的圆周速度，V_2 为端曲面齿轮的切向速度，其为速度 V_3 和 V_{2t} 的合成，V_{21} 与 V_{23} 分别为非圆齿轮和产形轮与端曲面齿轮的相对速度，则实际接触点 k 点的转角 δ 可表达为

$$\delta = \arctan\left(\frac{|V_3|}{|V_{2t}|}\right) = \arctan\left[\frac{\mathrm{d}s(\theta_1)}{R_k\omega_2\mathrm{d}t}\right] \tag{4.13}$$

式中，R_k 为端曲面齿轮在齿面啮合点 k 点的圆柱半径，则非圆齿轮的极径 r_1 在坐标系 S_1 下可以表达为

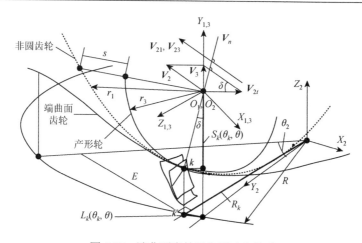

图 4.17　端曲面齿轮副齿面啮合关系

$$\boldsymbol{r}_1 \begin{cases} x_1 = s(\theta_1) - r_3 \cos\delta \\ y_1 = r_3 \sin\delta(\theta_1) - R_k \tan\theta_2 + s(\theta_1)/\tan\alpha_c \\ z_1 = u_k \end{cases} \tag{4.14}$$

非圆齿轮在接触点 k 的单位法线矢量在坐标系 S_1 下可以表达为

$$\boldsymbol{n}_1^{(1)} = \frac{\dfrac{\partial r_1}{\partial \theta_k} \times \dfrac{\partial r_1}{\partial u_k}}{\left| \dfrac{\partial r_1}{\partial \theta_k} \times \dfrac{\partial r_1}{\partial u_k} \right|} = \begin{vmatrix} -\sin\delta \\ -\cos\delta \\ 0 \end{vmatrix} \tag{4.15}$$

当以 r_3、R_k 和 δ 作为参变量时，式（4.14）和式（4.15）分别为非圆齿轮的通用齿面方程和通用齿面单位法线矢量方程。根据齿轮啮合原理的相关知识，r_3 为展开角 θ_k 和齿宽参数 u_k 的函数，可以表达为 $r_3(\theta_k, u_k)$；R_k 受齿宽参数 u_k 和端曲面齿轮角位移 θ_2 影响，其中 θ_2 为非圆齿轮角位移 θ_1 的函数，则 R_k 可以表达为 $R_k(u_k, \theta_1)$；δ 为非圆齿轮角位移 θ_1 和展开角 θ_k 的函数，可以表达为 $\delta(\theta_k, \theta_1)$。因此，实际上端曲面齿轮副齿面的参变量为 θ_1、θ_k 和 u_k，通过控制参变量 θ_1、θ_k 和 u_k，得到相应的齿面方程。端曲面齿轮在齿面啮合点 k 点的柱面坐标为

$$\begin{cases} R_k = \sqrt{R^2 + [r_3 \sin\delta(\theta_k, \theta_1) - R_k \tan\theta_2 + s/\tan\alpha_c]^2} \\ z_2 = s(0) + s(\theta_1) - r_3 \cos\delta(\theta_k, \theta_1) \\ \theta_2 = \displaystyle\int_0^{\theta_1} \frac{1}{i_{12}} \mathrm{d}\theta \end{cases} \tag{4.16}$$

在设计过程中，通常将其转化为直角坐标进行计算，则端曲面齿轮节曲面啮合点 k 在坐标系 S_2 下的直角坐标方程可以表达为

$$\boldsymbol{R}_2(\theta_1, \theta_k, u_k) \begin{cases} x_2 = -\sin\theta_2 \times L_k(\theta_k, \theta_1) - \cos\theta_2 \times R_k(u_k, \theta_1) \\ y_2 = -\cos\theta_2 \times L_k(\theta_k, \theta_1) + \sin\theta_2 \times R_k(u_k, \theta_1) \\ z_2 = s(0) + S_k(\theta_k, \theta_1) \end{cases} \tag{4.17}$$

为了方便表示，其中，

$$\begin{cases} L_k(\theta_k,\theta_1) = r_3(\theta_k,u_k)\sin\delta(\theta_k,\theta_1) - R_k\tan\theta_2 + s(\theta_1)/\tan\alpha_c \\ S_k(\theta_k,\theta_1) = -r_3(\theta_k,u_k)\cos\delta(\theta_k,\theta_1) + s(\theta_1) \\ R_k(u_k,\theta_1) = R_k(u_k,\theta_1) \end{cases} \tag{4.18}$$

在端曲面齿轮副中，端曲面齿轮的齿面与非圆齿轮的齿面是空间曲面，而空间曲面为实现共轭接触运动，两曲面必须满足在接触处的相对速度矢量位于该处的公切面内，以保证连续接触而不致发生嵌入或分离，即

$$f(u_k,\theta_k,\theta_1) = \boldsymbol{n}_1^{(1)}(\theta_k,\theta_1)\cdot\boldsymbol{v}_{12}^{(1)} = 0 \tag{4.19}$$

式中，$\boldsymbol{n}_1^{(1)}(\theta_k,\theta_1)$ 为坐标系 S_1 中非圆齿轮齿面的单位法线矢量；$\boldsymbol{v}_{12}^{(1)}$ 为坐标系 S_1 中非圆齿轮与端曲面齿轮齿面间的相对速度。

在非圆齿轮的坐标系 S_1 下，端曲面齿轮和非圆齿轮的相对速度 $\boldsymbol{v}_{12}^{(1)}$ 可用矢量表示为

$$\boldsymbol{v}_{12}^{(1)} = \boldsymbol{\omega}_{12}^{(1)}\times\boldsymbol{r}_1 + \frac{\mathrm{d}\boldsymbol{\xi}}{\mathrm{d}t} - \boldsymbol{\omega}_2\times\boldsymbol{\xi} \tag{4.20}$$

式中，$\boldsymbol{\omega}_{12}^{(1)}\times\boldsymbol{r}_1 = (\boldsymbol{\omega}_1^{(1)}-\boldsymbol{\omega}_2^{(1)})\times\boldsymbol{r}_1(u_k,\theta_k,\theta_1)$；$\boldsymbol{\omega}_1^{(1)}$ 为非圆齿轮在坐标系 S_1 中的角速度表达式，$\boldsymbol{\omega}_1^{(1)} = [0\ \ 0\ \ |\boldsymbol{\omega}_1|]$；$\boldsymbol{\omega}_2^{(1)}$ 为端曲面齿轮在坐标系 S_1 中的角速度表达式，$\boldsymbol{\omega}_2^{(1)} = [-|\boldsymbol{\omega}_2|\ \ 0\ \ 0]$。

端曲面齿轮和非圆齿轮在坐标系 S_1 中的坐标原点距离可以表达为

$$\begin{aligned} \boldsymbol{\xi} &= \boldsymbol{\xi}_1 - \boldsymbol{\xi}_2 = [s(0)+s(\theta_1)\ \ 0\ \ 0] - [s(\theta_1)\ \ 0\ \ -R_k(u_k,\theta_1)] \\ &= [s(0)\ \ 0\ \ R_k(u_k,\theta_1)] \end{aligned} \tag{4.21}$$

则非圆齿轮和端曲面齿轮在坐标系 S_1 下的相对速度为

$$\boldsymbol{v}_{12}^{(1)} = |\boldsymbol{\omega}_2^{(1)}| \begin{bmatrix} -i_{12}S_k(\theta_k,\theta_1) \\ i_{12}L_k(\theta_k,\theta_1) - R_k(u_k,\theta_1) \\ S_k(\theta_k,\theta_1) + \mathrm{d}R_k(u_k,\theta_1)/\mathrm{d}\theta_1 \end{bmatrix} \tag{4.22}$$

对应的齿面啮合方程可以表达为

$$\begin{aligned} &i_{12}[S_k(\theta_k,\theta_1)\times\sin\delta(\theta_k,\theta_1) - L_k(\theta_k,\theta_1)\times\cos\delta(\theta_k,\theta_1)] \\ &+ R_k(u_k,\theta_1)\times\cos\delta(\theta_k,\theta_1) = 0 \end{aligned} \tag{4.23}$$

2. 端曲面齿轮齿廓精确求解方法

端曲面齿轮的齿面主要包括啮合齿面、齿根过渡齿面和齿顶干涉齿面三个部分，齿面的接触类型为斜线接触，与斜齿轮的齿面接触形式类似，如图 4.18 所示。因此，端曲

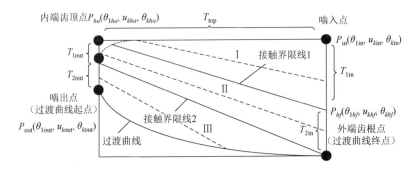

图 4.18　端曲面齿轮齿面特殊啮合点

面齿轮的齿面上存在几个特殊的啮合点：①齿顶变尖啮入点 P_{in}；②齿根啮出点（过渡曲线起点）P_{out}；③轮齿内齿廓齿顶干涉点（内端齿顶点）P_{ha}；④轮齿外齿廓过渡曲线终点 P_{hf}。

受端曲面齿轮基本设计参数和轮齿分布规律的影响，在端曲面齿轮的齿顶位置容易发生端曲面齿轮毛坯和产形轮齿根圆角间的齿顶干涉现象，产生齿顶干涉曲线，导致轮齿内齿廓齿顶干涉点 P_{ha} 位置发生变化，如图 4.19 所示。因此，端曲面齿轮轮齿内齿廓齿顶干涉点 P_{ha} 为浮动点。

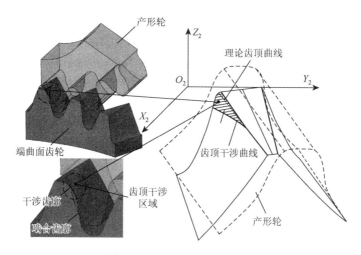

图 4.19　端曲面齿轮齿顶干涉

与一般面齿轮相同，端曲面齿轮在轮齿外齿廓齿顶处同样存在轮齿变尖现象，定义该点为端曲面齿轮齿面的啮入点。为了获得端曲面齿轮每个轮齿对应的变尖位置，由图 4.20 中端曲面齿轮的轮齿转换关系，建立端曲面齿轮的直角坐标系 S_2（O_2-$X_2Y_2Z_2$）。

由于端曲面齿轮的节曲线波谷位置一般加工成左右齿面对称的轮齿，在端曲面齿轮节曲线波谷位置轮齿的变尖点必定位于 $O_2X_2Z_2$ 平面上。结合端曲面齿轮的轮齿分布规律，将

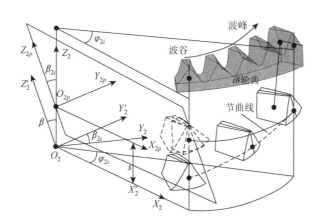

图 4.20　端曲面齿轮轮齿坐标变换过程

不同分布位置的轮齿转换到节曲线波谷位置，并保证轮齿的变尖点位于平面 $O_2X_2Z_2$ 上；以端曲面齿轮旋转中心 O_2 为原点建立轮齿回转坐标系 $S_2'(O_2'\text{-}X_2'Y_2'Z_2')$，定义任意位置轮齿的回转角为 φ_{2i}；以轮齿对称面建立偏转坐标系 $S_{2p}(O_{2p}\text{-}X_{2p}Y_{2p}Z_{2p})$，定义任意位置轮齿的偏转角为 β_{2i}。为了将每个轮齿转换到节曲线波谷位置，轮齿的坐标转换过程包括以下两个步骤。

（1）轮齿绕旋转轴 O_2Z_2 回转 φ_{2i} 后，其回转坐标系 S_2' 到端曲面齿轮坐标系 S_2 的齐次转换矩阵为

$$M_1 = \begin{bmatrix} \cos\varphi_{2i} & -\sin\varphi_{2i} & 0 & 0 \\ \sin\varphi_{2i} & \cos\varphi_{2i} & 0 & 0 \\ 0 & 0 & 1 & 0 \\ 0 & 0 & 0 & 1 \end{bmatrix} \qquad (4.24)$$

式中，$\varphi_{2i} = \eta_{2i} + \Delta\eta$，$\eta_{2i}$ 为轮齿在端曲面齿轮节曲线轮齿齿厚中点处对应的齿廓分布角，$\Delta\eta$ 为每个轮齿对应的极限啮合角。

由于非圆齿轮节曲线不具有圆柱齿轮节曲线的高度对称性，端曲面齿轮齿廓分布角 η_{2i} 并不像标准齿轮一样均匀分布。为了保证端曲面齿轮副的正常啮合，必须要保证端曲面齿轮副轮齿均匀地分布在节曲线上，如图 4.21 所示。

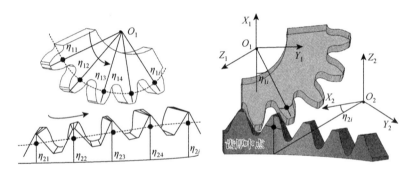

图 4.21　端曲面齿轮的齿廓分布规律

由于端曲面齿轮轮齿周期性分布的特点，定义从端曲面齿轮的节曲线波谷位置啮入到波峰位置啮出为一个啮合周期，标记节曲线波谷位置的轮齿编号为 1#齿，从节曲线波谷到波峰位置依次标记为 1#齿、2#齿、3#齿、…、i#齿。

定义一个啮合周期内对应的非圆齿轮转角为 $[0, \eta]$。非圆齿轮节曲线在一个啮合周期内的总弧长为 L'，应满足以下条件：

$$L' = \int_0^\eta \sqrt{r^2(\theta) + r'^2(\theta)}\, \mathrm{d}\theta = \pi m z_{1\eta} \qquad (4.25)$$

式中，$z_{1\eta}$ 为端曲面齿轮一个啮合周期的轮齿个数。根据一个啮合周期内的对应轮齿个数 $z_{1\eta}$，将节曲线啮合周期上的弧长 L' 平均分成 $z_{1\eta}$ 份，即 $L_n = L'/z_{1\eta}$，则每个轮齿在节曲线上的齿厚中点对应的弧长可以表达为

$$L_n' = \Delta L_n = \int_0^{\eta_i} \sqrt{r^2(\theta) + r'^2(\theta)}\, \mathrm{d}\theta, \quad \Delta = 0, 1, \cdots, z_{1\eta} \qquad (4.26)$$

通过式（4.26），即可反求获得每个轮齿在节曲线上的齿厚中点对应的非圆齿轮转角 η_{1i}，则端曲面齿轮齿廓分布角 η_{2i} 为

$$\eta_{2i} = \frac{\eta_{1i}[s(0) + s(\eta_{1i})]}{R} \tag{4.27}$$

式中，$s(\eta_{1i})$ 为端曲面齿轮副轮齿分布角 η_{1i} 位置对应的移动位移。

由于回转角 φ_{2i} 除受 η_{2i} 的影响外，还受到极限啮合角 $\Delta\eta$ 的影响，这导致 $\varphi_{2i\min} \leqslant \varphi_{2i} \leqslant \varphi_{2i\max}$，根据图 4.22 中的运动关系可知，当回转角 φ_{2i} 分别位于端曲面齿轮齿根和齿顶位置时，φ_{2i} 可以表达为

$$\begin{cases} \varphi_{2i\min} = \eta_{2i} - \dfrac{h_a \times \sin\beta(\varphi_{1i})}{R_2} \\[3mm] \varphi_{2i\max} = \eta_{2i} + \dfrac{h_f \times \sin\beta(\varphi_{1i})}{R_2} \end{cases} \tag{4.28}$$

式中，h_a 和 h_f 分别为端曲面齿轮的齿顶高和齿根高；$\beta(\varphi_{1i})$ 为端曲面齿轮的轮齿偏转角：

$$\beta(\varphi_{1i}) = \arccos\{[r_3^2 + r(\varphi_{1i})^2 - A(\varphi_{1i})^2]/[2r_3 r(\varphi_{1i})]\} \tag{4.29}$$

式中，$r(\varphi_{1i})$ 为非圆齿轮在轮齿分布角 φ_{1i} 处的极径；$A(\varphi_{1i})$ 为产形轮与非圆齿轮在轮齿分布角 φ_{1i} 处的中心距。

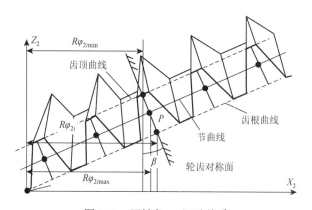

图 4.22　回转角 φ_{2i} 运动关系

（2）轮齿绕轮齿对称面 $O_{2p}X_{2p}Z_{2p}$ 偏转 $\beta(\varphi_{1i})$，沿 $\overrightarrow{O_2'O_{2p}}$ 偏移，则端曲面齿轮偏转坐标系 S_{2p} 到回转坐标系 S_2' 的齐次转换矩阵为

$$\boldsymbol{M}_2 = \begin{bmatrix} 1 & 0 & 0 & 0 \\ 0 & \cos\beta(\varphi_{1i}) & -\sin\beta(\varphi_{1i}) & -s(\eta_{1i})(\varphi_{1i})\sin\beta(\varphi_{1i}) \\ 0 & \sin\beta(\varphi_{1i}) & \cos\beta(\varphi_{1i}) & -s(\eta_{1i})(\varphi_{1i})\cos\beta(\varphi_{1i}) \\ 0 & 0 & 0 & 1 \end{bmatrix} \tag{4.30}$$

由空间坐标转换原理，尖点位置可以表达为

$$\boldsymbol{R}_{2p} = \boldsymbol{M}_2 \boldsymbol{M}_1 \times \boldsymbol{R}_2$$

$$= \begin{bmatrix} \cos\varphi_{2i} & -\sin\varphi_{2i} & 0 & 0 \\ \cos\beta\sin\varphi_{2i} & \cos\beta\cos\varphi_{2i} & -\sin\beta & -s(\eta_{1i})\sin\beta \\ \sin\beta\sin\varphi_{2i} & \sin\beta\cos\varphi_{2i} & \cos\beta & -s(\eta_{1i})\cos\beta \\ 0 & 0 & 0 & 1 \end{bmatrix} \times \boldsymbol{R}_2 \quad (4.31)$$

式中，$\boldsymbol{R}_2$ 的值如式（4.17）所示，整理后获得的最终结果为

$$\boldsymbol{R}_{2p} = \begin{cases} x_{2p} = x_2\cos\varphi_{2i} - y_2\sin\varphi_{2i} \\ y_{2p} = x_2\sin\varphi_{2i}\cos\beta + y_2\cos\varphi_{2i}\cos\beta - z_2\sin\beta - s(\eta_{1i})\sin\beta \\ z_{2p} = x_2\sin\varphi_{2i}\sin\beta + y_2\cos\varphi_{2i}\sin\beta + z_2\cos\beta - s(\eta_{1i})\cos\beta \end{cases} \quad (4.32)$$

当求解变尖点的啮入角时，存在以下关系：

$$\begin{cases} x_{2p} = R_{2p} \\ y_{2p} = 0 \\ z_{2p} = h_a^* m \end{cases} \quad (4.33)$$

通过将式（4.32）和啮合方程（4.28）代入不同的 φ_{1i} 值，可得到每个轮齿尖点处的啮入角 θ_{1in} 和对应的变尖半径 R_{2p}。

同理，为了获得轮齿内齿廓齿顶位置对应的啮合角 θ_{1ha}，结合式（4.32），取 u_k 的值为常数值 u_{kha}，代入式（4.33）中，同时代入产形轮齿根位置对应的展开角 θ_{af1}，即可获得齿面内齿廓齿顶处对应的啮合角 θ_{1ha}，即

$$\begin{cases} z_{2p}(\theta_1, u_{kha}, \theta_{af1}) = x_2\sin\varphi_{2i}\sin\beta + y_2\cos\varphi_{2i}\sin\beta + z_2\cos\beta - s\cos\beta \\ z_{2p}(\theta_1, u_{kha}, \theta_{af1}) = h_a^* m \end{cases} \quad (4.34)$$

与加工面齿轮一样，端曲面齿轮的齿根部分也会形成过渡曲线，如图 4.18 所示。当产形轮的齿顶角为尖角时，端曲面齿轮的过渡曲线是由产形轮齿顶线形成的。此时，过渡曲线的啮合方程为

$$f(u_k, \theta_1, \theta_{ak1}) = i_{12}[\boldsymbol{S}_k(\theta_{ak1}, \theta_1) \times \sin\delta(\theta_{ak1}, \theta_1) - \boldsymbol{L}_k(\theta_{ak1}, \theta_1) \times \cos\delta(\theta_{ak1}, \theta_1)] \\ + \boldsymbol{R}_k(u_k, \theta_1) \times \cos\delta(\theta_{ak1}, \theta_1) = 0 \quad (4.35)$$

由式（4.35）可知，过渡曲线的啮合方程以 u_k 和 θ_1 为参变量，其中参变量 u_k 影响端曲面齿轮圆柱半径，因此，对参变量 u_k 的取值直接影响啮出角。通过调整不同轮齿对应的产形轮齿顶展开角 θ_{ak1} 值，即可获得不同轮齿对应的啮出角。

同理，为了获得轮齿外齿廓过渡曲线终点处所对应的啮合角。结合式（4.35），取 θ_{ak1} 为已知值（即产形轮齿顶对应的展开角）；同时，结合齿面方程 $\boldsymbol{R}_{2p}$ 和啮合方程 $f(u_k, \theta_1, \theta_{ak1})$，令其满足式（4.36）的条件，即可获得轮齿外齿廓过渡曲线终点所对应的啮合角 θ_{1hf}。

$$\begin{cases} z_{2p}(\theta_1, u_k, \theta_{ak1}) = -(h_a^* + c^*)m \\ f(u_k, \theta_1, \theta_{ak1}) = 0 \end{cases} \quad (4.36)$$

将 θ_{ak1} 值代入式（4.36）中，可以反求获得端曲面齿轮齿面在过渡曲线终点上的极限转角 θ_{1hf}。

通过获得的四个极限啮合点和端曲面齿轮齿面的接触线特征可知,端曲面齿轮的齿面可由两条接触界限线离散成三个区域,如图 4.18 所示。

（1）当啮合区域在接触界限线 1 和啮入点 P_{in} 之间,即当 $\theta_1 \subseteq [\theta_{1ha}, \theta_{1in}]$ 时,以啮入点 P_{in} 获得的 u_k 值为已知量,即可获得不同啮合角 θ_1 对应的展开角 θ_k,完成外齿廓 T_{1in} 的离散化;以获得的啮合角 θ_1 为已知量,即可将齿顶离散化。

（2）当啮合区域在接触界限线 2 和接触界限线 1 之间,即当 $\theta_1 \subseteq [\theta_{1hf}, \theta_{1ha}]$ 时,分别取 u_k 值为 u_{kha}（内齿廓）和 u_{kin}（外齿廓）,θ_1 介于 $[\theta_{1hf}, \theta_{1ha}]$,即可获得不同的啮合角 θ_1 对应的展开角 θ_k,完成外齿廓 T_{2in} 和内齿廓 T_{1out} 的离散化。

（3）当啮合区域在过渡曲线和接触界限线 2 之间,即当 $\theta_1 \subseteq [\theta_{1out}, \theta_{1hf}]$ 时,以过渡曲线上的展开角 θ_{ak} 为已知值,取 θ_1 值介于 $[\theta_{1out}, \theta_{1hf}]$,即可获得不同 θ_1 值对应的展开角 θ_k,完成过渡曲线的离散化;以啮出点 P_{out} 获得的 u_k 值为已知量,取 θ_1 值介于 $[\theta_{1out}, \theta_{1hf}]$,即可获得不同 θ_1 值对应的展开角 θ_k,完成内齿廓 T_{2out} 的离散化。

（4）将获得的啮合角 θ_1 和 u_k 值作为已知量,即可获得不同 u_k 值对应的展开角 θ_k,完成齿面接触线的离散化。

3. 一个啮合周期上的齿面变化规律

以编号-1 端曲面齿轮为例,探讨端曲面齿轮一个啮合周期内的离散齿面特性,如图 4.23 所示,其中黑色加粗部分为节点处的接触线。

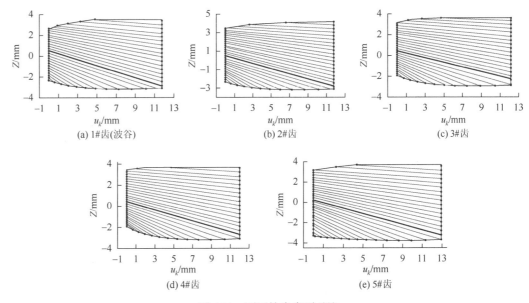

(a) 1#齿(波谷)　　(b) 2#齿　　(c) 3#齿

(d) 4#齿　　(e) 5#齿

图 4.23　不同轮齿齿面对比

通过分析发现,端曲面齿轮的齿面具有以下特征,如图 4.24 所示。定义 L-1 为过渡曲线;L-2 为内齿廓;L-3 为齿顶干涉曲线;L-4 为外齿廓;A 为齿顶干涉区域;B 为过渡曲线区域。由分析可知,不同于一般轮齿的齿面,端曲面齿轮的齿面呈现内窄外宽的变化趋势，即内齿廓窄，外齿廓宽。定义齿顶干涉部分的齿高变化率为 ΔA；过渡曲线部分齿高变化率为 ΔB，分析对比端曲面齿轮的一个啮合周期上的齿面变化情况和不同参数下的齿面变化情况。

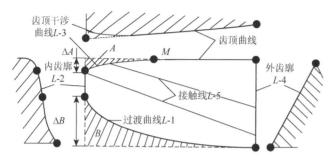

图 4.24　端曲面齿轮齿面特征

通过比较一个啮合周期上不同轮齿齿面的齿高变化率 ΔA 和 ΔB 及其对应的变化量 $L\text{-}A$ 和 $L\text{-}B$，齿顶突变点 M 点的位置，以及不同轮齿的齿面接触线，得到相应的变化曲线，如图 4.25 所示。

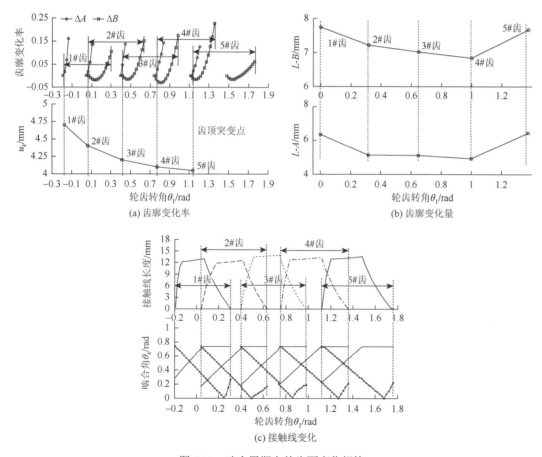

图 4.25　啮合周期上的齿面变化规律

此对于端曲面齿轮花花齿面而言，当将其设计成等高齿时较好，其齿面主要由啮合齿面、干涉齿面和过渡齿面三部分组成。⑤通过对比发现，3#轮齿相比于其他轮齿而言，其在节曲线附近的齿面接触线较长，有效齿高度较低。造成该现象的主要原因为端曲面齿轮的变尖半径受夹角 $\mu(\theta_1)$（式（3.6））的影响，在 3#轮齿的位置，端曲面齿轮的变尖半径最大，有效齿宽变大，导致接触线变长。⑥从齿顶的干涉曲线可以看出，波谷位置的轮齿齿顶干涉现象最为明显，表明 1#轮齿最容易发生齿顶干涉，此结论与曲率分析结果相同，进一步验证了理论的正确性。

图 4.26 为单个轮齿的齿面变化规律和多个轮齿的齿面变化规律。①在单个轮齿上，端曲面齿轮齿面包括内外齿廓、齿顶曲线、过渡曲线和接触线四部分，由图可以直观地反映这四个基本参数和非圆齿轮转角 θ_1 之间的关系，从而方便对端曲面轮齿齿面进行直观的表述；②在多齿啮合齿面上，端曲面齿轮每个轮齿齿面上包括双齿啮合区和单齿啮合区，以 2#轮齿为例，齿面的双齿啮合区域为啮入点 P_{in} 和内外齿廓间的接触线之间，以及过渡曲线和内外齿廓间的接触线之间；而单齿啮合区域在节点附近的接触线区域。双齿啮合时间大于单齿啮合时间。通过图可以直观地反映端曲面齿轮齿面的单双齿啮合时间和相对应的轮齿啮合区域。

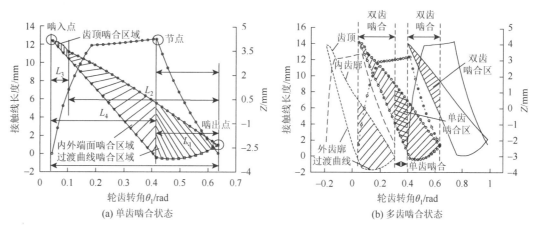

图 4.26　单齿和多齿啮合状态

端曲面齿轮的齿面离散算法可以直观反映端曲面齿轮齿面的接触特点和啮合状况，尤其是重合度相关数据的获取，可以为端曲面齿轮其他一些基础参数，如啮合力、啮合刚度、齿面载荷分布等提供理论支撑。

4. 不同参数的齿面变化规律

为了对比不同参数的端曲面齿轮齿面变化规律，根据表 3.3 中的基本参数，对不同参数的轮齿齿面进行对比分析，如图 4.27 所示。为了便于对比，取不同参数下的端曲面齿轮轮齿危险齿面（内窄外宽现象最明显）进行对比分析。

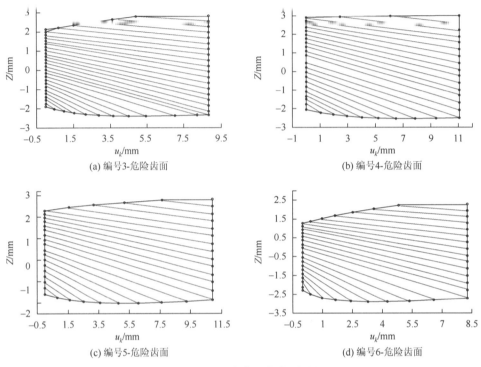

(a) 编号3-危险齿面

(b) 编号4-危险齿面

(c) 编号5-危险齿面

(d) 编号6-危险齿面

图 4.27　不同参数下的齿面对比

通过比较不同参数下轮齿齿面的齿高变化率 ΔA 和 ΔB 及其对应的变化量 $L\text{-}A$ 和 $L\text{-}B$，以及不同轮齿的齿面接触线，得到相应的变化曲线，如图 4.28 所示。

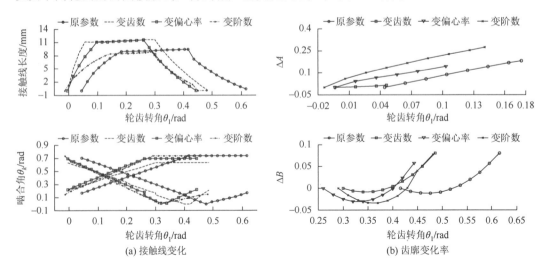

(a) 接触线变化

(b) 齿廓变化率

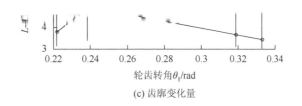

(c) 齿廓变化量

图 4.28　不同参数下的齿面变化规律

由图 4.28 可知，随着齿数 z_1 的增加，齿面的内窄外宽现象明显减弱，齿面的有效接触区域变大，有效齿宽和齿高变大，导致接触线变长；随着偏心率 k 和阶数 n_1 的增加，齿面的内窄外宽现象明显增强，齿面的有效接触区域变小；随着偏心率 k 的增加，有效齿宽和齿高变大，导致接触线变长；随着阶数 n_1 的增加，有效齿宽和齿高变小，导致接触线变短。

通过给定两个基本的参数值，求解啮合方程和齿面方程得到另外一个参数的值，就能得到端曲面齿轮齿面上的数据点，结合端曲面法向量可以对端曲面齿轮进行数控机床加工、齿面修形和齿面偏差检测，这为端曲面齿轮的加工与加工精度检测评价提供了理论依据。

4.2.2　时变齿廓曲率

轮齿的齿廓曲率是衡量齿轮传动的重要参数。曲率直接影响齿面的接触应力、接触区域和齿廓干涉等。

对于端曲面齿轮而言，由于其轮齿形状的周期性变化和齿宽方向的变齿厚影响，端曲面齿轮每个轮齿在同一截面上的齿廓曲率和沿着齿宽方向的齿廓曲率同样具有周期性与差异性，如图 4.29 所示，结合端曲面齿轮的坐标系 $S_2(O_2\text{-}X_2Y_2Z_2)$，定义 x_{2i} 和 x_{2j} 分别为端曲面齿轮内外齿廓主方向 II；x_{1i} 和 x_{1j} 分别为端曲面齿轮内外齿廓主方向 I；$n_{2i}^{(2)}$ 和 $n_{2j}^{(2)}$ 分别为端曲面齿轮内外齿廓在坐标系 S_2 中的法向矢量。

结合微分几何的相关知识，在曲面上任取一点，可在该点处的两个相互垂直的切线方向上，分别求得该点的最大法曲率和最小法曲率，即曲面在该点处的主曲率。端曲面齿轮传动中齿面接触点处主方向求解方法为

$$(EG-F^2)k^2-(EN-2FM+GL)k+(LN-M^2)=0 \qquad (4.37)$$

式中，E、F、G 和 L、M、N 分别为产形轮和端曲面齿轮曲面的第 1 和第 2 基本量。

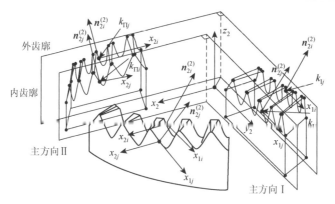

图 4.29　端曲面齿轮齿廓曲率

$$\begin{bmatrix} E \\ F \\ G \end{bmatrix} = \begin{bmatrix} \dfrac{\partial^2 \boldsymbol{R}_2(\theta_1,\theta_k,u_k)}{\partial \theta_k^2} \\ \dfrac{\partial^2 \boldsymbol{R}_2(\theta_1,\theta_k,u_k)}{\partial \theta_k \partial \theta_1} \\ \dfrac{\partial^2 \boldsymbol{R}_2(\theta_1,\theta_k,u_k)}{\partial \theta_1^2} \end{bmatrix}, \quad \begin{bmatrix} L \\ M \\ N \end{bmatrix} = \begin{bmatrix} \boldsymbol{n}_{2x}^{(2)}(\theta_1,\theta_k,u_k) \cdot \dfrac{\partial^2 \boldsymbol{R}_2(\theta_1,\theta_k,u_k)}{\partial a_{kjs}^2} \\ \boldsymbol{n}_{2y}^{(2)}(\theta_1,\theta_k,u_k) \cdot \dfrac{\partial^2 \boldsymbol{R}_2(\theta_1,\theta_k,u_k)}{\partial a_{kjs} \partial a_{1js}} \\ \boldsymbol{n}_{2z}^{(2)}(\theta_1,\theta_k,u_k) \cdot \dfrac{\partial^2 \boldsymbol{R}_2(\theta_1,\theta_k,u_k)}{\partial \theta_1^2} \end{bmatrix} \quad (4.38)$$

式中，$\boldsymbol{n}_{2x}^{(2)}(\theta_1,\theta_k,u_k)$、$\boldsymbol{n}_{2y}^{(2)}(\theta_1,\theta_k,u_k)$ 及 $\boldsymbol{n}_{2z}^{(2)}(\theta_1,\theta_k,u_k)$ 分别为端曲面齿轮在坐标系 S_2 下的单位法向量在 X_2、Y_2 及 Z_2 方向上的分量。求解式（4.37）所得到的两个根 k_{I} 和 k_{II} 即端曲面齿轮的两个主曲率，可以表达为

$$k_{\mathrm{I}}, k_{\mathrm{II}} = -\frac{2MF - LG - NE}{2(EG - F^2)} \pm \sqrt{\left(\frac{NE - 2MF + LG}{2(EG - F^2)}\right)^2 - \frac{LN - M^2}{EG - F^2}} \quad (4.39)$$

值得注意的是，由于主曲率 k_{I} 和 k_{II} 的值大小相等方向相反，只取其中一个值进行对比分析。以编号-1 端曲面齿轮副为例，其一个啮合周期内的齿廓曲率和 2#轮齿的齿面曲率如图 4.30 所示，由于每个截面上的齿廓曲率变化规律一致，只列取一个啮合周期上轮齿内圆处的齿廓曲率及 2#轮齿在内齿廓、外齿廓和中齿廓处的齿廓曲率。

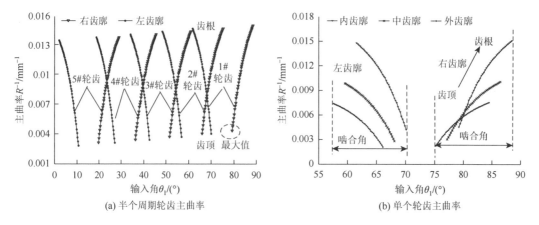

图 4.30　端曲面齿轮齿面主曲率

在利用渐开线产形轮加工端曲面齿轮时，产形轮齿根的非渐开线部分容易与端曲面齿轮齿顶相互啮合，导致产形轮齿根将端曲面齿的正常齿顶切去一部分的现象。为了避免端曲面齿轮齿顶干涉，可以从齿廓的最小曲率半径出发，曲率半径最小的位置，即曲率最大的部分就是最容易发生干涉的地方。

由图 4.30 分析可知，对于端曲面齿轮，由于轮齿内径处的齿廓曲率最大，端曲面齿轮发生齿顶干涉的位置最容易集中在轮齿内齿廓齿顶部分，以轮齿内齿廓为研究对象，探讨齿廓曲率对齿顶干涉的影响规律：①由于波谷位置的齿廓主曲率最大，最容易发生干涉的地方在波谷位置；②由于变齿厚的影响，每个轮齿截面上的齿廓曲率各不相同，不同于一般等齿厚齿轮，端曲面齿轮的轮齿齿顶干涉发生在局部；③由于轮齿内齿廓的曲率最大，端曲面齿轮的轮齿内齿廓最容易发生齿顶干涉。

4.3 端曲面齿轮传动时变力学特性

4.3.1 端曲面齿轮副压力角特性分析

1. 直齿端曲面齿轮压力角

对于圆柱齿轮来说，其压力角等于加工刀具的压力角，但对于端曲面齿轮来说则有所不同，因此，需要具体讨论端曲面齿轮副的压力角问题。

如图 4.31 所示，非圆齿轮转过 θ_1 角度时，非圆齿轮的节曲线 a 与端曲面齿轮节曲线 b 在 P 点处相切，非圆齿轮的齿廓 1、端曲面齿轮的齿廓 2 和加工刀具的齿廓 3 在 P 点啮合，由齿轮压力角的定义可知，α_u 为加工刀具的压力角，端曲面齿轮的压力角 α_m 是端曲面齿轮在 P 点处的绝对速度 v_p 与其齿廓法向量 F 之间的锐角，由图 4.31 可知：

$$\alpha_m = \alpha_u - \mu_2 \tag{4.40}$$

由图 4.31 可知，$\mu_2 = \mu - \pi/2$，从而有

$$\alpha_m = \alpha_u + \frac{\pi}{2} - \mu \tag{4.41}$$

由于 μ 是 θ_1 的函数，根据式（3.2）可知，端曲面齿轮副每点的压力角都不相同。

取 $z_1 = \{25, 26, 27, 28\}$，$m = 3\text{mm}$，$k = 0.1$，$n_1 = \{1, 2, 3, 4\}$，$n_2 = 4$，$\alpha_u = 20°$时，端曲面齿轮副的压力角分别如图 4.32 所示。

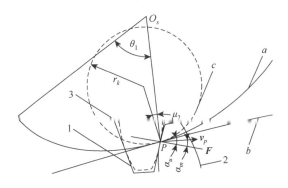

图 4.31　端曲面齿轮副压力角

1-非圆齿轮的齿廓；2-端曲面齿轮的齿廓；3-加工刀具的齿廓；a-非圆齿轮的节曲线；b-端曲面齿轮的节曲线；
c-圆柱齿轮的节曲线

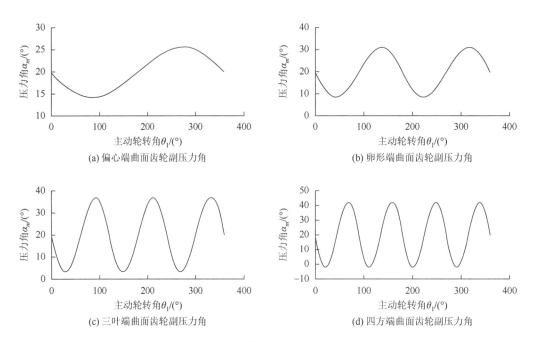

图 4.32　端曲面齿轮副的压力角

当压力角 α_m 增大时，传递同样的扭矩所需要的作用力也会增大，从而作用在轴承处的载荷也相应增大，压力角 α_m 过大时，甚至可能出现齿轮副自锁现象；为了避免这一现象，要求压力角 α_m 的最大值不超过 65°，所以分析端曲面齿轮副传动过程中压力角变化规律是十分有必要的。

1）偏心率对压力角的影响

为了研究非圆齿轮偏心率 k 对端曲面齿轮副压力角 α_m 的影响，固定其他的参数不变，分别取不同的偏心率 k 值，做出端曲面齿轮副的压力角曲线，探讨端曲面齿轮副压力角曲线的变化趋势，得出压力角的变化规律。

取非圆齿轮的齿数 $z_1 = 26$，模数 $m = 3\text{mm}$，偏心率 $k = 0.1$、0.2、0.3，非圆齿轮的阶

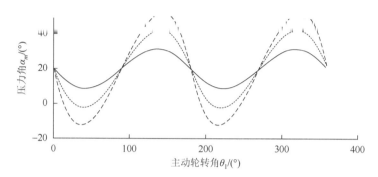

图 4.33　偏心率 k 对端曲面齿轮副压力角的影响

由图 4.33 可知，随着非圆齿轮偏心率 k 的增大，端曲面齿轮副的压力角波动范围扩大，其最小值会减小，最大值会增大，而其变化周期没有改变，因为齿轮副的压力角增大，会造成轴承处的载荷也相应地增大，并且有可能出现自锁现象，所以在实际传动中，在满足传动要求的条件下，应该尽量选用偏心率较小的非圆齿轮。

2）阶数对压力角的影响

为了研究阶数 n_1 对端曲面齿轮副压力角 α_m 的影响，由于阶数 n_1 取值对非圆齿轮的齿数有影响，研究阶数 n_1 对端曲面齿轮副压力角的影响时，先根据阶数 n_1 确定对应的非圆齿轮齿数 z_1，再固定其他参数不变，做出不同阶数 n_1 下端曲面齿轮副压力角曲线，探讨端曲面齿轮副压力角曲线的变化趋势，得出压力角的变化规律。

非圆齿轮的齿数 z_1 分别取 25、26、27，模数 $m = 3\text{mm}$，偏心率 $k = 0.1$，非圆齿轮的阶数 n_1 分别取 1、2、3，端曲面齿轮的阶数 $n_2 = 4$，刀具压力角 $\alpha_u = 20°$ 时，端曲面齿轮副的压力角如图 4.34 所示。

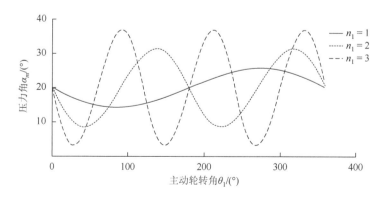

图 4.34　阶数 n_1 对端曲面齿轮副压力角的影响

由图 4.34 可知，随着非圆齿轮阶数 n_1 的增大，端曲面齿轮副的压力角波动范围扩大，其最小值会减小，最大值会增大，而且其变化周期变短，同理这也会造成轴承处的载荷相应地增大，并且压力角的周期变短，会造成传动中轴承脉动应力增加，所以在实际传动中，在满足传动要求的条件下，应该尽量选用阶数较小的非圆齿轮。

2. 斜齿端曲面齿轮副压力角分析

根据斜齿端曲面齿轮副的啮合情况，可得斜齿端曲面齿轮压力角，如图 4.35 所示。

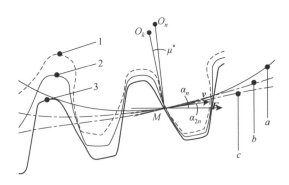

图 4.35　斜齿端曲面齿轮压力角分析

从图 4.35 中可得，齿廓 1、2、3 分别代表展成过程中产形轮齿廓、斜齿非圆齿轮齿廓以及斜齿端曲面齿轮齿廓，且 M 点为啮合点。O_k 和 O_n 分别表示产形轮和斜齿非圆齿轮的转轴中心，μ^* 为两中心同啮合点连线之间的夹角。a、b、c 分别表示产形轮、斜齿非圆齿轮以及斜齿端曲面齿轮节曲线。F 表示斜齿端曲面齿轮副受力方向，v 表示其绝对速度的方向，即 α_{2n} 为斜齿端曲面齿轮副在节曲线处的法面压力角。α_n 为产形轮法面压力角。

由图 4.35 可知，斜齿端曲面齿轮节曲线压力角为

$$\alpha_{2n} = \alpha_n - \mu^* \tag{4.42}$$

结合产形轮展成轨迹可知，$\mu^* = \mu - \pi/2$。

将 μ^* 同式（4.42）联立，从而斜齿端曲面齿轮在节曲线上的压力角为

$$\alpha_{2n} = \alpha_n - \mu + \pi/2 \tag{4.43}$$

根据 3.1 节中 μ 的解释可知，μ 是斜齿非圆齿轮转角 θ_1 的函数，故斜齿端曲面齿轮节曲线上压力角也随着 θ_1 的变化而变化。

结合斜齿端曲面齿轮副的传动特点，通过计算传动过程中压力角的变化，采用的斜齿非圆齿轮及产形轮参数如表 4.1 所示，得到的结果如图 4.36 所示。

表 4.1　压力角计算中齿轮参数

参数	值
螺旋角	$\beta = 10°$
斜齿非圆齿轮齿数	$z_1 = 18$
斜齿非圆齿轮法面模数	$m_n = 4\text{mm}$

斜齿非圆齿轮阶数	取一 1,2
产形轮法面压力角	$\alpha_n = 20°$
产形轮齿数	$z_h = 12$

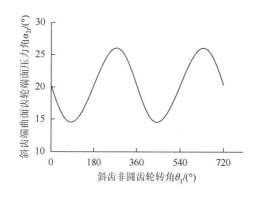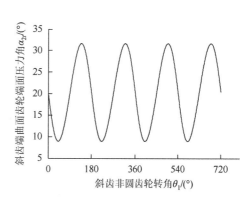

图 4.36　斜齿端曲面齿轮端面压力角

由图 4.36 可知，斜齿端曲面齿轮端面压力角随着斜齿非圆齿轮转角变化而时刻变化，且存在一定周期性，并同斜齿非圆齿轮阶数 n_1 相关。在设计过程中，应该保证斜齿端曲面齿轮法面压力角 $\alpha_{2n} \leqslant (40° \sim 50°)$。

1）螺旋角对压力角的影响

由于斜齿端曲面齿轮副相较于直齿端曲面齿轮副存在螺旋角 β，其压力角也随螺旋角的变化而变化，采用表 4.2 中的数据，并结合设计分析压力角曲线，结果如图 4.37 所示。

表 4.2　斜齿端曲面齿轮副计算参数（1）

参数	值
螺旋角	$\beta = 0°, 8°, 10°, 15°, 20°$
斜齿非圆齿轮阶数	$n_1 = 2$
斜齿非圆齿轮齿数	$z_1 = 18$
斜齿非圆齿轮法面模数	$m_n = 4\text{mm}$
斜齿非圆齿轮偏心率	$k = 0.1$
斜齿端曲面齿轮阶数	$n_2 = 2$

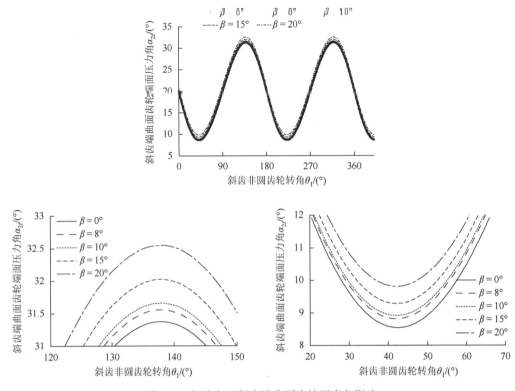

图 4.37　螺旋角对斜齿端曲面齿轮压力角影响

从图 4.37 中可以看出，在转角一定的情况下，斜齿端曲面齿轮端面压力角随着螺旋角 β 变大而变大，呈正相关趋势，即压力角的最大值增大，最小值减小，但其变化周期不变。由于轮齿压力角的增大，齿面接触正应力和工作剪应力均减小，对提高齿轮强度和防止齿面点蚀极为有利；减小压力角可使重合度增大，且能增大齿厚，减小轮齿变尖的可能，故在斜齿端曲面齿轮副设计过程中，可以通过合理选择螺旋角来达到设计压力角的目的。

2）偏心率对压力角的影响

偏心率 k 是斜齿非圆齿轮设计中的基本参数，其直接影响斜齿非圆齿轮副的节曲线方程，因此也间接影响斜齿端曲面齿轮的压力角。采用表 4.3 中的参数计算压力角曲线，结果如图 4.38 所示。

表 4.3　斜齿端曲面齿轮副计算参数（2）

参数	值
螺旋角	$\beta = 10°$
斜齿非圆齿轮阶数	$n_1 = 2$
斜齿非圆齿轮齿数	$z_1 = 18$
斜齿非圆齿轮法面模数	$m_n = 4\text{mm}$
斜齿非圆齿轮偏心率	$k = 0.05, 0.1, 0.15$
斜齿端曲面齿轮阶数	$n_2 = 2$

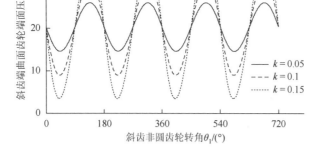

k = 0.05
k = 0.1
k = 0.15

斜齿非圆齿轮转角θ_1/(°)

图 4.38 偏心率对斜齿端曲面齿轮副压力角影响

从图 4.38 可知，斜齿端曲面齿轮端面压力角随着斜齿非圆齿轮偏心率的变大而变大，呈正相关趋势，其压力角的最大值增大，最小值减小，但平均压力角不变，且变化周期保持不变。由于偏心率会影响斜齿非圆齿轮的节曲线，偏心率过大，其节曲线的最小曲率半径变小，最终影响斜齿端曲面齿轮副的传动平稳性。故在设计过程中，不应选择过大的偏心率。

4.3.2 时变重合度分析

端曲面齿轮副传动过程中，端曲面齿轮副实现点接触传动，在其啮合时，总是非圆齿轮的齿根齿端曲面齿轮的齿顶处进入啮合，非圆齿轮的齿顶与端曲面齿轮的齿根处退出啮合，且接触点在非圆齿轮节曲线所在截面内，因此可利用机械设计的反转原理，将齿轮副的节曲线与齿顶曲线展开到非圆齿轮节曲线端面所在的固定坐标系中，即将从端曲面齿轮副传动转换成非圆齿轮齿条传动，具体形式如图 4.39 所示。

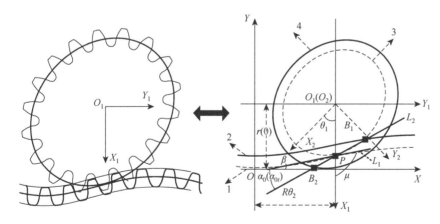

图 4.39 齿轮副的齿轮齿条展开形式

1-端曲面齿轮展开节曲线；2-端曲面齿轮展开齿顶曲线；3-非圆齿轮节曲线；4-非圆齿轮齿顶曲线

如图 4.39 所示：平面坐标系 $O\text{-}XY$ 为面齿轮节曲线展开后的固定坐标系，坐标系 $O_1\text{-}X_1Y_1$ 为固定在非圆齿轮的转动中心上的固定坐标系，非圆齿轮的转动中心在坐标系 $O\text{-}XY$ 的位置为 $(R\theta_2, r(0))$，坐标系 $O_2\text{-}X_2Y_2$ 为非圆齿轮的随动坐标系，O_1 与 O_2 重合。P 点为非圆齿轮与端曲面齿轮节曲线的啮合点，P 点的坐标为 $(R\theta_2, r(0) - r(\theta_1))$，曲线 3 和 4 分别为非圆齿轮的节曲线和齿顶曲线，直线 L_1 为在 P 点处非圆齿轮节曲线与端曲面齿轮节曲线的公切线，直线 L_2 为非圆齿轮与端曲面齿轮齿廓啮合点与 P 点所连线段所在的直线，即瞬时啮合线，且直线 L_1 与直线 L_2 之间的夹角为齿轮刀具的压力角 $\alpha_0(\alpha_{0t})$。直线 L_2 与端曲面齿轮的齿顶曲线和非圆齿轮的齿顶曲线分别相交于点 B_1、点 B_2，则线段 $\overline{B_1B_2}$ 为此瞬时的啮合线段，则端曲面齿轮副在 P 点处的重合度 ε_p 为

$$\begin{cases} \text{直齿：} \varepsilon_p = \dfrac{\overline{B_1B_2}}{P_n} \\[4mm] \text{斜齿：} \varepsilon_p = \dfrac{\overline{B_1B_2}}{P_t} + \dfrac{B\tan\beta}{\pi m_t} \end{cases} \tag{4.44}$$

端曲面齿轮副与齿轮刀具的法向齿距关系如图 4.40 所示，则端曲面齿轮的法向齿距 P_n 为

$$\begin{cases} \text{直齿：} P_n = \pi m\cos(\alpha_0) \\[2mm] \text{斜齿：} P_t = \pi m_t \cos(\alpha_{0t}) \end{cases} \tag{4.45}$$

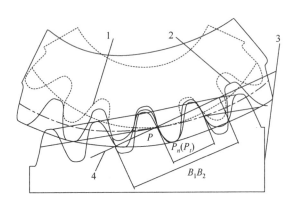

图 4.40　齿轮副的法向齿距

1-虚拟齿轮刀具；2-非圆齿轮；3-端曲面齿轮；4-瞬时啮合线

如图 4.40 所示，在固定坐标系 $O\text{-}XY$ 中将端曲面齿轮齿顶曲线展开，端曲面齿轮齿顶曲线在平面坐标系 $O\text{-}XY$ 中表示为

$$\begin{cases} x = R\theta_2' - r_2'\sin\lambda_2' = \displaystyle\int_0^{\theta_1'} r(\theta)\mathrm{d}\theta - r_2'\sin\lambda_2' \\[3mm] y = r(0) - r_2'\cos\lambda_2' \end{cases} \tag{4.46}$$

式中，θ_1'、θ_2'、r_2'、λ_2' 的计算与 θ_1、θ_2、r_2、λ_2 相同，仅用极角 θ_1' 代替转角 θ_1，$\theta_1' \in [0, 2\pi]$。

在图 4.39 中直线 L_1 与 X 轴的夹角为 β，直线 L_2 与直线 L_1 之间的夹角为 $\alpha_0(\alpha_{0t})$，则直线 L_2 与 X 轴的夹角为（$\beta+\alpha_0$）或（$\beta+\alpha_{0t}$），由图 4.39 可知 β 的表达式为

$$\beta = \arctan(r(\theta_1)/r'(\theta_1)) - \frac{\pi}{2} \tag{4.47}$$

因此，根据微分几何中关于直线的相关理论，直线 L_2 在固定坐标系 $O\text{-}XY$ 中表示为

$$\begin{cases} \text{直齿：} y_{L2} - (r(0) - r(\theta_1)) = \tan(\beta + \alpha_0)(x_{L2} - R\theta_2) \\ \text{斜齿：} y_{L2} - (r(0) - r(\theta_1)) = \tan(\beta + \alpha_{0t})(x_{L2} - R\theta_2) \end{cases} \tag{4.48}$$

结合式（4.47）和式（4.48），端曲面齿轮副的啮入点为直线 L_2 与端曲面齿轮的齿顶曲线的交点 B_1，其坐标可表示为

$$\begin{cases} \text{直齿：} \begin{cases} y_{B_1} - (r(0) - r(\theta_1)) = \tan(\beta + \alpha_0)(x_{B_1} - R\theta_2) \\ x_{B_1} = \int_0^{\theta_1'} r(\theta)\mathrm{d}\theta - r_2'\sin\lambda_2' \\ y_{B_1} = r(0) - r_2'\cos\lambda_2' \end{cases} \\ \text{斜齿：} \begin{cases} y_{B_1} - (r(0) - r(\theta_1)) = \tan(\beta + \alpha_{0t})(x_{B_1} - R\theta_2) \\ x_{B_1} = \int_0^{\theta_1'} r(\theta)\mathrm{d}\theta - r_2'\sin\lambda_2' \\ y_{B_1} = r(0) - r_2'\cos\lambda_2' \end{cases} \end{cases} \tag{4.49}$$

端曲面齿轮副的啮出点为直线 L_2 与非圆齿轮的齿顶曲线的交点 B_2，其坐标可表示为

$$\begin{cases} \text{直齿：} \begin{cases} y_{B_2} - (r(0) - r(\theta_1)) = \tan(\beta + \alpha_0)(x_{B_2} - R\theta_2) \\ x_{B_2} = r\sin(\theta + \lambda - \theta_1) + R\theta_2 \\ y_{B_2} = -r\cos(\theta + \lambda - \theta_1) + r(0) \end{cases} \\ \text{斜齿：} \begin{cases} y_{B_2} - (r(0) - r(\theta_1)) = \tan(\beta + \alpha_{0t})(x_{B_1} - R\theta_2) \\ x_{B_2} = r\sin(\theta + \lambda - \theta_1) + R\theta_2 \\ y_{B_2} = -r\cos(\theta + \lambda - \theta_1) + r(0) \end{cases} \end{cases} \tag{4.50}$$

通过式（4.49）和式（4.50）可以求得 B_1、B_2 的坐标 $(x_{B_1}(\theta_1), y_{B_1}(\theta_1))$、$(x_{B_2}(\theta_1), y_{B_2}(\theta_1))$。根据式（4.47），端曲面齿轮副在非圆齿轮转角为 θ_1 时的重合度为

$$\begin{cases} \text{直齿：} \varepsilon(\theta_1) = \dfrac{\sqrt{(x_{B_1}(\theta_1) - x_{B_2}(\theta_1))^2 + (y_{B_1}(\theta_1) - y_{B_2}(\theta_1))^2}}{\pi m \cos\alpha_0} \\ \text{斜齿：} \varepsilon(\theta_1) = \dfrac{\sqrt{(x_{B_1}(\theta_1) - x_{B_2}(\theta_1))^2 + (y_{B_1}(\theta_1) - y_{B_2}(\theta_1))^2}}{\pi m_t \cos\alpha_{0t}} + \dfrac{B\tan\beta}{\pi m_t} \end{cases} \tag{4.51}$$

根据式（4.51），端曲面齿轮副的平均重合度 ε 为

$$\varepsilon = \int_0^{\frac{2\pi}{n_1}} \varepsilon(\theta_1)\mathrm{d}\theta_1 \tag{4.52}$$

1. 齿轮刀具参数对重合度的影响

由式（4.51）可知，齿轮刀具的模数 $m(m_t)$、压力角 $\alpha_0(\alpha_{0t})$、齿顶高系数 $h_a^*(h_{at}^*)$ 对

齿轮副的重合度有影响。现取非圆齿轮的偏心率 $k = 0.1$，阶数 $n_1 = 2$，齿数 $z_1 = 18$，端曲面齿轮的阶数 $n_2 = 4$。固定齿轮刀具的其他参数，改变另外一个参数即可研究该参数对齿轮副重合度的影响。齿轮刀具各参数取值如表 4.4 和表 4.5 所示。

表 4.4　直齿齿轮刀具基本参数表

研究内容	α_0 / (°)	m/mm	h_a^*
压力角对重合度的影响	18，20，22.5	4	1
模数对重合度的影响	20	2，3，4	1
齿顶系数对重合度的影响	20	4	0.8，0.9，1

表 4.5　斜齿齿轮刀具基本参数表

研究内容	α_{0t} / (°)	m_t/mm	h_{at}^*	β /(°)
压力角对重合度的影响	18，20，22，24	4	1	10
模数对重合度的影响	20	2，3，4，5	1	10
齿顶系数对重合度的影响	20	4	0.8，0.9，1，1.1	10
螺旋角对重合度的影响	20	4	1	0，5，10，15，20

结合式（4.49）～式（4.52），编程计算出齿轮刀具的模数 $m(m_t)$、压力角 $\alpha_0(\alpha_{0t})$、齿顶高系数 $h_a^*(h_{at}^*)$，螺旋角 β 取表 4.5 中各值时的重合度，齿轮副重合度在一个周期内的变化规律如图 4.41 所示。

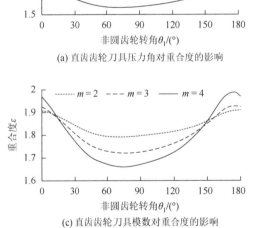

(a) 直齿齿轮刀具压力角对重合度的影响

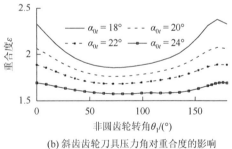

(b) 斜齿齿轮刀具压力角对重合度的影响

(c) 直齿齿轮刀具模数对重合度的影响

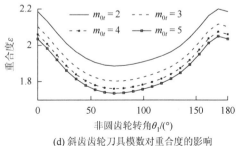

(d) 斜齿齿轮刀具模数对重合度的影响

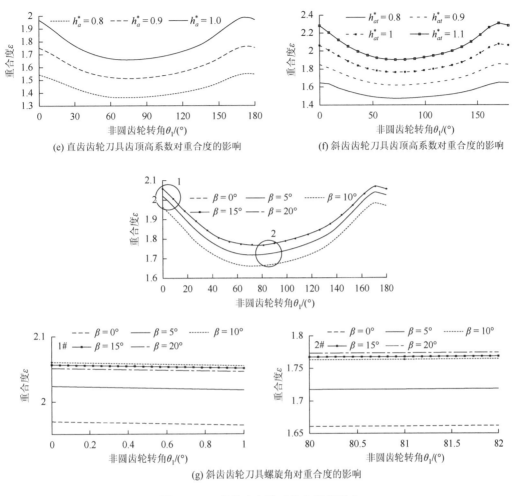

(e) 直齿齿轮刀具齿顶高系数对重合度的影响　　　(f) 斜齿齿轮刀具齿顶高系数对重合度的影响

(g) 斜齿齿轮刀具螺旋角对重合度的影响

图 4.41　刀具基本参数对重合度的影响

　　由图 4.41（a）和（b）可知：齿轮副的重合度随着齿轮刀具的压力角的增大而减小，对于直齿齿轮刀具，不同压力角 {18°, 20°, 22.5°} 对应的平均重合度为 {1.932, 1.777, 1.636}，对于斜齿齿轮刀具，斜齿端曲面齿轮副的重合度更大。由此可知，当需要增大齿轮副的重合度时，可以适当减小齿轮刀具的压力角。

　　由图 4.41（c）和（d）可知：对于直齿齿轮刀具，齿轮副的最大重合度随着齿轮刀具的模数的增大而增大，最小重合度随着齿轮刀具的模数的增大而减小；对于斜齿齿轮刀具，齿轮副的重合度随着齿轮刀具的模数的增大而减小。不同模数 {2, 3, 4} 对应的平均重合度为 {1.835, 1.799, 1.777}。由此可知，当需要增大齿轮副的重合度时，可以适当减小齿轮刀具的模数。

　　由图 4.41（e）和（f）可知：齿轮副的重合度随着齿轮刀具的齿顶高系数的增大而增大，不同齿顶高系数 {0.8, 0.9, 1.0} 对应的平均重合度为 {1.435, 1.606, 1.777}。因此在工程应用中，可以适当增加齿轮副的齿顶高，从而使齿轮副获得更大的重合度，提高齿轮副的传动质量。

　　由图 4.41（g）可知：随着 β 角的增加，斜齿非圆齿轮的重合度也增加，但当 $\beta \geqslant 10°$ 以后，斜齿非圆齿轮的重合度增加比较缓慢；在初始位置附近，当 $\beta \geqslant 10°$ 时，重合度随

着 β 角的增加相应减小；在 $\theta_1 = 90°$ 位置附近，当 $\beta \geq 10°$ 时，重合度随着 β 角的增加相应增加。因此，可得当 $\beta \in [10°, 20°]$ 时，斜齿端曲面齿轮副重合度最为合适。

2. 直（斜）齿非圆齿轮参数对重合度的影响

非圆齿轮的基本参数包括偏心率 k、阶数 n_1、齿数 z_1，其中，齿轮刀具模数 $m(m_t) = 4\text{mm}$、压力角 $\alpha_0(\alpha_{0t}) = 20°$、齿顶高系数 $h_a^*(h_{at}^*) = 1$，端曲面齿轮的阶数 $n_2 = 4$。当加工非圆齿轮的齿轮刀具的模数确定时，非圆齿轮的齿数变化反映在非圆齿轮节曲线的长半轴 a 变化上。其长半轴 a 须满足：

$$\begin{cases} \text{直齿：} \int_0^{2\pi} \sqrt{r(\theta_1)^2 + r'(\theta_1)^2}\, \mathrm{d}\theta_1 = mz_1 \\ \text{斜齿：} \int_0^{2\pi} \sqrt{r(\theta_1)^2 + r'(\theta_1)^2}\, \mathrm{d}\theta_1 = m_t z_1 \end{cases} \tag{4.53}$$

固定非圆齿轮的其中两个参数，改变另外一个参数即可研究该参数对齿轮副重合度的影响。非圆齿轮的各参数的取值如表 4.6 和表 4.7 所示。

表 4.6　直齿非圆齿轮基本参数表

研究内容	k	n_1	z_1
k 对重合度的影响	0.05，0.075，0.1	2	18
n_1 对重合度的影响	0.1	2，3，4	18
z_1 对重合度的影响	0.1	2	18，20，22

表 4.7　斜齿非圆齿轮基本参数表

研究内容	k	n_1	z_1
k 对重合度的影响	0.09，0.1，0.11，0.12	2	18
n_1 对重合度的影响	0.1	2，3，4，5	18
z_1 对重合度的影响	0.1	2	16，18，20，22

结合式（4.51）和式（4.53），基于表 4.6 和表 4.7 中的基本参数，得到齿轮副的重合度的规律，如图 4.42 所示。

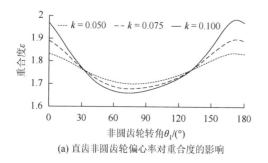

(a) 直齿非圆齿轮偏心率对重合度的影响

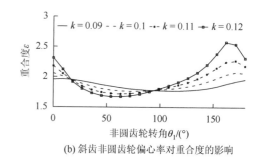

(b) 斜齿非圆齿轮偏心率对重合度的影响

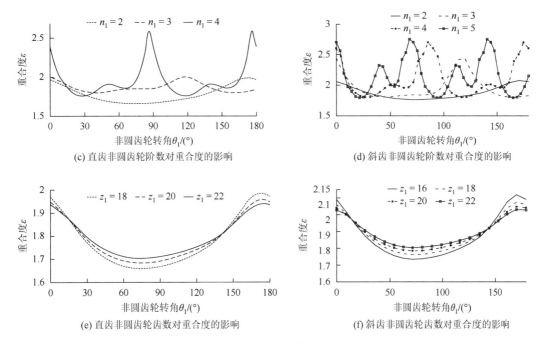

图 4.42　非圆齿轮基本参数对重合度的影响

由图 4.42（a）和（b）可知：随着非圆齿轮偏心率 k 的增加，端曲面齿轮副的最大重合度变大，最小重合度变小。不同偏心率 $\{0.050, 0.075, 0.100\}$ 对应的平均重合度为 $\{1.759,$ $1.766, 1.777\}$。

由图 4.42（c）和（d）可知：随着非圆齿轮阶数 n_1 的增加，端曲面齿轮副的最大重合度变大，且重合度的变化周期为 $2\pi / n_1$。不同非圆齿轮阶数 $\{2, 3, 4\}$ 对应的平均重合度为 $\{1.777, 1.865, 1.954\}$。

由图 4.42（e）和（f）可知：随着非圆齿轮齿数 z_1 的增加，端曲面齿轮副的最大重合度变小，最小重合度变大，但变化很小，不同非圆齿轮齿数 $\{18, 20, 22\}$ 对应的平均重合度为 $\{1.777, 1.784, 1.792\}$。

当确定了加工刀具与非圆齿轮的基本参数时，再确定端曲面齿轮的阶数，则端曲面齿轮唯一确定，即端曲面齿轮的基本参数中，唯一可能影响齿轮副重合度的基本参数为其阶数 n_2，由式（4.49）～式（4.52）得出端曲面齿轮的阶数 n_2 对齿轮副的重合度没有影响。

4.4　端曲面齿轮传动时变接触特性

4.4.1　点接触齿面方程与啮合方程

点接触端曲面齿轮副中的非圆齿轮的齿廓由齿轮刀具通过内包络形成，且齿轮副在啮合传动时，齿轮刀具与非圆齿轮均顺时针转动。其中，非圆齿轮与齿轮刀具的位置关系及其转动角度关系如图 4.43 所示。

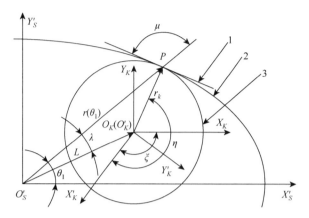

图 4.43　非圆齿轮与齿轮刀具位置关系

1-节点 P 处的切线；2-非圆齿轮节曲线；3-齿轮刀具节曲线

如图 4.43 所示，$O_K\text{-}X_KY_KZ_K$ 为齿轮刀具的固定坐标系，其固连在齿轮刀具的机架上，$O'_K\text{-}X'_KY'_KZ'_K$ 为齿轮刀具的随动坐标系，其固连在齿轮刀具上，$O'_S\text{-}X'_SY'_SZ'_S$ 为非圆齿轮的随动坐标系，其固定在非圆齿轮上。

根据空间坐标变换原理，齿轮刀具的随动坐标系到非圆齿轮的随动坐标系的坐标变换方程为

$$\boldsymbol{M}_{S',K'} = \begin{bmatrix} \cos\xi & \sin\xi & 0 & L\cos(\theta_1 - \lambda) \\ -\sin\xi & \cos\xi & 0 & L\sin(\theta_1 - \lambda) \\ 0 & 0 & 1 & 0 \\ 0 & 0 & 0 & 1 \end{bmatrix} \tag{4.54}$$

式中，$L = \sqrt{r^2(\theta_1) + r_k^2 - 2r_k r(\theta_1)\sin\mu}$；$\lambda = \arccos[L^2 + r^2(\theta_1) - r_k^2 / 2Lr(\theta_1)]$，$\mu = \arctan[r(\theta) / r'(\theta)]$，$r'(\theta) = \mathrm{d}r(\theta) / \mathrm{d}\theta$；$\xi = \dfrac{\pi}{2} + \eta - \theta_1 - \mu$。

非圆齿轮的随动坐标系到其静坐标系的坐标变换方程为

$$\boldsymbol{M}_{S,S'} = \begin{bmatrix} \cos\theta_1 & \sin\theta_1 & 0 & 0 \\ -\sin\theta_1 & \cos\theta_1 & 0 & 0 \\ 0 & 0 & 1 & 0 \\ 0 & 0 & 0 & 1 \end{bmatrix} \tag{4.55}$$

考虑端曲面齿轮副在传动过程是非圆齿轮的左齿面 Σ_2 与端曲面齿轮的右齿面 Σ_3 相啮合，则需推导非圆齿轮的左齿面与端曲面齿轮的右齿面。如图 4.44 所示，在齿轮刀具的随动坐标系 $O'_K\text{-}X'_KY'_KZ'_K$ 中齿轮刀具第 n_i 个齿的左齿廓 Σ_1 上 K 点的方程[2]为

$$\boldsymbol{r}_{\Sigma_1}^{(K)}(u_k, \theta_k) = \begin{bmatrix} r_{bk}[\cos(\theta_{ok} + \theta_k) + \theta_k \sin(\theta_{ok} + \theta_k)] \\ r_{bk}[\sin(\theta_{ok} + \theta_k) - \theta_k \cos(\theta_{ok} + \theta_k)] \\ u_k \\ 1 \end{bmatrix} \tag{4.56}$$

式中，$\theta_{ok} = (4n_i - 3)\pi / 2z_k - \mathrm{inv}\,\alpha_0$，$\theta_k \subseteq [0, \sqrt{(mz_k/2 + h_a^* m)^2 - r_{bk}^2}/r_{bk}]$，$r_{bk} = r_k \cos\alpha_0$，$\alpha_0$ 为齿轮刀具的压力角；u_k 为标记齿面沿 z 轴方向变化的变量。

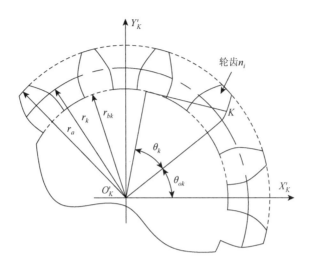

图 4.44　齿轮刀具齿面表示

根据啮合理论及空间坐标变换原理，非圆齿轮的工作齿面方程在其随动坐标系 $O_S' \text{-} X_S' Y_S' Z_S'$ 中可表示为

$$
\boldsymbol{r}_{\Sigma_2}^{(S')}(\theta_k, \theta_1) = \begin{bmatrix} r_{bk}[\cos(\xi - \theta_k - \theta_{ok}) - \theta_k \sin(\xi - \theta_k - \theta_{ok})] + L\cos(\theta_1 - \lambda) \\ -r_{bk}[\sin(\xi - \theta_k - \theta_{ok}) + \theta_k \cos(\xi - \theta_k - \theta_{ok})] + L\sin(\theta_1 - \lambda) \\ u_k \end{bmatrix}
\tag{4.57}
$$

式中，u_k 由齿轮刀具与点接触端曲面齿轮副的啮合方程推导而来。

在加工过程中，齿轮刀具与点接触端曲面齿轮副的啮合方程可表示如下：

$$
f(u_k, \theta_k, \theta_1) = \boldsymbol{N}^{(S)} \cdot \boldsymbol{v}_{13}^{(S)} = 0
\tag{4.58}
$$

式中，$\boldsymbol{N}^{(S)}$ 为坐标系 S 中插齿刀齿面 Σ_1 的法线；$\boldsymbol{v}_{13}^{(S)}$ 为坐标系 S 中插齿刀齿面 Σ_1 与端曲面齿轮齿面 Σ_3 的相对速度。

根据齿轮齿面的形成原理，点接触端曲面齿轮的齿面方程可表示如下：

$$
\begin{cases} \boldsymbol{r}_{\Sigma_2}^{(f')}(\theta_k, \theta_1, u_k) = M_{f',S} \boldsymbol{r}_{\Sigma_2}^{(S')}(\theta_k, \theta_1, u_k) \\ f(u_k, \theta_k, \theta_1) = 0 \end{cases}
\tag{4.59}
$$

化简式（4.59）可得端曲面齿轮的工作齿面方程[1]在其随动坐标系 $O_f' \text{-} X_f' Y_f' Z_f'$ 中可表示为

$$\boldsymbol{r}_{\Sigma_3}^{(f')}(\theta_k,\theta_1) =$$

$$\begin{bmatrix} L\cos\lambda\cos\theta_2 - \dfrac{r_{bk}+L\cos(\phi_s-\lambda)}{i_{21}\cos\phi_s}\cos\theta_2 + r_{bk}\cos\theta_2(\cos\phi_s+\theta_k\sin\phi_s) \\[2mm] -L\sin\lambda\cos\theta_2 + \dfrac{r_{bk}+L\cos(\phi_s-\lambda)}{i_{21}\cos\phi_s}\sin\theta_2 - r_{bk}\cos\theta_2(\sin\phi_s+\theta_k\cos\phi_s) \\[2mm] r(0)-L\cos\lambda - r_{bk}(\cos\phi_s-\theta_k\sin\phi_s) \end{bmatrix} \tag{4.60}$$

式中，$\phi_s = \xi + \theta_1 - \theta_k - \theta_{ok}$。

由齿廓啮合基本原理[2]，齿轮副的啮合点处的法线经过此时齿轮副的节点，则在端曲面齿轮副传动过程中，啮合点 M 及其法线 $\overline{MP}$ 与节点 P 的相互关系如图 4.45 所示。

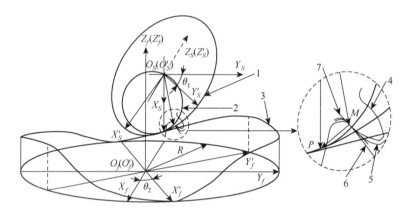

图 4.45　点接触端曲面齿轮啮合点原理图

1-非圆齿轮节曲线；2-齿轮刀具节曲线；3-端曲面齿轮节曲线；4-齿轮刀具的齿形；5-非圆齿轮的齿形；
6-端曲面齿轮的齿形；7-齿轮副在非圆齿轮节曲线平面内啮合点处的切线

当非圆齿轮与渐开线圆柱齿轮刀具内啮合时，在接触点处有相同的法线矢量。齿轮刀具与非圆齿轮内啮合时的接触情况可当成平面问题处理，即接触线可由端截面上的啮合点沿 Z 轴方向延伸得到。

由图 4.45 可知，刀具随动坐标系到非圆齿轮静坐标系的坐标变换方程为

$$\boldsymbol{M}_{S,K'} = \boldsymbol{M}_{S,S'}\boldsymbol{M}_{S',K'} = \begin{bmatrix} \cos(\xi+\theta_1) & \sin(\xi+\theta_1) & 0 & L\cos\lambda \\ -\sin(\xi+\theta_1) & \cos(\xi+\theta_1) & 0 & -L\sin\lambda \\ 0 & 0 & 1 & 0 \\ 0 & 0 & 0 & 1 \end{bmatrix} \tag{4.61}$$

则插齿刀齿面 Σ_1 在非圆齿轮的固定坐标系中表示为

$$\boldsymbol{r}_{\Sigma_1}^{(O_S)} = \boldsymbol{M}_{S,K'}\boldsymbol{r}_{\Sigma_1}^{(K)}$$

$$= \begin{bmatrix} \cos(\xi+\theta_1) & \sin(\xi+\theta_1) & 0 & L\cos\lambda \\ -\sin(\xi+\theta_1) & \cos(\xi+\theta_1) & 0 & -L\sin\lambda \\ 0 & 0 & 1 & 0 \\ 0 & 0 & 0 & 1 \end{bmatrix} \begin{bmatrix} r_{bk}[\cos(\theta_{ok}+\theta_k)+\theta_k\sin(\theta_{ok}+\theta_k)] \\ r_{bk}[\sin(\theta_{ok}+\theta_k)-\theta_k\cos(\theta_{ok}+\theta_k)] \\ u_k \\ 1 \end{bmatrix}$$

$$
=\begin{bmatrix} r_{bk}\cos(\xi+\theta_1-\theta_{ok}-\theta_k)-r_{bk}\theta_k\sin(\xi+\theta_1-\theta_{ok}-\theta_k)+L\cos\lambda \\ -r_{bk}\sin(\xi+\theta_1-\theta_{ok}-\theta_k)-r_{bk}\theta_k\cos(\xi+\theta_1-\theta_{ok}-\theta_k)-L\sin\lambda \\ u_k \\ 1 \end{bmatrix} \tag{4.62}
$$

刀具齿面啮合点处的法线在非圆齿轮的固定坐标系中表示为

$$
\boldsymbol{n}_{\Sigma_1}^{(O_S)}=\boldsymbol{L}_{S,K'}\boldsymbol{n}_{\Sigma_1}^{(K)}=\begin{bmatrix} \cos(\xi+\theta_1) & \sin(\xi+\theta_1) & 0 \\ -\sin(\xi+\theta_1) & \cos(\xi+\theta_1) & 0 \\ 0 & 0 & 1 \end{bmatrix}\begin{bmatrix} \sin(\theta_{ok}+\theta_k) \\ -\cos(\theta_{ok}+\theta_k) \\ 0 \end{bmatrix}
$$
$$
=\begin{bmatrix} -\sin(\xi+\theta_1-\theta_{ok}-\theta_k) \\ -\cos(\xi+\theta_1-\theta_{ok}-\theta_k) \\ 0 \end{bmatrix} \tag{4.63}
$$

式中，$\boldsymbol{L}_{S,K'}$ 为 $\boldsymbol{M}_{S,K'}$ 去掉最后一列和最后一行所得的矩阵。

齿轮副的节点 P 在非圆齿轮的固定坐标系 $O_S\text{-}X_SY_SZ_S$ 中表示为

$$
[r(\theta_1,u_k)]_{O_S}=[r(\theta_1)\ \ 0\ \ 0]^{\mathrm{T}} \tag{4.64}
$$

因此，在啮合点处有以下表达式：

$$
\boldsymbol{r}_p^{(O_S)}=\boldsymbol{r}_{\Sigma_1}^{(O_S)}+k\boldsymbol{n}_{\Sigma_1}^{(O_S)} \tag{4.65}
$$

式中，k 为齿轮刀具齿面法向方向的长度系数。

将各公式代入式（4.65）可得

$$
\frac{r_{bk}\cos(\xi+\theta_1-\theta_{ok}-\theta_k)-r_{bk}\theta_k\sin(\xi+\theta_1-\theta_{ok}-\theta_k)+L\cos\lambda-r(\theta_1)}{\sin(\xi+\theta_1-\theta_{ok}-\theta_k)}
$$
$$
=\frac{-r_{bk}\sin(\xi+\theta_1-\theta_{ok}-\theta_k)-r_{bk}\theta_k\cos(\xi+\theta_1-\theta_{ok}-\theta_k)-L\sin\lambda}{\cos(\xi+\theta_1-\theta_{ok}-\theta_k)} \tag{4.66}
$$

综合式（4.66），化简可得点接触端曲面齿轮副的齿面啮合方程为

$$
r_{bk}+L\cos(\phi_s-\lambda)-r(\theta_1)\cos\phi_s=0 \tag{4.67}
$$

由式（4.67）便可以求得刀具与圆柱齿轮啮合时，刀具所转过的角度 θ_k 与非圆齿轮的转角 θ_1 之间的关系。对于齿轮刀具上 θ_k 对应的啮合点，可以得到其啮合点处的坐标为 $(x(\theta_k),y(\theta_k))$，又当非圆齿轮与非正交面齿轮处于啮合时，啮合点处的法向必经过节点 P，即在非圆齿轮固定坐标系中啮合点处的 z 坐标与节点 P 的 z 坐标相同，则啮合点在刀具随动坐标系 $O_K'-X_K'Y_K'Z_K'$ 中表示为 $(x(\theta_k),y(\theta_k),0)$，啮合点在齿轮刀具上为过节点 P 的端面渐开线。通过坐标变换，可将非圆齿轮齿面 Σ_2 上的啮合点 M 表示为

$$
\boldsymbol{M}^{(\Sigma_2)}=\boldsymbol{M}_{S',K'}[x(\theta_k)\ \ y(\theta_k)\ \ 0]^{\mathrm{T}} \tag{4.68}
$$

在端曲面齿轮齿面 Σ_3 上的啮合点 M 表示为

$$
\boldsymbol{M}^{(\Sigma_3)}=\boldsymbol{M}_{f',K'}[x(\theta_k)\ \ y(\theta_k)\ \ 0]^{\mathrm{T}} \tag{4.69}
$$

将上述计算所得的接触点中的 θ_k 与 θ_1 代入式（4.57）、式（4.60），可得式（4.57）、式（4.60）与式（4.68）、式（4.69）两种不同方法求得的齿面接触点坐标相同。

在非圆齿轮固定坐标系中，啮合点 M 的轨迹即端曲面齿轮副的啮合线，则由式（4.68）可将非圆齿轮固定坐标系中啮合点 M 表示为

$$M^{(S)} = M_{S,K'}[x(\theta_k) \; y(\theta_k) \; 0]^T \tag{4.70}$$

4.4.2　点接触端曲面齿轮副齿面接触分析

由于端曲面齿轮及与之啮合的非圆齿轮均由同一齿轮刀具通过范成加工获得，端曲面齿轮副的参数由齿轮刀具控制，根据以上理论推导，对端曲面齿轮副进行接触分析所需的齿轮刀具与端曲面齿轮的基本参数设置如表 4.8 所示。

表 4.8　端曲面齿轮副基本参数

参数	值
齿轮刀具齿数 z_0	12
齿轮刀具模数/mm	4
齿轮刀具压力角 α_0 /(°)	20
齿轮刀具齿顶高系数 h_a^*	1
齿轮刀具齿根高系数 h_f^*	1
非圆齿轮偏心率 k	0.1
非圆齿轮齿数 z_1	18
非圆齿轮阶数 n_1	2
端曲面齿轮阶数 n_2	4
端曲面齿轮内径 R_1/mm	70
端曲面齿轮节曲线半径 R/mm	71.2853
端曲面齿轮外径 R_2/mm	83

确定端曲面齿轮副基本参数后，通过计算，端曲面齿轮副的啮合线如图 4.46 所示。

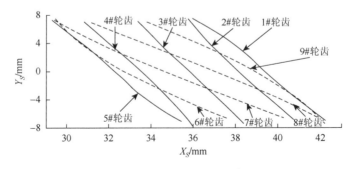

图 4.46　点接触端曲面齿轮副啮合线图

由图 4.46 可知：端曲面齿轮副的每对齿啮合时，其接触点轨迹线不相同。传统正交面齿轮副中，每对齿的接触点轨迹线呈一条直线并重合。这是由于端曲面齿轮副节曲线变化，其节点 P 在 X_S 轴上做周期性变动，这使得正交面齿轮副的每个齿的左齿面与右齿面不呈对称分布，在一个周期内齿轮副啮合传动时，每对齿的啮合情况都不相同，这就使得在一个啮合周期内，齿轮副的接触点轨迹线也不相同。

如图 4.46 所示，非圆齿轮一个周期内处于对称的两个齿的接触点轨迹线不相同。Y 坐标为正时，轮齿进入啮合，Y 坐标为负时，轮齿退出啮合，每个齿进入啮合和退出啮合时的 Y 坐标基本相同，轮齿退出啮合时的 X 坐标随着非圆齿轮的顺时针转动先减小后增大。轮齿进入啮合时，X 坐标的变化较复杂，如图 4.46 所示，1#轮齿的接触点轨迹线有转折，其刚好发生在 $\theta_1 = 0$ 处，转折上部分为 $\theta_1 < 0$，转折下部分为 $\theta_1 > 0$，1#轮齿与 2# 轮齿的接触点轨迹线在进入啮合端处有交叉，且随着非圆齿轮的顺时针转动，处于对称的两个齿中齿编号较大的一齿啮合接触点轨迹线更长，其接触点轨迹线的变化影响齿轮副的重合度，重合度具体计算如下。

由于面齿轮的啮合线近似为一条直线，为简化计算量，将啮合线当作直线处理，第 i 个齿的啮合线长度 S_i 的计算表达式为

$$S_i = \sqrt{[x(\theta_{i1}) - x(\theta_{i2})]^2 - [y(\theta_{i1}) - y(\theta_{i2})]^2} \qquad (4.71)$$

式中，$x(\theta_{i1})$、$y(\theta_{i1})$ 为齿轮副刚进入啮合时啮合点在非圆齿轮固定坐标系中的坐标；$x(\theta_{i2})$、$y(\theta_{i2})$ 为齿轮副退出啮合时啮合点在非圆齿轮固定坐标系中的坐标。

因此由重合度计算公式可得齿轮副第 i 个齿的具体重合度 ε_i 为

$$\varepsilon_i = \frac{S_i}{P_b} \qquad (4.72)$$

式中，P_b 为齿轮刀具的法向齿距，$P_b = \pi m \cos \alpha$。

由式（4.72）可计算点接触端曲面齿轮副 1#轮齿至 9#轮齿的重合度，具体如表 4.9 所示。

表 4.9　点接触端曲面齿轮副重合度

齿序号	$x(\theta_{i1})$	$y(\theta_{i1})$	$x(\theta_{i2})$	$y(\theta_{i2})$	ε_i
1	35.9645	7.5017	42.2288	−7.0946	1.3451
2	35.7635	7.4103	40.9156	−7.2853	1.3188
3	33.3761	7.0608	38.3671	−7.3711	1.2932
4	30.8546	7.0462	35.9758	−7.7666	1.3207
5	29.2875	7.2653	35.4300	−7.0945	1.3264
6	29.4577	7.3962	37.6175	−7.0843	1.4076
7	29.4054	7.1908	40.2386	−7.0352	1.5141
8	31.1999	7.1067	42.1349	−7.0133	1.5123
9	33.7415	7.0271	42.2269	−7.2348	1.4054

由表 4.9 可得，此端曲面齿轮副的重合度为 1～2，齿轮副能实现连续啮合。另外，在一个周期中处于对称的两个齿，齿编号较大的轮齿重合度较大。重合度最小的齿为 3#轮齿，重合度最大的齿为 7#轮齿。此种重合度求法中，由于将啮合线等价为直线，而实际啮合线为曲线，此方法算得的重合度比实际重合度偏小。

通过仿真加工出端曲面齿轮，求解端曲面齿轮齿面接触点方程，得到接触点坐标，将齿轮副的接触点显示在端曲面齿轮的齿面上，如图 4.47 所示。

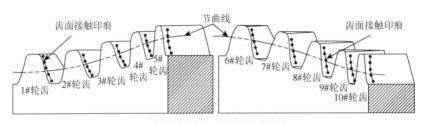

(a) 端曲面齿轮整周期齿面接触印痕

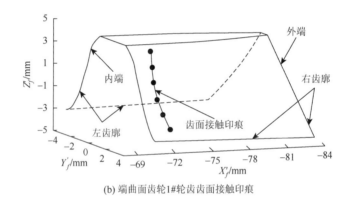

(b) 端曲面齿轮1#轮齿齿面接触印痕

图 4.47　点接触端曲面齿轮齿面接触印痕

由图 4.47（a）中的端曲面齿轮整周期的齿面接触印痕可知，端曲面齿轮副各轮齿的齿面接触印痕较为相似，为详细说明齿轮副齿面接触印痕的变化情况，以端曲面齿轮副 1#轮齿的齿面接触印痕为例做具体分析（图 4.47（b）），可得如下结论。

（1）齿面接触印痕分布在端曲面齿轮节曲线所在圆柱面附近，对于内径 $R_1 = 70$mm、外径 $R_2 = 83$mm、节曲线半径 $R = 71.2853$mm 的端曲面齿轮来说，齿面接触印痕靠近内端。

（2）由以上理论分析与图 4.47 可得齿面接触印痕经过节曲线与对应齿面的交点。

（3）由齿廓啮合基本定理及以上实例分析，可以通过改变端曲面齿轮的内、外径来控制齿面接触印痕在齿面上的位置，当齿面接触印痕靠近内端时，可以适当减小端曲面齿轮的内径，当齿面接触印痕靠近外端时，可以适当增加端曲面齿轮的外径。

（4）根据以上理论分析，在进行端曲面齿轮副设计时，可以先确定非圆齿轮的几何参数和齿轮刀具的几何参数，从而推导出端曲面齿轮副的节曲线，进而推导出端曲面齿轮副的传动比、齿面方程等传动特性与几何特性，此设计方法简单，且可控制端曲面齿轮副齿面接触印痕的位置。

4.4.3 点接触端曲面齿轮副基本参数计算

1. 法向接触力

由端曲面齿轮副的啮合运动可知，当非圆齿轮顺时针等速回转时，端曲面齿轮副上一对处于啮合传动的轮齿之间的受力如图 4.48 所示。

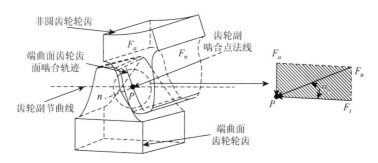

图 4.48 点接触端曲面齿轮副的受力分析

图 4.48 中，F_n 为非圆齿轮在齿面啮合点处对端曲面齿轮的法向接触力，F_n 作用在齿面接触印痕上，F_t 为齿面接触点处的圆周力，F_a 为齿面接触点处的径向力，α_n 为端曲面齿轮副在接触点处的压力角。

由于端曲面齿轮副结构的特殊性，齿轮副多应用于低速重载的工况下，因此在实际工作过程中，可以忽略端曲面齿轮副旋转加速度对齿面法向接触力的影响。得到端曲面齿轮副在齿面啮合点处的法向接触力 F_n 如下：

$$F_n = \frac{T_2}{R\cos\alpha_n} \tag{4.73}$$

2. 齿面主曲率

齿轮齿面主曲率是衡量齿轮接触质量的重要参数。曲面主曲率的大小直接影响着齿面接触区域的形状与接触应力的大小，分析齿面主曲率的变化规律对提高轮齿齿面接触强度具有重要作用。

由微分几何学可知，在曲面上任选一点，可求得在该点处的法曲率的最大值和最小值，则在该点处法曲率的极值即曲面在该点处的主曲率，两个主曲率所对应的两个相互垂直的切线方向为曲面在该点处的主方向[3]。

根据非圆齿轮的齿面方程[4]可知，非圆齿轮的齿面主曲率计算方程为

$$\begin{cases} K_1^1 = 0 \\ K_2^1 = -\dfrac{1}{\theta_k r_{bf}(\theta_1)} \end{cases} \tag{4.74}$$

式中，K_1^{I}、K_2^{I} 为非圆齿轮的两个主曲率；$r_{bf}(\theta_1)$ 为非圆齿轮的基圆半径，$r_{bf}(\theta_1) = r(\theta_1)\cos\alpha_n$。

根据点接触端曲面齿轮的齿面方程，点接触端曲面齿轮齿面的单位法线向量 $\boldsymbol{n}$ 可表示为

$$\boldsymbol{n} = \frac{\boldsymbol{r}\theta_k \times \boldsymbol{r}\theta_1}{|\boldsymbol{r}\theta_k \times \boldsymbol{r}\theta_1|} \tag{4.75}$$

式中，$\boldsymbol{r}\theta_k$ 表示点接触端曲面齿轮的齿面方程 $\boldsymbol{r}_{\Sigma_3}^{(f')}(\theta_k,\theta_1)$ 对参数 θ_k 求偏导数，其余类推。

由任意曲面第二基本齐次式[2]可知，端曲面齿轮齿面主曲率满足：

$$(EG - F^2)K^{\text{II}2} - (EN - 2FM + GL)K^{\text{II}} + (LN - M^2) = 0 \tag{4.76}$$

式中，$\begin{bmatrix} E \\ F \\ G \end{bmatrix} = \begin{bmatrix} \boldsymbol{r}\theta_k \cdot \boldsymbol{r}\theta_k \\ \boldsymbol{r}\theta_k \cdot \boldsymbol{r}\theta_1 \\ \boldsymbol{r}\theta_1 \cdot \boldsymbol{r}\theta_1 \end{bmatrix}$，$\begin{bmatrix} L \\ M \\ N \end{bmatrix} = \begin{bmatrix} \boldsymbol{n} \cdot \boldsymbol{r}\theta_k\theta_k \\ \boldsymbol{n} \cdot \boldsymbol{r}\theta_k\theta_1 \\ \boldsymbol{n} \cdot \boldsymbol{r}\theta_1\theta_1 \end{bmatrix}$，$\theta_k$ 表示齿轮刀具的渐开线展角，θ_1 表示非圆齿轮的转角。

由方程（4.76）解出的两根 K_1^{II} 和 K_2^{II} 为端曲面齿轮的两个主曲率：

$$K_{1,2}^{\text{II}} = -\frac{2MF - LG - NE}{2(EG - F^2)} \pm \sqrt{\left(\frac{2MF - LG - NE}{2(EG - F^2)}\right)^2 - \frac{LN - M^2}{(EG - F^2)}} \tag{4.77}$$

式中，K_1^{II} 和 K_2^{II} 为端曲面齿轮的两个主曲率。

当利用式（4.77）求出曲面的两个主曲率 $K_{1,2}^{\text{II}}$ 时，设系数 $\lambda^{\text{II}} = \mathrm{d}\theta_K / \mathrm{d}\theta_1$，其满足方程[2]：

$$(FL - EN)\lambda^{\text{II}2} - (EN - GL)\lambda^{\text{II}} + (MG - NF) = 0 \tag{4.78}$$

由式（4.78）可以求出两个解 λ_1^{II}、λ_2^{II}，则两个主曲率 $K_{1,2}^{\text{II}}$ 的单位方向为

$$\boldsymbol{e}_{1,2}^{\text{II}} = \frac{\boldsymbol{r}\theta_k\lambda_{1,2}^{\text{II}} + \boldsymbol{r}\theta_1}{|\boldsymbol{r}\theta_k\lambda_{1,2}^{\text{II}} + \boldsymbol{r}\theta_1|} \tag{4.79}$$

因此，端曲面齿轮副齿面啮合点处的主曲率 $K_{1,2}^{\text{II}}$ 的单位方向 $\boldsymbol{e}_{1,2}^{\text{II}}$ 如图 4.49 所示。

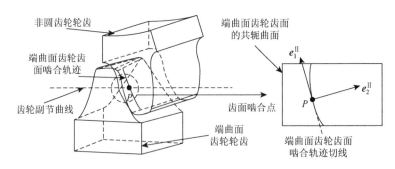

图 4.49　端曲面齿轮副主曲率单位方向

通过以上理论分析，依然采用表 3.1 中端曲面齿轮副的基本结构参数，通过计算得到点接触端曲面齿轮副齿面啮合点处的主曲率变化情况，如图 4.50 所示。

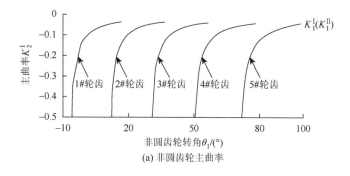

(a) 非圆齿轮主曲率

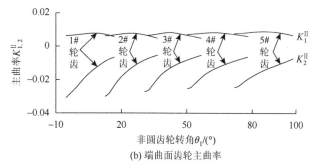

(b) 端曲面齿轮主曲率

图 4.50　齿轮副主曲率

由图 4.50（a）可得：对于非圆齿轮的半个周期内的五个轮齿而言，齿面啮合点处的主曲率 K_1^I、K_2^I 的变化趋势一致，非圆齿轮的主曲率 K_1^I 为 0，非圆齿轮的主曲率 K_2^I 为负且随着非圆齿轮转角的增大而增大。主曲率 K_2^I 的值主要受齿轮刀具的齿面参数 θ_k 的影响，在非圆齿轮轮齿齿根部位，啮合点处的齿面参数 θ_k 趋近于零，则主曲率 K_2^I 趋近于负无穷大。

由图 4.50（b）可得：对于端曲面齿轮的半个周期内的五个轮齿而言，齿面啮合点处的主曲率 K_1^{II}、K_2^{II} 的变化趋势一致，主曲率 K_1^{II} 大于零，在端曲面齿轮轮齿齿顶部分最大，在端曲面齿轮轮齿齿根部分最小，主曲率 K_2^{II} 随着 θ_1 的增大呈现增大的趋势。主曲率 K_2^{II} 小于零，在端曲面齿轮轮齿齿面中上部分最小，在端曲面齿轮轮齿齿根部分最大，主曲率 K_1^{II} 随着 θ_1 的增大而先增大后减小。

3. 点接触端曲面齿轮齿面接触椭圆

施加外载后，根据点接触赫兹理论，点接触端曲面齿轮副的轮齿接触所形成的椭圆形接触区域的长半轴曲率半径 ρ_x 和短半轴曲率半径 ρ_y 的计算公式如下：

$$\begin{cases} \rho_x(\theta_1) = \mu_0 \sqrt[3]{\dfrac{3(\tau_1 + \tau_2)}{8(K_1^I + K_2^I + K_1^{II} + K_2^{II})} F_n(\theta_1)} \\ \rho_y(\theta_1) = v_0 \sqrt[3]{\dfrac{3(\tau_1 + \tau_2)}{8(K_1^I + K_2^I + K_1^{II} + K_2^{II})} F_n(\theta_1)} \end{cases} \qquad (4.80)$$

式中，τ_1、τ_2 的值取决于材料弹性模量及弹性系数，$\tau = \dfrac{4(M^2-1)}{EM^2}$，因端曲面齿轮副由 45 钢加工而成，则此处取 $E = 206\text{GPa}$；M 为纵向延伸与横向压缩比的系数[61]，一般取为 3；μ_0、v_0 为椭圆积分函数，μ_0、v_0 的值可以由 B/A 的值来确定，其中 A、B 的计算公式如下[61]：

$$\begin{cases} A = K_1^{\mathrm{I}} - K_2^{\mathrm{I}} + K_1^{\mathrm{II}} - K_2^{\mathrm{II}} \\ B = \sqrt{(K_1^{\mathrm{I}} + K_2^{\mathrm{I}})^2 + (K_1^{\mathrm{II}} + K_2^{\mathrm{II}})^2 + 2(K_1^{\mathrm{I}} + K_2^{\mathrm{I}})(K_1^{\mathrm{II}} + K_2^{\mathrm{II}})\cos\phi_0} \end{cases} \tag{4.81}$$

式中，ϕ_0 为非圆齿轮的主方向与端曲面齿轮的主方向之间的夹角。在啮合点处，$\phi_0 = 0$。

当计算得到了接触椭圆的长、短半轴后，由微分几何中关于椭圆面积的计算公式，端曲面齿轮齿面接触椭圆面积 S 的计算表达式为

$$S = \pi\rho_x(\theta_1)\rho_y(\theta_1) \tag{4.82}$$

取表 4.9 中端曲面齿轮副与齿轮刀具的结构参数，通过计算可得端曲面齿轮各轮齿的齿面接触点处的接触椭圆长半轴曲率半径，如图 4.51 所示。

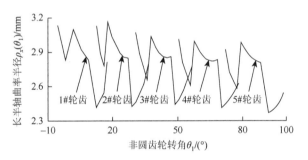

图 4.51　接触椭圆长半轴曲率半径

如图 4.51 所示，对于端曲面齿轮的半个周期内的五个轮齿而言，齿面啮合点处的接触椭圆长半轴曲率半径的变化趋势一致。端曲面齿轮齿顶进入啮合，齿根退出啮合，当不考虑因单齿啮合而引起的齿面法向接触力的突变时，端曲面齿轮齿面接触点处的接触椭圆长半轴曲率半径在由齿顶到齿根的啮合过程中先减小后增大，其在齿顶处的接触椭圆长半轴曲率半径最大，在齿面中部时达到最小值。

在实际啮合过程中，由于重合度大于 1，端曲面齿轮副存在单齿啮合与双齿啮合，如图 4.51 所示，端曲面齿轮在齿面齿顶部分与齿根部分为双齿啮合区域，在齿面中部为单齿啮合区域，由双齿啮合变为单齿啮合的过程中，轮齿齿面接触力会突然增大，因此端曲面齿轮副在齿面中部啮合的时候，接触椭圆长半轴曲率半径会因齿面接触力的突然增大而增大。

取表 4.9 中端曲面齿轮副与齿轮刀具的结构参数，计算可得端曲面齿轮齿面接触点处的接触椭圆短半轴曲率半径，如图 4.52 所示。

如图 4.52 所示，对于端曲面齿轮的半个周期内的五个轮齿而言，齿面啮合点处的接触椭圆短半轴曲率半径的变化趋势一致。当不考虑因单齿啮合而引起的齿面法向接触力的突变的时候，端曲面齿轮齿面接触点处的接触椭圆短半轴曲率半径在由齿顶到齿根的啮合过程中呈逐渐增大的趋势，在实际啮合过程中，接触椭圆短半轴曲率半径在由单齿啮合变为双齿啮合时因齿面接触力的突然减小而变小。

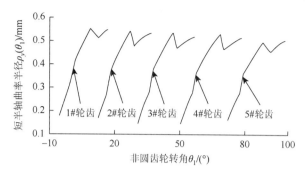

图 4.52　接触椭圆短半轴曲率半径

因接触椭圆长、短半轴的方向即齿面接触点处主曲率的方向，通过式（4.80）求出齿面接触点与接触椭圆长、短半轴后，将数据导入端曲面齿轮齿面上，以 1#轮齿齿面为例，端曲面齿轮齿面接触椭圆如图 4.53 所示。

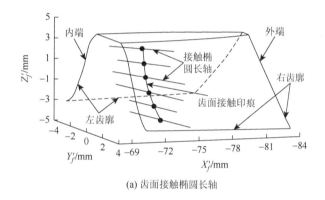

(a) 齿面接触椭圆长轴

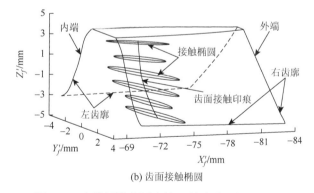

(b) 齿面接触椭圆

图 4.53　点接触端曲面齿轮 1#轮齿齿面接触椭圆

如图 4.53 所示，端曲面齿轮齿面啮合点在以 $R = 71.2853\text{mm}$ 为半径的圆柱面附近，理论接触椭圆的长轴较长，则当端曲面齿轮的内径 $R_1 = 70\text{mm}$、外径 $R_2 = 83\text{mm}$ 时，端曲面齿轮的承载接触区域靠近端曲面齿轮内端且齿轮副有可能出现偏载现象。因此在实际应用中，可考虑施加较小的载荷以减小接触椭圆的长轴，也可以在保证无根切的情况下，减小端曲面齿轮的内径 R_1，以此来防止端曲面齿轮副在承载啮合过程中出现偏载现象。

取表 4.9 中端曲面齿轮副与齿轮刀具的结构参数，计算可得端曲面齿轮齿面接触点处的接触椭圆面积，如图 4.54 所示。

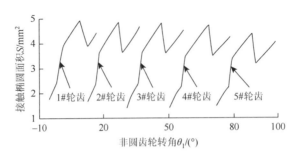

图 4.54　点接触端曲面齿轮接触椭圆面积

如图 4.54 所示，对于端曲面齿轮的半个周期内的五个轮齿而言，齿面啮合点处的接触椭圆面积的变化趋势一致。当不考虑因单齿啮合而引起的齿面法向接触力的突变的时候，端曲面齿轮齿面接触点处的接触椭圆面积在由齿顶到齿根的啮合过程中呈逐渐增大的趋势，在实际啮合过程中，接触椭圆面积在由单齿啮合变为双齿啮合时因齿面接触力的突然减小而变小。由图 4.54 可知，端曲面齿轮轮齿齿顶部分的接触面积最小，齿中部分的接触面积最大。

4.4.4　点接触端曲面齿轮副接触应力分析

由经典点接触赫兹理论可知，在齿轮副传动过程中，齿面呈椭圆接触，在接触椭圆上，弹性体的接触应力按照半椭圆球规律分布，最大接触应力发生在接触椭圆的中心处。因此，得到点接触端曲面齿轮传动的齿面最大接触应力 $\sigma_{H\max}$ 的计算公式：

$$\sigma_{H\max}(\theta_1) = \frac{0.92}{\mu v} \sqrt[3]{\frac{(K_1^{\mathrm{I}} - K_2^{\mathrm{I}} + K_1^{\mathrm{II}} - K_2^{\mathrm{II}})^2}{(\tau_1 + \tau_2)^2} F_n(\theta_1)} \qquad (4.83)$$

取表 3.1 中端曲面齿轮副与齿轮刀具的结构参数，计算可得端曲面齿轮齿面接触点处的最大接触应力 $\sigma_{H\max}(\theta_1)$，如图 4.55 所示。

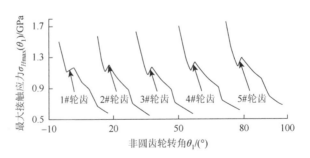

图 4.55　点接触端曲面齿轮最大接触应力

如图 4.55 所示，对于端曲面齿轮的半个周期内的五个轮齿而言，齿面啮合点处的接触应力的变化趋势一致。当不考虑因单齿啮合而引起的齿面法向接触力的突变的时候，端曲面齿轮齿面接触点处的接触应力在由齿顶到齿根的啮合过程中呈逐渐减小的趋势，由此可知，在啮合过程中端曲面齿轮的齿顶部分容易出现磨损。在实际啮合过程中，齿面接触应力在由双齿变为单齿的啮合时，因齿面接触力的突然增大而变大；在由单齿啮合变为双齿啮合时，因齿面接触应力的突然减小而变小。端曲面齿轮从波谷到波峰变化的轮齿齿面最大接触应力逐渐增加。

以 1#轮齿齿面上的最大接触应力为例，根据公式（4.83）可得点接触端曲面齿轮 1#轮齿齿面接触点处的最大接触应力 $\sigma_{H\max}(\theta_1)$ 与齿轮副负载转矩之间的关系，如图 4.56 所示。

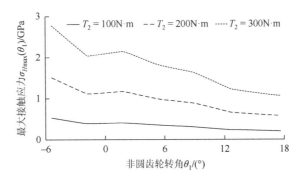

图 4.56 最大接触应力与负载转矩关系

由图 4.56 可知，点接触端曲面齿轮副齿面所受最大接触应力与齿轮副所受负载转矩呈正相关关系，即齿轮副所受负载转矩越大，端曲面齿轮齿面所受接触应力越大，且随着负载转矩的增加，齿面最大接触应力的变化范围增大。因此，在端曲面齿轮副的工程实际应用中，为防止端曲面齿轮副齿面破坏，应合理确定齿轮副的负载。

4.4.5 点接触端曲面齿轮副时变弯曲应力分析

由于端曲面齿轮副齿轮强度受轮齿参数及齿轮节曲线的曲率半径的影响，因此定义端曲面齿轮副的瞬时等效当量齿轮副为一对模数与原端曲面齿轮副相等，同时具有相同节曲线曲率半径的非圆齿轮齿条副。将端曲面齿轮副中两齿轮的节曲线看作连续函数，则齿轮副的啮合过程可看作无穷多个当量齿轮副的啮合，如图 4.57 所示。

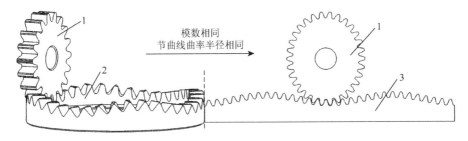

图 4.57 端曲面齿轮副的当量过程

1-非圆齿轮；2-端曲面齿轮；3-非圆齿条

端曲面齿轮的齿根弯曲应力是依据其当量非圆齿条的悬臂梁模型来计算的，如图4.58所示。受外载荷作用时，轮齿齿根所受的弯矩最大，此处的弯曲疲劳强度最差。由实际的经验可知，齿轮传动时，轮齿齿根所受的最大弯矩发生在轮齿啮合点处于单对齿啮合区的最高点处，为简化计算，假设将全部载荷作用于齿顶处来计算轮齿齿根的弯曲应力。

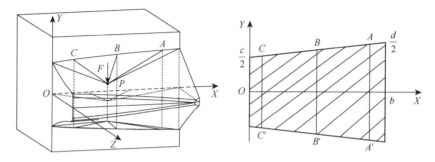

图 4.58　端曲面齿轮悬臂薄板离散模型

采用通用计算齿根应力的方法——平截面法，轮齿齿根的危险截面由 30°切线法确定。由当量齿轮齿条的悬臂梁模型计算，得到了端曲面齿轮齿根弯曲应力的计算公式：

$$\sigma_F(\theta_1) = \frac{KF_t(\theta_1)Y_{Fa}(\theta_1)Y_{Sa}(\theta_1)}{Bm} \tag{4.84}$$

式中，K 为载荷系数，$K = k_a k_v k_\alpha k_\beta$，其中，$k_a$ 为使用系数，k_v 为动载系数，k_α 为齿间载荷分配系数，k_β 为齿向载荷分配系数；$Y_{Fa}(\theta_1)$ 为当量齿轮齿条的齿形系数；$Y_{Sa}(\theta_1)$ 为当量齿轮齿条的应力校正系数；B 为端曲面齿轮的齿宽。

影响端曲面齿轮齿根弯曲应力的主要结构参数包括偏心率 k、齿轮副的模数 m、非圆齿轮齿数 z_1 和其阶数 n_1 以及从动轮齿宽 B。主要结构参数的选取情况见表4.10。

表 4.10　端曲面齿轮副结构参数

偏心率 k	模数 m/mm	齿数 z_1	阶数 n_1	齿宽 B
0.1，0.2，0.3	4	18	2	13
0.1	2，3，4	18	2	13
0.1	4	18，20，22	2	13
0.1	4	18	2，3，4	13
0.1	4	18	2	13，15，18

1. 偏心率对齿根弯曲应力的影响

根据表 4.10 中端曲面齿轮副结构参数值，变化其中的非圆齿轮偏心率 k 的值，绘制端曲面齿轮齿根弯曲应力的变化曲线，如图 4.59 所示。

由图 4.59 可知，端曲面齿轮齿根弯曲应力的最大值都发生在节曲线的波峰位置。

随着非圆齿轮偏心率 k 的增大，端曲面齿轮齿根弯曲应力的变化幅度也增加，且最大值大幅增加，相对最大值的涨幅而言，最小值的变化幅度较小，对该齿轮副的寿命造成很大的影响。

2. 模数对齿根弯曲应力的影响

根据表 4.10 中端曲面齿轮副结构参数值，变化端曲面齿轮副的模数 m，绘制端曲面齿轮副不同模数 m 下，该齿轮齿根弯曲应力的变化曲线，如图 4.60 所示。

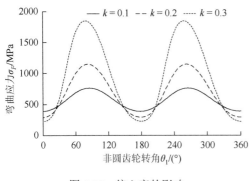
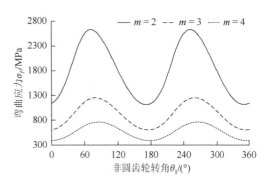

图 4.59　偏心率的影响　　　　　　　　　　图 4.60　模数的影响

由图 4.60 可知，随着端曲面齿轮副模数 m 的增大，齿根弯曲应力值的变化幅度减小，最大值和最小值均大幅度减小。主要有两个原因：第一，模数 m 的增大会引起端曲面齿轮节曲线所在圆柱直径增大，从而使轮齿齿廓上的切向力变小；第二，根据齿根弯曲应力的计算公式可知，增大模数 m 可以减小轮齿齿根处的弯曲应力。

3. 齿数对齿根弯曲应力的影响

根据表 4.10 中端曲面齿轮副结构参数值，变化非圆齿轮齿数 z_1，得到其对端曲面齿轮齿根弯曲应力的影响，如图 4.61 所示。

由图 4.61 可知，随着非圆齿轮齿数 z_1 的增加，端曲面齿轮的齿根弯曲应力几乎等距下降，即弯曲应力的最大值和最小值均减小。因为增加齿数 z_1，会引起节曲线所在圆柱半径的增大，在相同负载力矩的作用下，作用于轮齿齿廓上的切向力会减小，故增大了轮齿的抗弯能力。

4. 阶数对齿根弯曲应力的影响

根据表 4.10 中端曲面齿轮副结构参数值，变化其中的非圆齿轮阶数 n_1，绘制端曲面齿轮副不同阶数 n_1 情况下，端曲面齿轮齿根弯曲应力的变化曲线，如图 4.62 所示。

由图 4.62 可知，随着非圆齿轮阶数 n_1 的增大，端曲面齿轮的齿根弯曲应力呈下降趋势，弯曲应力的最大值和最小值均减小，因为非圆齿轮阶数 n_1 的增加会减小轮齿所受的切向力。另外，随着非圆齿轮阶数 n_1 的增加，曲线的变化周期缩短，变化周期为 $2\pi / n_1$。

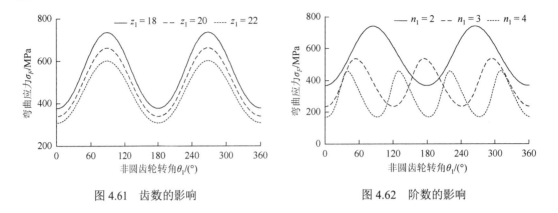

图 4.61 齿数的影响   图 4.62 阶数的影响

5. 齿宽对齿根弯曲应力的影响

根据表 4.10 中端曲面齿轮副结构参数的基本参数值，变化其中端曲面齿轮的齿宽 B，绘制端曲面齿轮齿根弯曲应力的变化曲线，如图 4.63 所示。

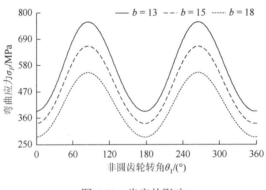

图 4.63 齿宽的影响

由图 4.63 可知，随着端曲面齿轮轮齿齿宽 B 的增加，齿根弯曲应力曲线近乎等幅下降。根据式（4.84）可知，齿宽 B 的增加可以减小轮齿齿根处的弯曲应力。故设计端曲面齿轮时，在满足轮齿不变尖的条件下，可适当地增大端曲面齿轮的齿宽 B，以提高该齿轮副的承载能力。

4.5 端曲面齿轮传动时变动力学特性

端曲面齿轮传动是具有质量偏心的回转系统，由于其偏心产生的离心力和由转速变化导致的惯性力，端曲面齿轮在传动过程当中，会产生较大幅度的振动，这直接导致了端曲面齿轮传动系统的振动冲击及动态啮合效率的降低。随着系统复杂性的增加，使用传统的解振动微分方程的方法来建立系统的模型是相当烦琐的，特别是针对端曲面齿轮而言，需要考虑质量偏心及速度周期性变化的影响。而基于系统的动能、势能和广义力的拉格朗日方程则能够方便地实现坐标变换，使得不同场的不同坐标能够通过坐标变换统一为系统的广义坐标，从而方便建立系统的方程。但由于要对拉格朗日方程进行求导运算，很难利用计算机对其进行仿真运算，为克服这个缺点，将传统键合图方法与其结合，方便生成系统方程。

　　针对端曲面齿轮的时变啮合传动所引起的动态特性问题，采用拉格朗日键合图理论，建立端曲面齿轮动态特性下的动力学建模方法，分析该动态传动系统的边界条件及激励源；考虑动态啮合力、摩擦系数、油膜厚度、空间相对速度和动态载荷分配等关键因素的影响，建立端曲面齿轮传动在弹流润滑状态下的机械动态效率数学模型。结合端曲面齿轮传动的时变振动特性模型和时变动态效率特性模型，为端曲面齿轮传动的时变动态特性分析奠定基础。

4.5.1　端曲面齿轮传动动力学建模方法

　　拉格朗日键合图技术是基于能量守恒和信号因果分析建立系统模型的方法。该技术将拉格朗日方程与标准键合图有机组合，以代表系统广义坐标的一阶导数即广义速度的"1 结"及联系各场与广义速度的调制变换器组成结型结构。基于能量守恒和信号因果分析的拉格朗日键合图技术，建立非线性机械系统的方法独特而简便，利用这种方法可以求得适于仿真的向量系统方程或直接对系统进行数字仿真。描述机械系统运动的拉格朗日方程通常表达为

$$\frac{\mathrm{d}}{\mathrm{d}t}\left(\frac{\partial L(\dot{q}_C,q_C,t)}{\partial \dot{q}_{Ci}}\right)-\frac{\partial L(\dot{q}_C,q_C,t)}{\partial q_{Ci}}+\frac{\partial D}{\partial \dot{q}_{Ci}}=F_{Ci}\quad(i=1,2,\cdots,N)\qquad(4.85)$$

式中，$L=T-V$，$T(\dot{q}_C,q_C,t)$ 是系统的动能，$V(q_C,t)$ 是系统的位能；q_C 是广义坐标的 n 维矢量，$\dot{q}_C$ 是广义速度的 n 维矢量；q_{Ci} 和 $\dot{q}_{Ci}$ 分别为第 i 个广义坐标和广义速度；F_{Ci} 是和第 i 个广义坐标相应的广义力输入；D 是雷氏耗散函数。

　　式（4.85）所表达的拉格朗日方程虽然结构紧凑，但是由于要对拉格朗日函数 L 进行 $\mathrm{d}/\mathrm{d}t$ 运算，该方程的仿真过程是很复杂的。键合图作为一种模拟物理系统的强有力工具，它能以一种标准的方式模拟各种物理系统。拉格朗日方程和键合图这两种卓有成效的模拟工具通过拉格朗日键合图联系起来，可以推导出一种适于仿真的系统向量方程。

　　一个基本的模拟非线性机械系统的拉格朗日键合图模型如图 4.64 所示，向量 q_G 是弹性场位移向量，决定着系统的势能；向量 $V_{i,j}$ 为惯性场速度向量，决定着系统的动能；i、j 表示场源，如阻尼场 R、惯性场 I 和弹性场 K 等；"1"为各个场源的连接端口，MIF 代表矩阵变换 $\boldsymbol{T}_{i,j}$；$F_{i,j}$ 代表相应的力，如达朗贝尔力、弹性力、耗散力与输入力等。

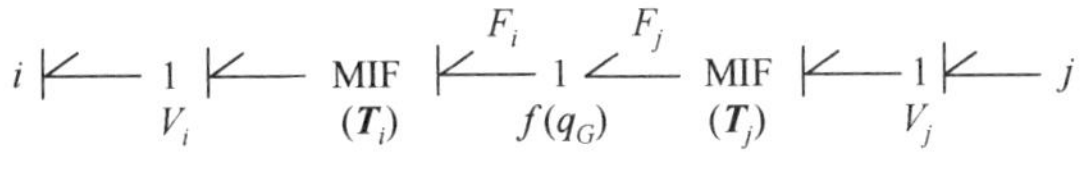

$$i\longleftarrow 1\longleftarrow \begin{array}{c}\mathrm{MIF}\\(\boldsymbol{T}_i)\end{array}\xleftarrow{\;F_i\;}1\xleftarrow{\;F_j\;}\begin{array}{c}\mathrm{MIF}\\(\boldsymbol{T}_j)\end{array}\longleftarrow 1\longleftarrow j$$
$$V_i\qquad\qquad f(q_G)\qquad\qquad V_j$$

图 4.64　拉格朗日键合图模型

　　惯性场速度向量 $V_{i,j}$ 和 q_G 之间的关系，可以表达成

$$V_{i,j}=T_{i,j}f(q_G)\qquad\qquad(4.86)$$

　　达朗贝尔原理是理论力学动力学中一个重要的原理。对于瞬态动力学问题，该原理通过对构件施加惯性力和惯性力偶，从而把动力学问题转变成为静力学问题，然后用静力学方法来求解约束力，达朗贝尔力 F_I 可以表达成

$$F_I = T_I^{\mathrm{T}} I \left(T_I \ddot{q}_G + \frac{\mathrm{d}T_I}{\mathrm{d}t} \dot{q}_G \right) \tag{4.87}$$

式中，T_I 为惯性场综合速度转换矩阵；I 为由质量矩阵 M 和惯性场参数矩阵 I_C 组成的综合惯性场参数矩阵。

在转动参照系中，物体受到惯性力的影响，这时惯性力分为惯性离心力和科里奥利力，若物体对该参照系静止，则只受到惯性离心力。刚体惯性力 τ_I 可以表达为

$$\tau_I = T_W^{\mathrm{T}} C_C \frac{\mathrm{d}C_C^{\mathrm{T}}}{\mathrm{d}t} I_C T_w \dot{q}_G \tag{4.88}$$

式中，T_W 为惯性场角速度转换矩阵；I_C 为惯性场参数矩阵；C_C 为刚体旋转矩阵。

弹性力为外力作用下弹性物体形变后所产生的一种恢复力，弹性力的特点是它在变形体上所做的功并不转化为热，但可以转化为势能，弹性力可以表达为

$$F_K = T_K^{\mathrm{T}} K f(q_G) \tag{4.89}$$

式中，T_K 为弹性场速度转换矩阵；K 为刚度矩阵。

耗散力是当系统中存在摩擦力时，系统的总机械能减少，并转变为系统的热能或内能，通常人们把这个过程称为耗散过程。耗散力可以表达为

$$F_R = T_R^{\mathrm{T}} R g(q_G) \tag{4.90}$$

式中，T_R 为阻尼场速度转换矩阵；R 为阻尼矩阵。

输入力是对一个整体的总作用力，输入力可以表达为

$$F_S = T_S^{\mathrm{T}} \tau_S \tag{4.91}$$

式中，T_S 为势源场速度转换矩阵；τ_S 为势源场输入向量。

4.5.2 端曲面齿轮传动动态响应模型

端曲面齿轮传动的模型如图 4.65 所示，其中非圆齿轮和端曲面齿轮的轴交角为 90°，非圆齿轮上的坐标系 S_1 与端曲面齿轮的坐标系 S_2 共同的坐标系原点在两齿轮轴线的交点 O 处，非圆齿轮和端曲面齿轮的旋转轴分别为 O_1Z_1 和 O_2Z_2。

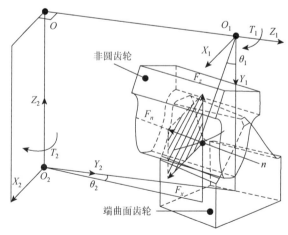

图 4.65　端曲面齿轮传动模型和受力图

根据端曲面齿轮传动的特点，啮合力在端曲面齿轮坐标系 S_2 上只能分解为沿 X_2 和 Z_2 方向的力（图 4.65），因此与锥齿轮相比，承载和支撑结构简单，振动自由度少。

考虑传递误差的影响，建立了端曲面齿轮传动系统的拉格朗日键合图模型，具有扩展后的拉格朗日因果关系的拉格朗日键合图如图 4.66 所示。广义坐标取为系统的运动位移向量 q_G，向量 q_K 为弹性场位移向量，向量 V_I 为惯性场速度向量。

由图 4.66 可知，达朗贝尔力 F_I、刚体惯性力 τ_I、弹性力 F_K、输入力 F_S、耗散力 F_R 及静态误差所引起的弹性力 F_k 和耗散力 F_r 在连接点"1 结"的和为 0。

$$F_I + \tau_I + F_K + F_R = F_S + F_k + F_r \tag{4.92}$$

所以拉格朗日键合图模型所隐藏的方程为

$$
\boldsymbol{T}_I^{\mathrm{T}} \boldsymbol{I} \left(\boldsymbol{T}_I \frac{\mathrm{d}^2 q_G}{\mathrm{d}t^2} + \frac{\mathrm{d}\boldsymbol{T}_I}{\mathrm{d}t} \frac{\mathrm{d}q_G}{\mathrm{d}t} \right) + \boldsymbol{T}_W^{\mathrm{T}} \boldsymbol{C}_C \frac{\mathrm{d}\boldsymbol{C}_C^{\mathrm{T}}}{\mathrm{d}t} \boldsymbol{I}_C \boldsymbol{T}_W \frac{\mathrm{d}q_G}{\mathrm{d}t} + \boldsymbol{T}_K^{\mathrm{T}} \boldsymbol{K} f(q_G)
$$
$$
+ \boldsymbol{T}_R^{\mathrm{T}} \boldsymbol{R} g(q_G) = \boldsymbol{T}_S^{\mathrm{T}} \tau_S + \boldsymbol{T}_k^{\mathrm{T}} \boldsymbol{K}_e e_t + \boldsymbol{T}_r^{\mathrm{T}} \boldsymbol{R}_e \frac{\mathrm{d}e_t}{\mathrm{d}t} \tag{4.93}
$$

式中，$\boldsymbol{T}_k$ 为传递误差的弹性场速度转换矩阵；$\boldsymbol{T}_r$ 为传递误差的阻尼场速度转换矩阵；$\boldsymbol{K}_e$ 为传递误差刚度矩阵；$\boldsymbol{R}_e$ 为传递误差阻尼矩阵。

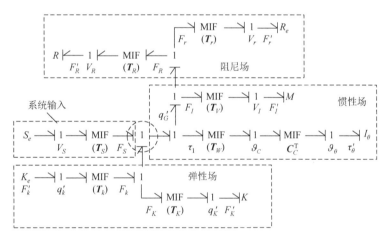

图 4.66　端曲面齿轮传动系统拉格朗日键合图

1. 动力学模型的建立

图 4.67 为弹性支撑下的端曲面齿轮传动系统动力学模型。该模型以非圆齿轮 1 的轴线为 Z 轴，端曲面齿轮 2 的轴线为 Y 轴，两轴线垂直相交，并以两轴的交点为坐标原点，建立直角坐标系。k_{x1}、k_{y1} 及 k_{x2}、k_{y2} 分别为非圆齿轮和端曲面齿轮在 X 和 Y 方向上的支撑刚度；c_{x1}、c_{y1} 和 c_{x2}、c_{y2} 分别为非圆齿轮和端曲面齿轮在 X 和 Y 方向上的支撑阻尼，T_2 为端曲面齿轮传动的负载扭矩。

采用运动位移向量 q_G 作为广义坐标，q_G 的分量数即所描述系统的自由度数；定义向量 q_K 为端曲面齿轮副的弹性场位移 n 维向量，该系统有 6 个自由度，则向量 q_G 和向量 q_K 可以表达为

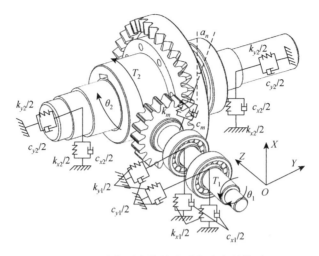

图 4.67 端曲面齿轮传动系统动力学模型

$$\begin{cases} q_G = [X_1 \ Y_1 \ \theta_1 \ X_2 \ Y_2 \ \theta_2]^T \\ q_K = [X_1 \ Y_1 \ c_1X_n \ X_2 \ Y_2 \ c_2X_n]^T \end{cases} \tag{4.94}$$

式中，$c_1 = \cos\alpha_n$，$c_2 = \sin\alpha_n$，α_n 为端曲面齿轮的节曲线压力角；θ_1 和 θ_2 分别为非圆齿轮和端曲面齿轮的角位移；X_n 为齿面啮合点间在无误差情况下，由振动产生的沿啮合点法线方向的相对位移，可以表达为

$$X_n = c_1(X_1 + r_{b1}\theta_1) + c_2Y_1 - c_1(X_2 + R_2\theta_2) - c_2Y_2 \tag{4.95}$$

式中，r_{b1} 为非圆齿轮的基圆半径。

对于其他一些向量的定义如下：①定义向量 v_R 为阻尼场广义位移向量；②向量 τ_S 为力输入向量；③定义向量 e_t 为静态误差输入向量。则这些向量可以表达为

$$\begin{cases} v_R = \dfrac{dq_K}{dt} = [\dot{X}_1 \ \dot{Y}_1 \ c_1\dot{X}_n \ \dot{X}_2 \ \dot{Y}_2 \ c_2\dot{X}_n]^T \\ \tau_S = [0 \ 0 \ T_1 \ 0 \ 0 \ -T_2]^T \\ e_t = |e_t|[1 \ 1 \ 1 \ 1 \ 1 \ 1]^T \end{cases} \tag{4.96}$$

式中，T_1 为端曲面齿轮副的输入扭矩；T_2 为端曲面齿轮副的负载扭矩。

2. 主要速度转换矩阵的确定

端曲面齿轮传动为多个刚体组成的既做主动又做移动的系统，其惯性场综合速度转换矩阵 T_I 包括 T_V（移动速度转换矩阵）和 T_W（角速度转换矩阵）。则惯性场综合速度转换矩阵 T_I 可以表达为

$$T_I = \left[\frac{T_V}{T_W} \right] = \left[\frac{\mathrm{diag}(1\ 1\ 0\ 1\ 1\ 0)}{\mathrm{diag}(0\ 0\ 1\ 0\ 0\ 1)} \right] \tag{4.97}$$

无传递误差（有传递误差）的阻尼场和弹性场在广义坐标 q_G 下的速度转换矩阵 $T_R(T_r)$ 和 $T_K(T_k)$ 分别为

$$\begin{cases} \boldsymbol{T}_R = \boldsymbol{T}_K = \begin{bmatrix} 1 & 0 & 0 & 0 & 0 & 0 \\ 0 & 1 & 0 & 0 & 0 & 0 \\ c_1^2 & c_1c_2 & c_1r_{b1} & -c_1^2 & -c_1c_2 & -c_1R_2 \\ 0 & 0 & 0 & 1 & 0 & 0 \\ 0 & 0 & 0 & 0 & 1 & 0 \\ c_1c_2 & c_2^2 & c_1r_{b1} & -c_1c_2 & -c_2^2 & -c_2R_2 \end{bmatrix} \\ \boldsymbol{T}_r = \boldsymbol{T}_k = \text{diag}(1 \ 1 \ r_{b1} \ -1 \ -1 \ -R_2) \end{cases} \quad (4.98)$$

端曲面齿轮副的旋转矩阵 $\boldsymbol{C}_C$ 可以表达为

$$\boldsymbol{C}_C = \begin{bmatrix} \cos\theta_1 & \sin\theta_1 & 0 & 0 & 0 & 0 \\ -\sin\theta_1 & \cos\theta_1 & 0 & 0 & 0 & 0 \\ 0 & 0 & 1 & 0 & 0 & 0 \\ 0 & 0 & 0 & \cos\theta_2 & \sin\theta_2 & 0 \\ 0 & 0 & 0 & -\sin\theta_2 & \cos\theta_2 & 0 \\ 0 & 0 & 0 & 0 & 0 & 1 \end{bmatrix} \quad (4.99)$$

3. 边界条件分析

端曲面齿轮是具有质量偏心的回转系统,其偏心产生的离心力(对于该系统,旋转中心和质量中心重合,因此离心力为 0)和转速变化导致的惯性力是产生振动的主要因素。限制端曲面齿轮传动的边界条件包括阻尼场的阻尼矩阵、惯性场的质量矩阵及旋转矩阵和弹性场的刚度矩阵。

无传递误差(有传递误差)影响的阻尼矩阵 $\boldsymbol{R}(\boldsymbol{R}_e)$ 和弹性场刚度矩阵 $\boldsymbol{K}(\boldsymbol{K}_e)$ 可以分别表达为

$$\begin{cases} \boldsymbol{R} = \boldsymbol{R}_e = \text{diag}\begin{pmatrix} c_{x_1} & c_{y_1} & c_m & c_{x_2} & c_{y_2} & c_m \end{pmatrix} \\ \boldsymbol{K} = \boldsymbol{K}_e = \text{diag}\begin{pmatrix} k_{x_1} & k_{y_1} & k_m & k_{x_2} & k_{y_2} & k_m \end{pmatrix} \end{cases} \quad (4.100)$$

式中,$c_x = c_1c_m$,$c_y = c_2c_m$,c_m 为端曲面齿轮副的啮合阻尼;$k_x = c_1k_m$,$k_y = c_2k_m$,k_m 为端曲面齿轮传动的综合啮合刚度。

端曲面齿轮的惯性场参数矩阵主要由质量矩阵 $\boldsymbol{M}$ 和惯性场参数矩阵 $\boldsymbol{I}_C$ 组成,可以表达为

$$\begin{cases} \boldsymbol{I} = \begin{bmatrix} \boldsymbol{M} & 0 \\ 0 & \boldsymbol{I}_C \end{bmatrix} \\ \boldsymbol{M} = \text{diag}\begin{pmatrix} m_1 & m_1 & 0 & m_2 & m_2 & 0 \end{pmatrix} \\ \boldsymbol{I}_C = \begin{bmatrix} I_{x_1x_1} & I_{x_1y_1} & 0 & 0 & 0 & 0 \\ I_{y_1x_1} & I_{y_1y_1} & 0 & 0 & 0 & 0 \\ 0 & 0 & I_{z_1z_1} & 0 & 0 & 0 \\ 0 & 0 & 0 & I_{x_2x_2} & I_{x_2y_2} & 0 \\ 0 & 0 & 0 & I_{y_2x_2} & I_{y_2y_2} & 0 \\ 0 & 0 & 0 & 0 & 0 & I_{z_2z_2} \end{bmatrix} \end{cases} \quad (4.101)$$

式中,m_1 和 m_2 分别为非圆齿轮和端曲面齿轮的质量;I_i 为端曲面齿轮副的转动惯量。

4. 系统振动的激励分析

齿轮传动系统振动的激励源包括外部激励和内部激励。齿轮传动系统的外部激励主要有输入转速和负载力矩,内部激励主要有齿轮的时变啮合刚度、齿轮侧隙和静态传递误差。而对于端曲面齿轮传动,激励源还包括输出角加速度导致的输入轴转矩变化。

1)啮合刚度的计算

在齿轮传动过程中,由于啮合齿对数的改变、轮齿的弹性变形及齿轮误差的存在,轮齿间啮合综合刚度发生变化,从而产生齿轮间动态啮合力,如图 4.68 所示。由齿轮综合啮合刚度的时变性引起的动态激励是齿轮传动系统中最主要的动态激励之一。

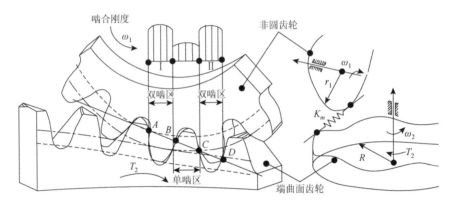

图 4.68　端曲面齿轮齿面啮合刚度

齿轮时变啮合刚度是齿轮系统动力方程的重要基础参数,由平均啮合刚度和时变刚度组成,其大小与重合度有关,当重合度不为整数时,啮合刚度为转角的周期函数,可将其展开为傅里叶级数:

$$k_m(t) = k_{mm} + \sum_{i=1}^{n} k_i(t)\cos(i\Omega_h t - \varphi_i) \tag{4.102}$$

刚度 $k_i(t)$ 的值和重合度 ε_m 有关,可以表达为

$$\begin{cases} k_i(t) = \dfrac{\sqrt{2 - 2\cos[2\pi i(\varepsilon_m - m)]}}{i\pi} k_p \\ \varphi_i = \arctan \dfrac{1 - \cos[2\pi i(\varepsilon_m - m)]}{\sin[2\pi i(\varepsilon_m - m)]} \\ k_p = k_{mm}/\varepsilon_m \end{cases} \tag{4.103}$$

式中, k_p 为单齿啮合刚度; k_{mm} 为平均啮合刚度; Ω_h 为啮合频率; ε_m 为重合度。

一般而言,重合度为定值,但受端曲面齿轮时变特性的影响,端曲面齿轮的重合度具有周期变化性,因此,端曲面齿轮的啮合刚度波形图更加复杂。对于端曲面齿轮传动而言, ε_m 为按照一定规律变化的函数,可展开为傅里叶级数:

$$\varepsilon_m(\theta_1) = \varepsilon_{mm} + \sum_{i=1}^{n} \varepsilon_i \cos(i\theta_1 - \sigma_i) \tag{4.104}$$

式中，ε_{mm} 为重合度的平均值；ε_i 为时变重合度的 i 阶波动幅值；σ_i 为初相位。

结合表 3.3 的基本数据，通过改变端曲面齿轮的基本几何参数，可以得到不同的重合度。

由于轴承的刚度对轴承在径向上的载荷具有高度敏感性，选择合适的轴承刚度是有必要的。端曲面齿轮作为一种非圆齿轮，主要应用于中低速、低负载场合，即载荷的变化对轴承的刚度影响不大。因此，轴承刚度被视为一个常数，可以表达为

$$k = \lim_{\substack{\Delta F_r \to 0 \\ \Delta \delta \to 0}} \frac{\Delta F_r}{\Delta \delta} = \frac{1}{n + m + m\ln F_r + 0.13CF_r^{-1.13}} \tag{4.105}$$

式中，基本参数 m、n、C 和 F_r 的大小可以从文献[130]中获得。

2）齿轮传递误差

在齿轮传动过程中，由于轮齿受载变形及齿轮误差的影响，当主动轮精确转动时，从动轮会偏离其理论转动的位置。齿轮传递误差被定义为从动轮实际转动位移与理想转动位移之差，如图 4.69 所示。

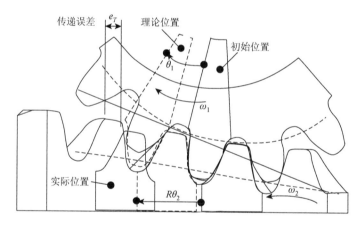

图 4.69　端曲面齿轮传递误差计算示意图

齿轮加工误差和安装误差的存在必然引起齿轮瞬时传动比发生变化，造成轮齿之间碰撞和冲击。对于静态传递综合误差，采用简谐函数对其进行模拟，一般将其表示为

$$e(t) = e_0 + e_r \cos(\Omega_t t + \phi_i) \tag{4.106}$$

式中，e_0 和 e_r 分别为齿轮副法向静态传递综合误差的常值和变量幅值；ϕ_i 为初始相位角。

3）驱动扭矩

端曲面的角加速度特性反映了在传动过程中，齿轮副所受冲击载荷的大小，端曲面齿轮的角加速越大，在传动过程中所受的冲击载荷及振动也就越大，这对齿轮的受力、强度、寿命及运动的平稳性不利，应予以改善。端曲面齿轮的角加速度可以表达为

$$\alpha_2 = \mathrm{d}\left(\frac{\mathrm{d}\theta_1}{i_{12}\mathrm{d}t}\right)\bigg/\mathrm{d}_t = \mathrm{d}\theta_1/R\mathrm{d}t \cdot \mathrm{d}r(\theta_1)/\mathrm{d}t \tag{4.107}$$

则端曲面齿轮的驱动扭矩 T_1 为

$$T_1 = \frac{T_2 - I_2\alpha_2}{i_{12}} \tag{4.108}$$

等效激励力可以表达为

$$F_m(t) = \frac{T_1 I_{z_2 z_2} r_{b1}(\theta_1) + I_{z_1 z_1} R(T_2 - I_2\alpha_2)}{I_{z_1 z_1} R^2 + I_{z_2 z_2} r_{b1}^2(\theta_1)} \tag{4.109}$$

4）齿间侧隙

齿轮传动过程中，由于加工和安装误差的影响，为保证齿轮正常啮合，必然存在齿间侧隙，以防止轮齿卡死和储存润滑油。但侧隙的存在导致啮合过程中产生啮入冲击、啮出冲击和脱啮现象。齿间侧隙是齿轮动力学中的一个重要的非线性因素。无量纲的齿轮侧隙函数可以表示为

$$f(x) = \begin{cases} X_n - b & (X_n > b) \\ 0 & (|X_n| \leqslant b) \\ X_n + b & (X_n < -b) \end{cases} \tag{4.110}$$

式中，b 为齿轮侧隙的 1/2。

5. 动力学方程的建立

端曲面齿轮传动系统的动力学微分方程为

$$\left. \begin{aligned} & m_1\ddot{X}_1 + c_{x_1}\dot{X}_1 + k_{x_1}X_1 + c_1 k_m \delta_n = -c_m c_1 \dot{\delta}_n \\ & m_1\ddot{Y}_1 + c_{y_1}\dot{Y}_1 + k_{y_1}Y_1 + c_2 k_m \delta_n = -c_m c_2 \dot{\delta}_n \\ & I_{z_1 z_1}\ddot{\theta}_1 + k_m \delta_n r_{b1} = T_1 - c_m \dot{\delta}_n r_{b1} \\ & m_2\ddot{X}_2 + c_{x_2}\dot{X}_2 + k_{x_2}X_2 - c_1 k_m \delta_n = -c_m c_1 \dot{\delta}_n \\ & m_2\ddot{Y}_2 + c_{y_2}\dot{Y}_2 + k_{y_2}Y_2 - c_2 k_m \delta_n = c_m c_2 \dot{\delta}_n \\ & I_{z_2 z_2}\ddot{\theta}_2 - k_m \delta_n R = -T_2 + c_m \dot{\delta}_n R \end{aligned} \right\} \tag{4.111}$$

式中，$\delta_n = X_n - e(t)$，$\dot{\delta}_n = \dot{X}_n - \dot{e}(t)$。

由端曲面齿轮动力学模型式（4.93）可知，端曲面齿轮传动齿间的动态啮合力可以表达为

$$\begin{aligned} F_j(t) = & k_m[c_1(X_1 + r_{b1}\theta_1) + c_2 Y_1 - c_1(X_2 + R\theta_2) - c_2 Y_2 - e(t)] \\ & + c_m[c_1(\dot{X}_1 + \dot{r}_b\theta_1 + r_{b1}\dot{\theta}_1) + c_2\dot{Y}_1\sin\alpha_n - c_1(\dot{X}_2 + R\dot{\theta}_2) - c_2\dot{Y}_2\sin\alpha_n - \dot{e}(t)] \end{aligned} \tag{4.112}$$

对于端曲面齿轮而言，由于 $r(\theta_1)$ 随着 θ_1 位置变化而不同，即非圆齿轮的基圆半径 r_{b1} 不为恒定值。此时

$$\dot{X}_n = (\dot{X}_1\cos\alpha_n + \dot{r}_{b1}\theta_1 + r_{b1}\dot{\theta}_1) + \dot{Y}_1\sin\alpha_n - (\dot{X}_2\cos\alpha_n + R\dot{\theta}_2) - \dot{Y}_2\sin\alpha_n \tag{4.113}$$

$\ddot{X}_n$ 形式更为复杂，故对于端曲面齿轮传动系统振动不能像面齿轮那样，通过定义齿轮副啮合点间因振动产生的沿啮合线法线方向的相对位移 X_n，进行量纲归一化处理。通过将每个微分方程分别进行量纲归一化处理，然后计算动态传递位移 X_n。

端曲面齿轮传动系统的无量纲动力学方程可以表达为

$$\left.\begin{aligned}
&\ddot{x}_1 + 2\zeta_{x_1}\dot{x}_1 + 2c_1\zeta_{m1}\dot{\lambda}_n + \kappa_{x_1}x_1 + c_1\kappa_{m1}\lambda_n = 0 \\
&\ddot{y}_1 + 2\zeta_{y_1}\dot{y}_1 + 2c_2\zeta_{m1}\dot{\lambda}_n + \kappa_{y_1}y_1 + c_2\kappa_{m1}\lambda_n = 0 \\
&\ddot{\vartheta}_1 + 2r_{b1}\zeta_{h1}\dot{\lambda}_n + r_{b1}\kappa_{h1}\lambda_n = \xi_1 \\
&\ddot{x}_2 + 2\zeta_{x_2}\dot{x}_2 - 2c_1\zeta_{m2}\dot{\lambda}_n + \kappa_{x_2}x_2 - c_1\kappa_{m2}\lambda_n = 0 \\
&\ddot{y}_2 + 2\zeta_{y_2}\dot{y}_2 - 2c_2\zeta_{m2}\dot{\lambda}_n + \kappa_{y_2}y_2 - c_2\kappa_{m2}\lambda_n = 0 \\
&\ddot{\vartheta}_2 - 2R\zeta_{h2}\dot{\lambda}_n - R\kappa_{h2}\lambda_n = -\xi_2
\end{aligned}\right\} \qquad (4.114)$$

端曲面齿轮传动系统是一个高阶的非线性振动系统。引入键合图方法来求解微分方程的无量纲动力学问题。当广义坐标、参数方程、输入的力和速度转换矩阵确定时，可以得到端曲面齿轮传动系统的时间历程图和相图，结果以无量纲的形式给出。

由于端曲面齿轮传动的外部激励主要受偏心率 k、阶数 n_1 和啮合频率 ω_h 的影响，端曲面齿轮传动系统动力学特性如图 4.70～图 4.74 所示，其中端曲面齿轮传动系统的基本参数以编号-1 端曲面齿轮传动为例进行选取，其余动力学基本参数如表 4.11 所示。

表 4.11　端曲面齿轮传动系统基本参数

参数	值
负载扭矩/(N·m)	25
非圆齿轮质量 m_1/kg	0.515
端曲面齿轮质量 m_2/kg	1.673
转动惯量 $I_{z_1 z_1}$、$I_{z_2 z_2}$ /(kg·m²)	3.5×10^{-4}、8.1×10^{-5}
啮合刚度 k_{mm}/(N/m)	8.1×10^{8}
啮合阻尼 c_m/[N/(m/s)]	2.5×10^{3}
支撑刚度/(N/m)	$k_{x_1}=7.41\times10^{8}$,　$k_{x_2}=1.2\times10^{9}$ $k_{y_1}=6.48\times10^{8}$,　$k_{y_2}=1.13\times10^{9}$
支撑阻尼/[N/(m/s)]	$c_{x_1}=2.26\times10^{3}$,　$c_{x_2}=1.6\times10^{4}$ $c_{y_1}=2.11\times10^{3}$,　$c_{y_2}=1.55\times10^{4}$
法向侧隙 $2b_m$/μm	100
传递误差/μm	$e_0=20$　$e_r=10$

1）偏心率对动态性能的影响

当 $k=0$ 时，端曲面齿轮传动可以转化成一般的面齿轮传动形式，由图 4.70 中的"时间历程图"和"相位图"可知，面齿轮传动的动态响应过程为简谐响应，这与文献[131]中的结果相似。主要的原因在于，除了传动比上的差异，端曲面齿轮传动和面齿轮传动实际上差异较小。因此当偏心率 $k = 0$ 时，作为端曲面齿轮传动的主要影响因素——外部激励忽略不计。这说明该动力学方程（4.114）具有一定的通用性。

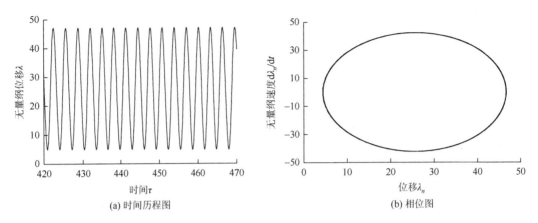

(a) 时间历程图　　　　　　　　　　　(b) 相位图

图 4.70　端曲面齿轮动态响应理论验证偏心率 $k = 0$ 对动态性能的影响

偏心率 k 是反映端曲面齿轮传动振动响应的主要参数之一。图 4.71 给出了不同偏心率下齿轮振动响应的结果。

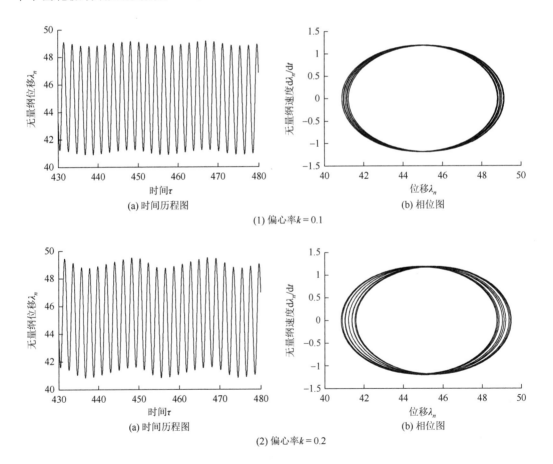

(a) 时间历程图　　　　　　　　　　　(b) 相位图

(1) 偏心率 $k = 0.1$

(a) 时间历程图　　　　　　　　　　　(b) 相位图

(2) 偏心率 $k = 0.2$

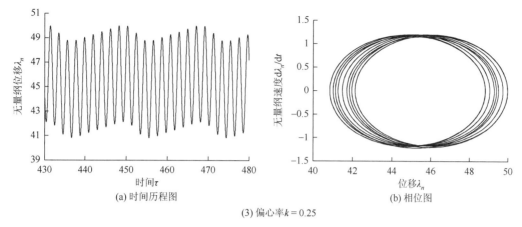

(a) 时间历程图　　　　　　　　　　　(b) 相位图

(3) 偏心率 $k = 0.25$

图 4.71　偏心率 k 对系统动力学响应的影响

根据图 4.71 在不同偏心率 k 下的"时间历程图"可知，当啮合频率为恒定值时，随着偏心率 k 的增加，振动周期数不变，振幅增大，振动周期由谐波周期向准周期运动转换。发生这种现象的主要原因：①对于端曲面齿轮而言，非圆齿轮的基圆半径 r_{b1} 和端曲面齿轮的圆柱半径 R 是影响系统振动响应的主要因素。随着啮合频率的变化，非圆齿轮的基圆半径 r_{b1} 周期性变化，不同于普通的面齿轮传动。因此，在相同的负载转矩下，非圆齿轮的基圆半径 r_{b1} 的周期性变化将导致齿间法向载荷的周期性波动。②除了啮合频率的影响，r_{b1} 和 R 也受偏心率 k 和非圆齿轮的阶数 n_1 的影响。随着偏心率 k 的增加，非圆齿轮的基圆半径 r_{b1} 增加，但端曲面齿轮圆柱半径 R 的值减小，将导致外部激励和振动幅度的增加。

根据图 4.71 在不同偏心率 k 下的"相位图"可知，在振动过程中，随着偏心率 k 的增加，端曲面齿轮传动中的振动平衡位置向前向后移动，即振动的平衡位置随着啮合时间周期性变化，导致振动振幅发生波动。造成这个现象的主要原因是，受非圆齿轮的基圆半径 r_{b1} 和端曲面齿轮的圆柱半径 R 的影响，在啮合刚度的激励下，振动位移发生变化，从而使平衡位置的偏差发生相应变化。总之，端曲面齿轮偏心率 k 越小，动态性能越好。

2）阶数对动态性能的影响

作为影响端曲面齿轮传动振动响应的另一个重要因素，非圆齿轮的阶数 n_1 的变化决定了其不同的动态性能，如图 4.72 所示。

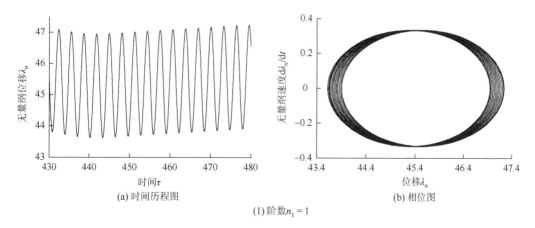

(a) 时间历程图　　　　　　　　　　　(b) 相位图

(1) 阶数 $n_1 = 1$

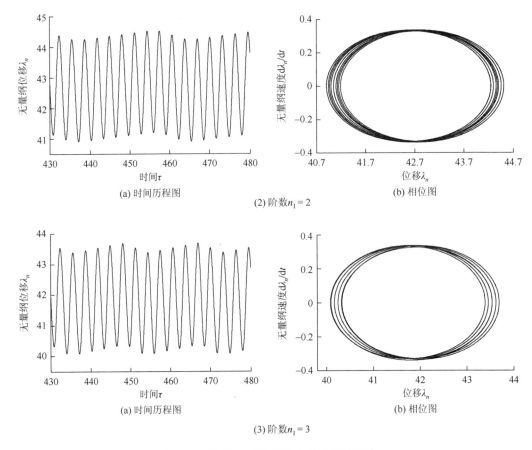

图 4.72　阶数 n_1 对系统动力学响应的影响

根据图 4.72 在不同阶数 n_1 下的"时间历程图"可知，当啮合频率恒定时，随着阶数 n_1 的增加，振幅减小，波动周期数增加。主要原因如下：①随着阶数 n_1 的增加，非圆齿轮的基圆半径 r_{b1} 增加，导致齿间载荷减小，从而振幅减小；②随着阶数 n_1 的增加，齿间载荷发生了周期性波动，导致振动的周期性变化。根据不同阶数 n_1 下的"相位图"可知，平衡位置的周期变化和主要原因与图 4.71 相同，但平衡位置的移动偏差保持不变。

3）啮合频率对动态性能的影响

对于不同的啮合频率，端曲面齿轮传动的动态响应表现出不同的波动幅度和平衡位置。由图 4.73 可知，偏心率 k 和阶数 n_1 为常数时，随着啮合频率的增加，①振动周期数、平衡位置和振幅均增大，这与普通面齿轮的振动响应情况相同；②由于非圆齿轮的基圆半径 r_{b1} 受啮合频率的影响产生周期性变化，平衡位置会发生相应的变化；对于端曲面齿轮的振动响应，当啮合频率增大时，非圆齿轮的基圆半径 r_{b1} 的变化影响了系统的外部激励、惯性力和离心力，使传动系统发生振动。因此，端曲面齿轮的振动性能比普通面齿轮更复杂。当啮合频率达到一定值时，齿面两边会出现反向接触。这在齿轮传动系统的振动响应上是不允许的，因此，这就限制了端曲面齿轮传动的啮合频率。

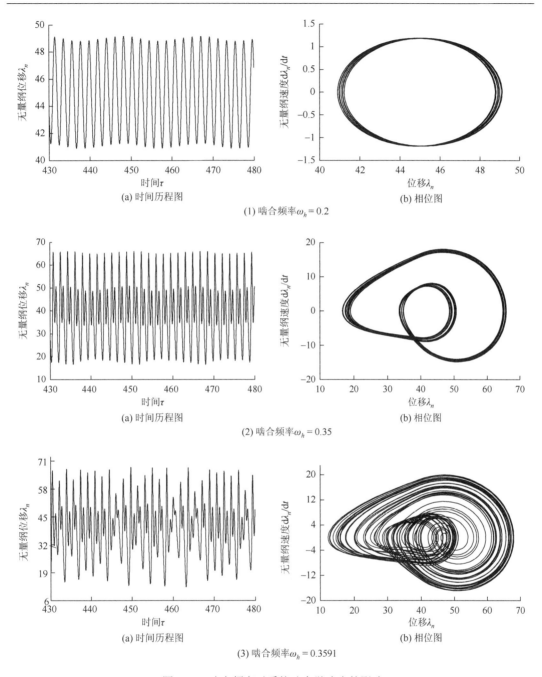

图 4.73　啮合频率对系统动力学响应的影响

　　如图 4.74 所示，以编号-1 端曲面齿轮为例，当啮合频率为 0.378 时，端曲面齿轮齿面间出现反向接触。结果表明，当啮合频率达到有限值时，齿轮不能正常工作。通过将啮合频率 $\omega_h = 0.378$ 转换为极限转速 790r/min，由于编号-1 端曲面齿轮的偏心率较小，阶数和传动比的选取均在合理范围内。因此，在不失一般性的情况下，表明端曲面齿轮传动适用于中低速场合。

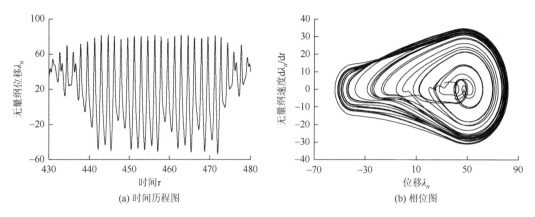

(a) 时间历程图　　　　　　　　　　　　(b) 相位图

图 4.74　极限转速下的动态响应

4.5.3　端曲面齿轮传动动态效率模型

齿轮在啮合过程中，齿面间的相互摩擦造成齿轮啮合功率损失，损失的功率几乎全部转化为热量。齿轮的摩擦生热及热特性对其传动性能与失效等具有重要的影响，较高的齿轮摩擦功率损失会使传动效率下降[94]。齿轮啮合功率（负载功率）损失由齿面间的滚动和滑动摩擦功率损失组成，是影响齿轮传动系统效率的主要因素。齿面间传递力的大小、相对滑移速度和摩擦系数是决定负载功率损失大小的主因素。

端曲面齿轮传动过程中，由于受其偏心产生的离心力和由转速变化导致的惯性力，端曲面齿轮在传动过程当中，会产生较大幅度的振动，这直接导致了传动效率的降低。因此，端曲面齿轮的传动效率要低于普通的齿轮传动机构。在分析弹流润滑状态下的端曲面齿轮啮合特性及齿形分布规律的基础上，考虑动态啮合力、摩擦系数、油膜厚度、空间相对速度和动态载荷分配等关键因素对传动效率的影响，建立端曲面齿轮副的机械动态效率数学模型。

1. 相对速度求解

当端曲面齿轮副啮合传动时，由于非圆齿轮和端曲面齿轮的齿廓在啮合点（节点除外）的线速度不同，在端曲面齿轮副齿廓间必将产生相对滑动，且相对滑动速度的大小随啮合点的位置的变化而变化，如图 4.75 所示。

由于啮合齿廓间相对滑动的存在，端曲面齿轮传动过程中在法向载荷的作用下，必将导致啮合齿廓间的磨损或者胶合破坏，相对速度越大，磨损的程度越严重，导致啮合效率降低。由图 4.75 可知，端曲面齿轮传动的相对滑动速度可以表达成

$$\boldsymbol{v}_{12}^{(1)} =\mid \boldsymbol{\omega}_2 \mid \begin{bmatrix} i_{12}[r_{bk}(\sin\phi_s + \theta_k\cos\phi_s) + L_1\sin\lambda] \\ -i_{12}[-r_{bk}(\cos\phi_s - \theta_k\sin\phi_s) - L_1\cos\lambda] - R - u_k \\ -r_{bk}(\sin\phi_s + \theta_k\cos\phi_s) + L_1\sin\lambda \end{bmatrix} \qquad (4.115)$$

端曲面齿轮传动的相对滚动速度可以表达成

$$\boldsymbol{v}_{12r}^{(1)} = \boldsymbol{\omega}_{12r}^{(1)} \times \boldsymbol{r}_1 - \frac{\mathrm{d}\boldsymbol{\xi}}{\mathrm{d}t} + \boldsymbol{\omega}_2 \times \boldsymbol{\xi} \qquad (4.116)$$

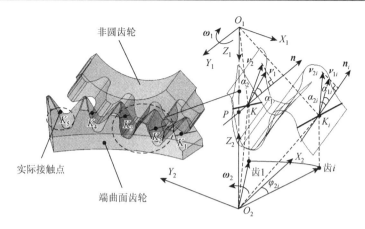

图 4.75　端曲面齿轮相对速度

其中,

$$\boldsymbol{\omega}_{12r}^{(1)} \times \boldsymbol{r}_1 = (\boldsymbol{\omega}_1 + \boldsymbol{\omega}_2) \times \boldsymbol{r}_1(u_k, \theta_k, \theta) \tag{4.117}$$

而其他参数的选取与相对滑动速度的参数相同,则端曲面齿轮传动副间的相对滚动速度为

$$\boldsymbol{v}_{12r}^{(1)} = |\boldsymbol{\omega}_2| \begin{bmatrix} i_{12}[r_{bk}(\sin\phi_s + \theta_k\cos\phi_s) + L_1\sin\lambda] \\ i_{12}[-r_{bk}(\cos\phi_s - \theta_k\sin\phi_s) - L_1\cos\lambda] + R + u_k \\ r_{bk}(\sin\phi_s + \theta_k\cos\phi_s) + L_1\sin\lambda \end{bmatrix} \tag{4.118}$$

结合相对滑动速度方程 (4.115) 和相对滚动方程 (4.118),将 3.3.1 节中的端曲面齿轮齿面离散解 θ_1 代入,便可求得齿面间的相对速度,需要说明的是,由于沿着接触迹线上的离散点所对应的非圆齿轮转角 θ_1 相同,u_k 的变化对相对速度的影响不大,可以忽略不计,只需要求出一个位置上的相对速度即可。齿面间沿着啮合线方向的相对滑动速度为

$$|\boldsymbol{v}_{12}^{(1)}| = \cos\alpha_n(\eta_{1i}) |\boldsymbol{\omega}_2^{(1)}| \sqrt{C} + \kappa\dot{\delta}_n \tag{4.119}$$

式中,

$$C = \{i_{12}[r_{bk}(\sin\phi_s + \theta_k\cos\phi_s) + L_1\sin\lambda]\}^2 + [-i_{12}(\cos\phi_s - \theta_k\sin\phi_s \\ - L_1\cos\lambda) - R - u]^2 + [-r_{bk}(\sin\phi_s + \theta_k\cos\phi_s) + L_1\sin\lambda]^2 \tag{4.120}$$

$\dot{\delta}_n$ 为动态传递误差的一次导数,δ_n 可以表达为

$$\delta_n = c_1(X_1 + r_{b1}\theta_1) + c_2Y_1 - c_1(X_2 + R\theta_2) - c_2Y_2 - e(t) \tag{4.121}$$

式中,当 $\kappa = 0$ 时,为静态相对速度,当 $\kappa = 1$ 时,为动态相对速度。

同理,齿面间相对滚动速度可以表达为

$$|\boldsymbol{v}_{12r}^{(1)}| = |\boldsymbol{\omega}_2^{(1)}| \sqrt{E} + \kappa\dot{\delta}_n \tag{4.122}$$

式中,

$$E = \{i_{12}[r_{bk}(\sin\phi_s + \theta_k\cos\phi_s) + L_1\sin\lambda]\}^2 + [-i_{12}(\cos\phi_s - \theta_k\sin\phi_s \\ - L_1\cos\lambda) - R - u_k]^2 + [r_{bk}(\sin\phi_s + \theta_k\cos\phi_s) + L_1\sin\lambda]^2 \tag{4.123}$$

由于端曲面齿轮齿面离散点已经找到，因此只需将基本参数代入，即可得到齿面滑动速度和滚动速度。

2. 摩擦系数和油膜厚度分析

摩擦系数是影响齿轮功率损失非常重要的参数，在单齿啮合过程中，齿面间的摩擦系数随着啮合位置的不同而变化。摩擦系数大小与轮齿的几何形貌、齿面的表面粗糙度、轮齿的相对滑动速度、齿面间的接触应力及系统的润滑情况等因素相关。目前，研究齿面摩擦系数的模型主要包括库仑摩擦模型、Buckingham 经验公式、Benedict 和 Kelly 和基于弹流润滑理论摩擦系数的计算模型等。考虑到 Winter 和 Michaelis 提出的经验公式的实用性[132]，已被国内外学者广泛应用，故采用该经验公式作为摩擦系数。

$$u_j(t) = 0.0607 \left(\frac{W_j}{\boldsymbol{v}_{12}^{(1)} R_p} \right)^{0.2} \rho^{-0.05} \left(\frac{S_f}{2r(\eta_{1i})} \right)^{0.25} \tag{4.124}$$

式中，S_f 为齿轮表面粗糙度，μm；$\boldsymbol{v}_{12}^{(1)}$ 为齿面间瞬时点相对滑动速度，m/s；ρ 为润滑油黏度，$Pa \cdot s$；R_p 为综合曲率半径。端曲面齿轮在啮合过程中，综合曲率半径 R_p 是随啮合点变化的，可以表达为[133]：

$$\begin{cases} R_p = \dfrac{\sin \alpha_n}{[k_1(\eta_{1i}) + k_2(\eta_{2i})]\sin \vartheta(\eta_{1i})} \\ \vartheta(\eta_{1i}) = \arctan\left[\dfrac{r(\eta_{1i})}{\mathrm{d}r(\eta_{1i})/\mathrm{d}(\eta_{1i})} \right] \\ k_1(\eta_{1i}) = 1/r(\eta_{1i}) \end{cases} \tag{4.125}$$

式中，$k_1(\eta_{1i})$ 和 $k_2(\eta_{2i})$ 分别为非圆齿轮的曲率半径和端曲面齿轮的齿面法曲率，求解过程如式（4.77）所示。

单位法向载荷 W_j(N/mm)可以表达为

$$W_j = KF_j(t)/L_j(t) \tag{4.126}$$

式中，K 的取值与式（4.125）相同。

由式（4.126）可以看出，摩擦系数受单位法向载荷 W_j、相对滑动速度 $\boldsymbol{v}_{12}^{(1)}$ 和极径 $r(\eta_{1i})$ 的周期性影响，啮合过程中齿面间的摩擦系数随着啮合位置的不同而发生周期性变化；分析齿轮啮合齿面的油膜厚度对提高齿轮传动中的传动效率具有十分重要的作用。齿面间的油膜厚度受传递动力齿轮机构中的载荷、接触状态、速度、曲率半径等因素的影响。定义 $h(t)$ 为弹性动力油膜厚度，m；可以采用文献[134]进行计算：

$$h(t) = \frac{3.07 \zeta^{0.57} R_p^{0.4} (\rho \boldsymbol{v}_{12r}^{(1)}/2)^{0.71}}{E^{0.03}(W_j \times 1000)^{0.11}} \tag{4.127}$$

式中，ζ 为润滑油压黏系数，m^2/N；E 为弹性模量；$\boldsymbol{v}_{12r}^{(1)}$ 为齿面间瞬时点的相对滚动速度，m/s。

3. 动态损失功率计算

齿轮传动的功率损耗主要有三种：①齿轮齿面啮合产生的摩擦损耗；②轴承损耗；③润滑油的搅拌损耗。端曲面齿轮传动工作过程中，损失功率主要是啮合损失 P_m，包括滑动摩擦损失 $P_s(t)$ 和滚动摩擦损失 $P_r(t)$ 两部分。端曲面齿轮传动在啮合周期内的总损失功率值为

$$P_m(t) = P_s(t) + P_r(t) \qquad (4.128)$$

由于相对滑动的存在，在端曲面齿轮传动的过程中，在法向压力的作用下，必将使两轮的齿廓受到磨损。另外，由于齿廓各啮合点的滑动速度不同，齿廓上各个啮合位置的磨损状况也不一样。齿廓间相对滑动速度越大，对齿廓磨损的影响也越严重，出现滑动摩擦损失。通过弹流润滑模型求出啮合周期内所有网格点的摩擦损耗功率，获得每个瞬时轮齿接触情况，计算啮合周期内各啮合位置齿面啮合损失功率为

$$P_s(t) = \sum_{j=1}^{n} u_j(t) F_j(t) \boldsymbol{v}_{12s}^{(p')} \times 10^{-3} \qquad (4.129)$$

式中，$F_j(t)$ 为法向啮合力。

在主动齿轮和被动齿轮啮合传递功率的过程中，齿轮间在啮合处由于受力而产生接触变形。在静态载荷下，接触变形区的载荷关于接触点对称。由于齿面间的相对滚动，变形区的载荷分布不对称，产生阻碍相对滚动的力矩，即出现滚动摩擦。利用 Crook[135]基于弹流润滑对滚动摩擦力的试验研究结果计算齿轮滚动摩擦损耗的计算，在任意啮合点的瞬时滚动摩擦损耗为

$$P_r(t) = \sum_{j=1}^{n} 90 h(t) \boldsymbol{v}_{12r}^{(p')} L_j(t) \qquad (4.130)$$

输入动态功率在啮合周期内的磨损功率值和总功率，则端曲面齿轮的动态效率 $\eta(t)$ 为

$$\eta(t) \approx 1 - \frac{P_m}{P} \qquad (4.131)$$

式中，P 为系统输入总功率。

为了研究端曲面齿轮啮合过程中的传动效率，以编号-1 端曲面齿轮副为例，对其动态效率进行了计算。其中，负载扭矩为 25N·m，输入转速范围为 200r/min（低速）、500r/min（中速）、700r/min（中速），齿轮材料为 20CrMnMo，齿面硬度为 HRC56～62，所有轴承皆为滚子轴承，表面粗糙度为 0.32μm，润滑油黏度为 0.0347Pa·s，润滑油压黏系数为 $1.68 \times 10^{-8} \text{m}^2/\text{N}$。当输入转速为 200r/min 时，由于转速过低，动静态下的动力学效应差别不大，因此仅探讨转速为 500r/min 和 700r/min 的端曲面齿轮传动系统动态效率特性。结合 4.4 节中端曲面齿轮传动动态效率分析模型，获得不同转速变化下的动态啮合力、摩擦系数、油膜厚度、空间相对速度、动态载荷分配等关键因素及功率损失与传动效率变化规律，如图 4.76～图 4.80 所示。

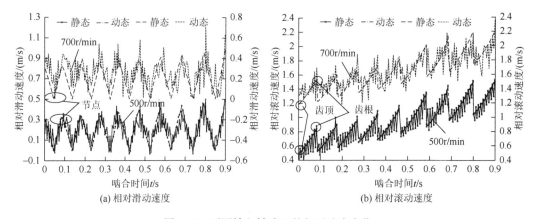

(a) 相对滑动速度　　　　　　　　　　(b) 相对滚动速度

图 4.76　不同输入转速下的相对速度变化

图 4.76～图 4.80 中，700r/min 对应右侧刻度，500r/min 对应左侧刻度

由图 4.76 可知，一个齿廓啮合周期内，空间相对滑动速度随着啮合时间的变化，在端曲面齿轮节曲线节点位置达到极限值，而空间相对滚动速度从齿顶到齿根不断增大；从节曲线波谷到波峰的啮合周期内，空间相对滑动速度和相对滚动速度在齿廓与齿廓间都缓慢增大，在波谷位置对应相对速度最小，波峰位置最大。

由图 4.77 可知，随着啮合时间的变化，在一个啮合周期内，静态啮合力和动态啮合力最大值皆不变；最大啮合力的分配范围缓慢减小（图 4.77（a）），轮齿承载能力下降（图 4.77（b））；对于端曲面齿轮传动系统的动态模型，当考虑到啮合刚度、齿向误差和齿隙变化等固有特性的影响时，可以得到一个规律的端曲面齿轮传动系统响应特性；当输入转速达到 700r/min 时，端曲面齿轮传动系统动态下的系统振动响应特性相比于静态下的响应特性明显复杂得多。

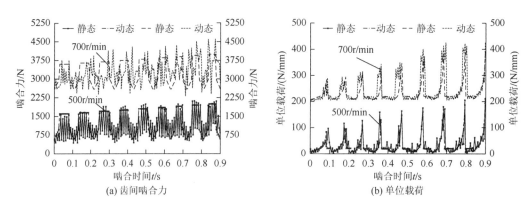

(a) 齿间啮合力　　　　　　　　　　(b) 单位载荷

图 4.77　不同输入转速下的载荷变化

图 4.78 为油膜厚度和摩擦系数随着啮合时间的变化情况。由图 4.78 中可知，一个齿廓啮合周期内，随着啮合时间的变化，动态摩擦系数和静态摩擦系数均在节点位置达到最大值，油膜厚度则在齿根部分达到最大。这将导致轮齿在节点部分磨损量最大，而在齿根部分润滑效果最好；随着啮合时间的变化，动态和静态摩擦系数均在齿廓与齿廓间缓慢增

大，动态和静态油膜厚度均在齿廓与齿廓间缓慢减小，其原因在于单位载荷的增大；由于端曲面齿轮传动系统动态响应（主要是动态载荷和相对速度）变化，动态载荷下的摩擦系数和油膜厚度比静态载荷下的结果更加复杂。

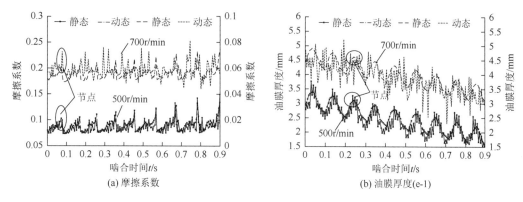

(a) 摩擦系数　　　　　　　　　(b) 油膜厚度(e-1)

图 4.78　不同输入转速下的摩擦系数和油膜厚度

图 4.79 为滑动功率损失、滚动功率损失随着啮合时间的变化情况。由图中可知，一个齿廓啮合周期内，随着啮合时间的变化，动态和静态滑动功率损失均在节点位置最小，这主要是由于在节点位置相对滑动速度最小；动态和静态滚动功率损失均在节点位置最大，这是由于该处接触线长度最长。在一个啮合周期内，动态和静态滑动功率损失在齿廓与齿廓间缓慢增大，主要原因在于摩擦系数的缓慢增大；动态和静态滚动功率损失在齿廓与齿廓间缓慢增大，主要原因在于相对滚动速度的增加程度大于油膜厚度缓慢减小程度。

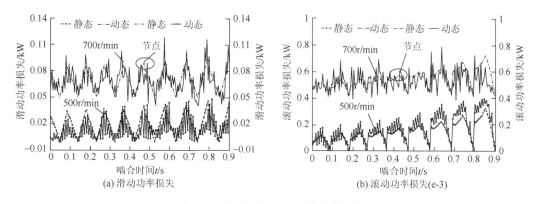

(a) 滑动功率损失　　　　　　　　(b) 滚动功率损失(e-3)

图 4.79　不同输入转速下的功率损失

随着啮合时间变化的端曲面齿轮传动系统的静态效率和动态效率如图 4.80 所示。由图中可知，在一个齿廓啮合周期内，静态效率和动态效率先增大后减小，在节点部分达到最大；从节曲线波谷到波峰的啮合周期内，齿廓与齿廓间缓慢减小，在端曲面齿轮节曲线波谷位置对应的传动效率最高，波峰位置的传动效率最低；动态平均效率为 92.5%，相比普通齿轮效率有所降低,其原因在于端曲面齿轮在啮合过程当中,由转速变化导致惯性力,端曲面齿轮在传动过程当中,会产生较大幅度的振动和冲击;由于不考虑动载影响,端曲面齿轮传动的静态效率高于动态效率。

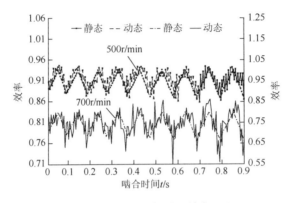

图 4.80　动静态下的传动效率对比

4.6　端曲面齿轮的时变复合传动特性

4.6.1　时变复合运动特性

根据空间齿轮啮合原理,结合端曲面齿轮与圆柱齿轮的运动关系,基于端曲面齿轮与圆柱齿轮的节曲线,建立端曲面齿轮副复合传动模型及传动过程中的坐标系,如图 4.81 所示。

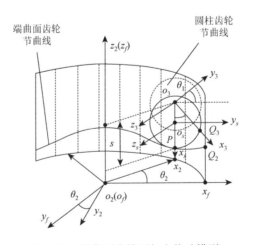

图 4.81　端曲面齿轮副复合传动模型

如图 4.81 所示,分别以端曲面齿轮和圆柱齿轮的旋转中心为原点建立坐标系,坐标

系 $S_2(o_2\text{-}x_2y_2z_2)$ 与端曲面齿轮刚性固连在一起，坐标系 $S_3(o_3\text{-}x_3y_3z_3)$ 与圆柱齿轮刚性固连在一起，坐标系 $S_s(o_s\text{-}x_sy_sz_s)$ 与坐标系 $S_f(o_f\text{-}x_fy_fz_f)$ 固定在齿轮传动的机架上。初始状态时，两齿轮的随动坐标系与固定坐标系分别重合。在端曲面齿轮副传动过程中，端曲面齿轮绕轴 o_2z_2 逆时针方向转动，其角速度为 ω_2，圆柱齿轮绕轴 o_3x_3 沿顺时针方向转动，其角速度为 ω_3。

端曲面齿轮复合传动是一种用于传递空间变传动比运动和动力的复合传动，在传动过程中，其理论传动比具有周期性变化规律，存在最大值、最小值及平均值。为满足该齿轮机构的运动需求，根据齿轮啮合原理，圆柱齿轮节曲线与端曲面齿轮节曲线必须保持纯滚动，即圆柱齿轮上节点的瞬时速度与端曲面齿轮上节点的复合运动瞬时速度应相等。

设 Q_2 是端曲面齿轮节曲线上的一点，Q_3 是圆柱齿轮节曲线上的一点，当圆柱齿轮转过角位移 θ_3、端曲面齿轮转过角位移 θ_2 时，Q_2 与 Q_3 两点重合。圆柱齿轮上节点的瞬时速度为

$$v_3 = r_3\omega_3 \tag{4.132}$$

式中，r_3 为圆柱齿轮的半径。

端曲面齿轮上节点的瞬时速度为

$$v_2 = R\omega_2 + v_s \tag{4.133}$$

式中，R 为端曲面齿轮的半径；v_s 为轴向位移的速度。

根据圆柱齿轮节曲线与端曲面齿轮节曲线相切点的速度相等，可得

$$r_3^2\omega_3^2 = R^2\omega_2^2 + v_s^2 \tag{4.134}$$

则端曲面齿轮复合传动的传动比为

$$i_{32} = \omega_3/\omega_2 = \frac{|V|}{r_3}\cdot\frac{1}{\omega_2} = \frac{\sqrt{(R\omega_2)^2 + (\mathrm{d}s/\mathrm{d}\theta_2)^2}}{r_3\cdot\omega_2} \tag{4.135}$$

由端曲面齿轮的轴向位移 $s = r(0) - r(\theta_3)$，其中 r 为非圆齿轮极径，参考式（2.7），传动比也可表示为

$$i_{32} = \sqrt{\left(\frac{R}{r_3}\right)^2 + \left(\frac{\mathrm{d}s}{\mathrm{d}\theta_2\cdot r_3\cdot\omega_2}\right)^2} = \sqrt{\left(\frac{R}{r_3}\right)^2 + \left\{\frac{2kR(1-k)\sin 2\theta_3[1-\tanh^2(C_3\theta_2)]}{(1-k\cos 2\theta_3)^2[1+C_2\tanh^2(C_3\theta_2)]r_3\omega_2}\right\}^2} \tag{4.136}$$

式中，定义 $C_2 = \dfrac{k-1}{k+1}$，$C_3 = \dfrac{R}{a\sqrt{k^2-1}}$。

由式（4.136）可得，在传动过程中，当端曲面齿轮的轴向移动速度为零，即端曲面齿轮的波峰或波谷与圆柱齿轮啮合时，传动比最小，其值为端曲面齿轮的半径与圆柱齿轮的半径之比。当轴向速度最大时，传动比达到最大值。

端曲面齿轮复合传动是用于传递空间变传动比运动和动力的复合传动,结合轴向移动位移和传动比等运动参数,考虑改变端曲面齿轮阶数 n_2 和偏心率 k 等基本结构参数,研究该复合传动中基本结构参数对运动特性的影响规律及输入输出速度的变化规律,揭示端曲面齿轮复合传动的运动特性。

1. 不同结构参数对轴向移动位移的影响

针对端曲面齿轮复合运动曲线的分析与计算,可以探讨端曲面齿轮复合传动的运动规律。通过改变端曲面齿轮副的基本结构参数,包括偏心率 k 和端曲面齿轮阶数 n_2,探讨该复合传动中基本结构参数对端曲面齿轮轴向位移的影响规律、输入输出速度的变化规律及螺旋角与导程的变化规律。端曲面齿轮复合传动的基本计算参数如表 4.8 所示。

1)端曲面齿轮阶数对轴向位移的影响

根据表 4.8 所示的数据,保持其他参数不变,只改变端曲面齿轮的阶数,做出端曲面齿轮的轴向位移的变化规律曲线,如图 4.82 所示。保持其他参数不变,只改变端曲面齿轮的阶数时,随着端曲面齿轮阶数的增大,轴向位移大小不变,而往复运动周期逐渐减小。因此,在工程实践中,若需要相同运动位移情况下频率更高的轴向往复运动,除了增加转速,也可适当地增加端曲面齿轮的阶数。

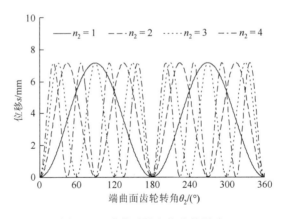

图 4.82 阶数对轴向位移的影响

2)偏心率对轴向位移的影响

根据表 4.8 所示的数据,保持其他参数不变,只改变端曲面齿轮的偏心率,做出端曲面齿轮的轴向位移的变化规律曲线,如图 4.83 所示。保持其他参数不变只改变偏心率时,随着偏心率的增大,端曲面齿轮的轴向位移逐渐增大,而往复运动周期不变。由此可见,在工程实践中,若需要在相同运动周期情况下实现较大的轴向往复运动位移,可通过适当地增大偏心率。

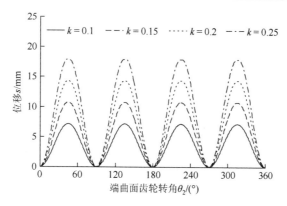

图 4.83　偏心率对轴向位移的影响

3）输入输出速度的变化规律

在端曲面齿轮复合传动过程中，输入某一转速时，输入轴在带动输出轴进行转动的同时实现轴向往复移动，因此有必要分析输入输出转速与轴向移动速度间的关系。结合表 4.8 中的参数，传动过程中输入轴及输出轴的转动速度、输出轴的移动速度变化曲线如图 4.84 所示。从图 4.84 可以看出，当输入转速为 200r/min 时，输出转速为波动值，且在 100r/min 附近周期性变化，同时端曲面齿轮做轴向往复运动，其轴向移动速度呈周期性的类正弦变化。输出转速和轴向移动速度的变化周期与端曲面齿轮的波峰数目相同。

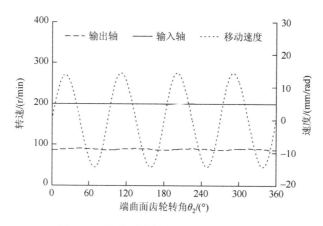

图 4.84　端曲面齿轮复合传动的速度分析

4）螺旋角与导程的变化规律

由端曲面齿轮复合传动的传动原理可知，在传动过程中，端曲面齿轮做局部螺旋运动，因此有必要分析做螺旋运动时的导程与螺旋角的变化规律。结合表 4.8 中的参数，端曲面齿轮做螺旋运动时每一瞬时的螺旋角和导程变化曲线如图 4.85 所示。

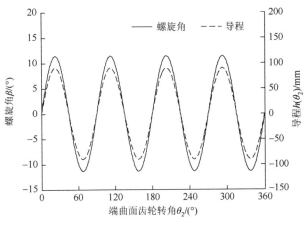

图 4.85　导程和螺旋角

从图 4.85 可以看出，在端曲面齿轮复合传动过程中，端曲面齿轮的导程和螺旋角均呈周期性的类正弦变化。由于在机构的传动过程中，端曲面齿轮的运动轨迹既有正螺旋，又有反螺旋，因此从波谷啮合到波峰的过程中，导程和螺旋角先增大后减小，而从波峰啮合到波谷的过程中，导程和螺旋角反方向先增大后减小。图 4.85 可以更直观地反映出在端曲面齿轮复合传动过程中端曲面齿轮做局部螺旋运动。

2. 不同结构参数对传动比的影响

端曲面齿轮复合传动过程中，根据式（4.136）可以看出其理论传动比是变化的。由传动比的计算公式可得，端曲面齿轮的基本结构参数影响传动比的变化，包括端曲面齿轮阶数 n_2 和偏心率 k，因此需要分析结构参数对传动比变化的影响，探讨出端曲面齿轮复合传动的传动比变化规律。

1）端曲面齿轮阶数对传动比的影响

结合表 4.8 中的参数，保持其他参数不变，改变端曲面齿轮阶数 n_2，分别取 $n_2 = 1$、2、4、6，做出端曲面齿轮复合传动的传动比变化曲线，如图 4.86 所示。

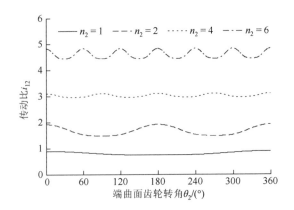

图 4.86　阶数对传动比的影响

从图 4.86 可以看出，保持其他参数不变时，随着端曲面齿轮阶数 n_2 的变化，端曲面齿轮转过一周时，其传动比的变化周期为 2，阶数 n_2 越大，变化周期越明显，同时传动比的数值也越大。在工程实践中，若需要增加传动比变化周期或实现较大的传动比，可通过适当地增大端曲面齿轮的阶数。

2）偏心率对传动比的影响

结合表 4.8 中的参数，保持其他参数不变，改变偏心率 k，分别取 $k = 0.1$、0.15、0.2、0.25，做出端曲面齿轮复合传动的传动比变化曲线，如图 4.87 所示。

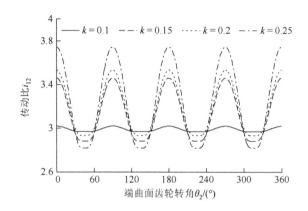

图 4.87　偏心率对传动比的影响

从图 4.87 可以看出，保持其他参数不变时，随着偏心率 k 的增大，端曲面齿轮转过一周时，传动比变化的周期不变，但传动比的波动幅度增大，最大值会增大，最小值会减小。由于偏心率 k 越大，位移的行程越大，速度波动的幅度也越大，因此，工程实践中在保证位移行程的前提下，可选取偏心率较小的端曲面齿轮复合传动机构。

4.6.2　时变复合力学特性

齿轮传动的受力分析是进行系统设计与校核的前提。由于在端曲面齿轮复合传动的过程中，轮齿所受载荷是不断变化的，要进行齿轮轮齿强度计算、设计参数选择、安装齿轮的轴及轴承的设计与选择，首先需要对齿轮副进行受力分析。为了使齿轮传动时齿面间的摩擦力减小，通常会进行轮齿间的润滑，根据能量守恒定律，在受力分析时不考虑轮齿面间的摩擦力。

图 4.88 为端曲面齿轮复合传动过程中齿轮副的受力示意图，其中圆柱齿轮作为主动轮，端曲面齿轮作为从动轮。在理论情况下，圆柱齿轮只受切向力和径向力的作用，不受轴向力的作用；端曲面齿轮只受切向力和轴向力的作用，不受径向力的作用。但在实际应用中由于安装误差等的存在，圆柱齿轮可能受微小的轴向力作用，在此不做分析。

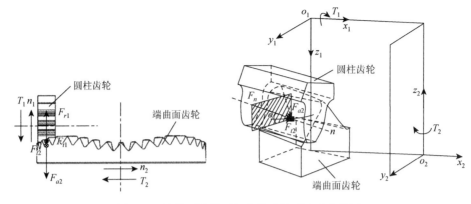

图 4.88　端曲面齿轮副复合传动模型及受力分析

根据端曲面齿轮复合传动时端曲面齿轮副的受力分析，其中圆柱齿轮与端曲面齿轮所受到的切向力和法向载荷大小相等、方向相反，圆柱齿轮所受径向力与端曲面齿轮所受轴向力大小相等、方向相反。因此在端曲面齿轮复合传动过程中，齿轮副所受的啮合力表示为

$$F_{t1} = \frac{T_1}{r_1} = \frac{T_2 - I_2\beta_2}{i_{12}r_1} \tag{4.137}$$

$$F_{r1} = F_{t1} \cdot \tan\alpha \tag{4.138}$$

$$F_{a2} = -F_{r1} = -F_{t1} \cdot \tan\alpha \tag{4.139}$$

则法向载荷为

$$F_n = \frac{F_{a2}}{\sin\alpha} = -\frac{T_2 - I_2\beta_2}{i_{12}r_1\cos\alpha} \tag{4.140}$$

式中，T_1 为驱动扭矩；T_2 为负载扭矩；r_1 为圆柱齿轮半径；I_2 为端曲面齿轮的转动惯量；β_2 为端曲面齿轮的角加速度；α 为端曲面齿轮副的压力角。

由式（4.140）可知，端曲面齿轮副的基本结构参数及压力角同时影响复合传动齿轮副的啮合力。压力角增大时，齿轮副传递相同的扭矩需要的作用力随之增加，而压力角过大时，齿轮副可能出现自锁现象，通常要求压力角最大不能大于 65°。因此，分析端曲面齿轮复合传动压力角的变化及对齿轮副所受啮合力的影响十分有必要。

通过端曲面齿轮复合传动过程中齿轮副的受力分析及压力角的定义，啮合点 P 处的压力角如图 4.89 所示，端曲面齿轮复合传动的压力角为法向载荷与啮合点处的绝对速度之间的夹角。

如图 4.89 所示，v_2、v_t、v_s 分别为端曲面齿轮在啮合点处的绝对速度、切向速度和轴向速度。α_0 为圆柱齿轮压力角，其为标准值 20°，α_1 为切向速度 v_t 和绝对速度 v_2 之间的夹角，则端曲面齿轮复合传动过程中齿轮副的压力角可表示为

$$\alpha = \alpha_0 - \alpha_1 \tag{4.141}$$

$$\alpha_1 = \arctan\left(\frac{v_s}{v_t}\right)$$

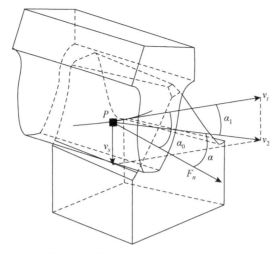

图 4.89　端曲面齿轮复合传动压力角

联立方程后，端曲面齿轮复合传动过程中齿轮副的压力角可表示为

$$\alpha = \alpha_0 - \arctan\left[\sqrt{(r_1\omega_1)^2 - (R\omega_2)^2}\Big/R\omega_2\right]$$

$$= \alpha_0 - \arctan\sqrt{(r_1 i_{12}/R)^2 - 1}$$

（4.142）

为了分析端曲面齿轮副的基本结构参数及压力角对齿轮副的啮合力的影响，取端曲面齿轮副的负载扭矩为 10N·m，输入转速为 300r/min 时，端曲面齿轮所受到的轴向力、切向力与法向载荷随时间的变化曲线如图 4.90 所示。

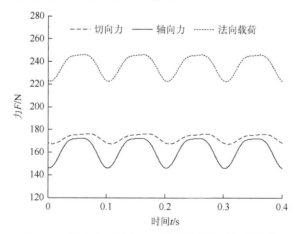

图 4.90　轴向力、切向力、法向载荷随时间的变化

从图 4.90 可以看出，端曲面齿轮所受的分力中，切向力大于轴向力，同时切向力是驱动端曲面齿轮旋转并做功的有效分力，在法向载荷一定的情况下，切向力越大，对齿轮的传动越有利。

由于在端曲面齿轮复合传动过程中，转速和扭矩的变化会对啮合力产生影响，而端曲面齿轮要实现轴向往复移动，须受到轴向力的作用，因此有必要分析输入转速和负载扭矩的变化对端曲面齿轮所受轴向力的影响。

结合表 4.8 中的参数，当取负载扭矩为 10N·m，输入转速分别为 100r/min、200r/min、300r/min 时，端曲面齿轮所受到的轴向力与输入转速的关系曲线如图 4.91 所示。

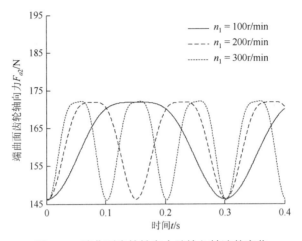

图 4.91　端曲面齿轮轴向力随输入转速的变化

由图 4.91 可以看出，当负载扭矩为 10N·m 时，随着输入转速的增加，端曲面齿轮所受到的轴向力的波动范围、最大值、最小值几乎保持不变，而最小正周期随输入转速的增加而减小，即在相同时间内，输入转速越大，端曲面齿轮轴向力变化的周期越多。

结合表 4.8 中的参数，当取输入转速为 300r/min，负载扭矩分别为 10N·m、15N·m、20N·m 时，端曲面齿轮所受到的轴向力与负载扭矩的关系曲线如图 4.92 所示。

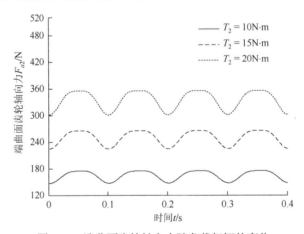

图 4.92　端曲面齿轮轴向力随负载扭矩的变化

由图 4.92 可以看出，当取输入转速为 300r/min 时，随着负载扭矩 T_2 的增大，端曲面齿轮所受轴向力的变化周期不变，但轴向力的幅值增大，同时轴向力的最大值和最小值都增大，变化范围也增大。

第5章 端曲面齿轮传动制造与测量研究

5.1 端曲面齿轮加工技术

5.1.1 三轴数控加工方法

图 5.1 为端曲面齿轮的加工原理,刀具加工端曲面齿轮的过程包含两部分:其一为刀具绕自身轴的旋转;其二为刀具齿廓转换到假想与端曲面齿轮啮合的非圆齿轮齿廓,并与端曲面齿轮毛坯做啮合运动。$S_c(O_c\text{-}X_cY_cZ_c)$ 固定于端曲面齿轮中心点处,$S_b(O_b\text{-}X_bY_bZ_b)$ 为 $S_c(O_c\text{-}X_cY_cZ_c)$ 沿 z 方向移动 z_0 距离得到的,$S_d(O_d\text{-}X_dY_dZ_d)$ 固定于端曲面齿轮节曲线齿宽中点上,为 $S_c(O_c\text{-}X_cY_cZ_c)$ 沿 Y 方向移动 y_1 距离得到的,$S_o(O_o\text{-}X_oY_oZ_o)$ 固定于与端曲面齿轮啮合的非圆齿轮中心处,$S_a(O_a\text{-}X_aY_aZ_a)$ 固定于刀具节曲线齿宽中心上。

将刀具齿面方程的坐标系 S_a 变换到假想与端曲面齿轮啮合的非圆齿轮的坐标系 S_o,齿廓的矢量表达式变为

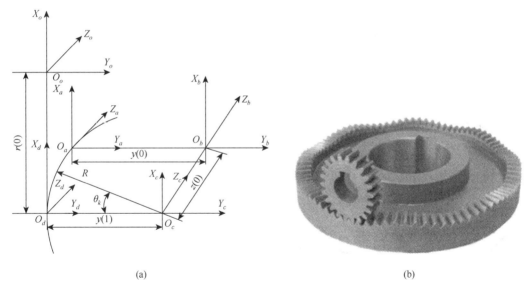

| (a) | (b) |

图 5.1 三轴刀具与非圆齿轮的位置关系

$$r_0(u_k,\theta_k) = M_{oa}r_k(u_k,\theta_k)$$
$$= \begin{bmatrix} r(0) + r_{bk}[\cos(\theta_k+\theta_{ok}) + \theta_k\sin(\theta_k+\theta_{ok})] \\ y(0) - y(1) + r_{bk}[\sin(\theta_k+\theta_{ok}) + \theta_k\cos(\theta_k+\theta_{ok})] \\ u_k - z(0) \\ 1 \end{bmatrix} \quad （5.1）$$

其中，

$$M_{oa} = M_{od} M_{dc} M_{cb} M_{ba} = \begin{bmatrix} 1 & 0 & 0 & r(0) \\ 0 & 1 & 0 & y(0) - y(1) \\ 0 & 0 & 1 & -z(0) \\ 0 & 0 & 0 & 1 \end{bmatrix} \tag{5.2}$$

式中，M_{oa} 表示刀具齿廓坐标系 S_a 到假想与端曲面齿轮啮合的非圆齿轮的坐标系 S_o 的转换矩阵；M_{ba} 表示 O_a 坐标系到 O_b 坐标系的转换矩阵；M_{cb} 表示 O_b 坐标系到 O_c 坐标系的转换矩阵；M_{dc} 表示 O_c 坐标系到 O_d 坐标系的转换矩阵；M_{od} 表示 O_d 坐标系到 O_o 坐标系的转换矩阵。

为描述非圆齿轮与端曲面齿轮的运动关系，结合空间齿轮啮合原理，分别建立以下四个坐标系：$S_s(O_s\text{-}X_sY_sZ_s)$ 固定于非圆齿轮传动机架上，$S_{s'}(O_{s'}\text{-}X_{s'}Y_{s'}Z_{s'})$ 与非圆齿轮刚性固定在一起，$S_f(O_f\text{-}X_fY_fZ_f)$ 固定在端曲面齿轮传动机架上，$S_{f'}(O_{f'}\text{-}X_{f'}Y_{f'}Z_{f'})$ 与端曲面齿轮刚性固定在一起。$S_s(O_s\text{-}X_sY_sZ_s)$ 和 $S_{s'}(O_{s'}\text{-}X_{s'}Y_{s'}Z_{s'})$ 在初始位置重合，传动时，$S_{s'}(O_{s'}\text{-}X_{s'}Y_{s'}Z_{s'})$ 绕轴 O_sZ_s 沿顺时针方向转动，其角速度为 θ_1；$S_f(O_f\text{-}X_fY_fZ_f)$ 和 $S_{f'}(O_{f'}\text{-}X_{f'}Y_{f'}Z_{f'})$ 在初始位置重合，传动时，$S_{f'}(O_{f'}\text{-}X_{f'}Y_{f'}Z_{f'})$ 绕轴 O_fZ_f 沿逆时针方向转动，其角速度为 θ_2。其中面 $X_fO_fY_f$ 与面 $X_sO_sY_s$ 的间距为 R。

根据空间坐标转换原理，非圆齿轮的动坐标系 $S_{s'}$ 到端曲面齿轮动坐标系 $S_{f'}$ 的齐次转换矩阵为

$$\begin{aligned} M_{fs'} &= M_{ff'} M_{fs} M_{ss'} \\ &= \begin{bmatrix} \cos\theta_1 & \sin\theta_1 & 0 & -r(0) \\ -\cos\theta_2 \sin\theta_1 & \cos\theta_1 \cos\theta_2 & \sin\theta_2 & R\sin\theta_2 \\ \sin\theta_1 \sin\theta_2 & -\cos\theta_1 \sin\theta_2 & \cos\theta_2 & R\cos\theta_2 \\ 0 & 0 & 0 & 1 \end{bmatrix} \end{aligned} \tag{5.3}$$

将刀具齿廓由非圆齿轮坐标系 $S_{s'}$ 变换到端曲面齿轮坐标系 $S_{f'}$ 中，即可求得端曲面齿轮的齿面方程：

$$r_2(u_k, \theta_k) = M_{fs'} r_0(u_k, \theta_k) \tag{5.4}$$

$$n_2 = L_{fs'} n_0 = L_{fs'} \frac{\dfrac{\partial r_0}{\partial \theta_k} \times \dfrac{\partial r_0}{\partial u_k}}{\left| \dfrac{\partial r_k}{\partial \theta_k} \times \dfrac{\partial r_k}{\partial u_k} \right|} \tag{5.5}$$

式中，n_0 为非圆齿轮齿廓单位法矢量；$L_{fs'}$ 为 $M_{fs'}$ 的三阶主子式。

在坐标系 $S_{f'}$ 中，相对速度 $v_{fs'}^{(f')}$ 为

$$v_{fs'}^{(f')} = (\theta_1 - \theta_2) \times M_{fs'} r_k \tag{5.6}$$

由式（5.6）可得啮合方程为

$$\boldsymbol{n}_2 \cdot \boldsymbol{v}_{f's'}^{(f')} = f(u_k, \theta_k, \theta_2) = 0 \tag{5.7}$$

求解式（5.4）～式（5.7），可得端曲面齿轮齿面矢量表达式：

$$\boldsymbol{r}_2 = \boldsymbol{r}_2(\theta_k, \theta_2) \tag{5.8}$$

端曲面齿轮每个齿廓不尽相同，需要三轴联动以上的机床进行加工。本书探索三轴联动数控机床加工端曲面齿轮的方法。三轴数控机床模型如图 5.2 所示。

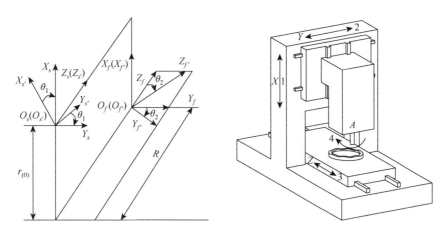

图 5.2　三轴数控机床模型

端曲面齿轮的加工取决于刀具与端曲面齿轮毛坯的相对位置关系。为了确保其在坐标变换中相对位置与相对运动的正确性，需要建立刀具坐标系变换到工件坐标系的坐标变换矩阵，保证加工过程中数控轴控制刀具按照正确的运动关系运动，该变换矩阵为

$$\boldsymbol{M}_{f'a} = \boldsymbol{M}_{f's'} \boldsymbol{M}_{oa} \tag{5.9}$$

$\boldsymbol{M}_{f'a}$ 是 4×4 的矩阵，表示刀具齿面坐标系到端曲面齿轮齿面坐标系的变换矩阵。

$$\boldsymbol{M}_{f'a}^{m} = \boldsymbol{M}_{f'a} \tag{5.10}$$

$\boldsymbol{M}_{f's}^{m}$ 表示三轴数控机床加工端曲面齿轮的运动矩阵。其位置向量关系为

$$\boldsymbol{O}_a \boldsymbol{O}_{f'} = \boldsymbol{M}_{f'a} \begin{bmatrix} 0 \\ 0 \\ 0 \\ 1 \end{bmatrix} = \boldsymbol{O}_a \boldsymbol{O}_{f'}^{m} = \boldsymbol{M}_{f'a}^{m} \begin{bmatrix} 0 \\ 0 \\ 0 \\ 1 \end{bmatrix} \tag{5.11}$$

根据式（5.9）～式（5.11），可得数控加工几何关系为

$$\begin{cases} X = r(0)\cos\theta_1 - r(0) + [y(0) - y(1)]\sin\theta_1 \\ Y = R\sin\theta_2 - z(0)\sin\theta_2 + [y(0) - y(1)]\cos\theta_1\sin\theta_2 \\ Z = R\cos\theta_2 - z(0)\cos\theta_2 - [y(0) - y(1)]\cos\theta_1\sin\theta_2 \\ \quad\ + r(0)\sin\theta_2\sin\theta_2 \end{cases} \tag{5.12}$$

式中，$\theta_1/\theta_2 = i_{12}$，$i_{12}$ 为端曲面齿轮副传动比函数。

根据公式（5.12），可求得刀具在加工端曲面齿轮时的运动轨迹。刀具的走刀路线为由外圈走圆周逐步走到内圈。图 5.3 为 R 取 39mm、42mm、45mm 时，刀具运动轨迹离散状态点的位置分布图。

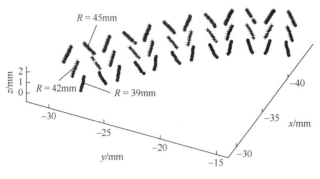

图 5.3　刀具离散状态点

由于端曲面齿轮设计与加工都非常复杂，加工试验选取的加工对象为非圆齿轮为二阶，端曲面齿轮为八阶。为了控制端曲面齿轮的尺寸，加工的非圆齿轮齿数较小，模数也较小，其具体的几何尺寸参数如表 5.1 所示。

表 5.1　加工端曲面齿轮副几何参数

参数	值
非圆齿轮齿数 z_1	22
端曲面齿轮齿数 z_2	88
模数 m/mm	1
非圆齿轮阶数 n_1	2
端曲面齿轮阶数 n_2	8
偏心率 k	0.1
齿顶高系数 h_a^*	1
顶隙系数 c^*	0.25
端曲面齿轮内半径 R_1/mm	39
端曲面齿轮外半径 R_2/mm	45
齿宽/mm	6

端曲面齿轮加工的步骤包括毛坯开粗、齿槽去残、齿面半精加工、过渡曲面半精加工、齿面精加工、过渡曲面精加工。在毛坯开粗过程中，刀具的直径为 4mm，主轴转速较慢，但进给速度比较快；齿槽去残是为了剔除毛坯开粗工序中产生的毛刺，避免后续过程中出现毛刺划伤齿面的情况；半精加工齿面与过渡曲面，主轴速度明显提升，进给速度下降；精加工齿面时，进给速度进一步下降；精加工过渡曲面时，主轴速度相比精

加工齿面时进一步提升，进给速度保持不变。具体的加工工艺参数如表 5.2 所示，端曲面齿轮齿面精加工过程如图 5.4 所示。

表 5.2 Smart-CNC450 数控精铣端曲面齿轮加工工艺卡

序号	工步	吃刀深度/mm	刀具参数/mm	余量/mm	主轴转速/(r/min)	进给速度/(m/min)	加工耗时/s
1	毛坯开粗	0.12	D4 平底铣刀	0.1	4000	3.0	5734
2	齿槽去残	0.10	D1.5 平底铣刀	0.08	10000	1.2	3823
3	半精加工齿面	0.06	D1 平底铣刀	0.06	12000	1.2	18300
4	半精加工过渡曲面	0.06	D0.5 球刀	0.06	12000	1.2	10654
5	精加工齿面	0.06	D0.5 球刀	0.00	12000	0.6	19635
6	精加工过渡曲面	0.06	D0.5 平底铣刀	0.00	15000	0.6	20365

图 5.4 端曲面齿轮齿面精加工

5.1.2 五轴数控加工方法

在图 5.4 所示的端曲面齿轮精加工及图 5.5 所示的球头铣刀与产形轮的位置关系中，球头铣刀加工端曲面齿轮需要 3 个参数：θ_m、l_k 以及 h_k，其中 θ_m 为球头铣刀绕着 Z 轴旋转所形成的倾角，l_k 为球头铣刀的坐标原点与端曲面齿轮的坐标原点在 Z 方向的距离，h_k 为球头铣刀的坐标原点与端曲面齿轮的坐标原点在 X 方向的距离。θ_m、l_k 以及 h_k 均为自变量 θ_2 的函数。假设端曲面齿轮的齿面方程为 $\mathbf{r}_2(u_k,\theta_k)$，那么球头铣刀的运动轨迹方程 $\mathbf{r}_t(u_k,\theta_k)$ 可由坐标系 $S_a(O_a\text{-}X_aY_aZ_a)$ 变换到 $S_e(O_e\text{-}X_eY_eZ_e)$ 的矩阵得到。

$$\begin{aligned}
\mathbf{r}_t(u_k,\theta_k) &= \mathbf{M}_{eg}(\theta_m)\mathbf{M}_{gi}(h_k,l_k)\mathbf{M}_{ia}(\theta_1)\mathbf{r}_2(u_k,\theta_k) \\
&= \mathbf{M}_{ea}(\theta_m,h_k,l_k\theta_1)\mathbf{r}_2(u_k,\theta_k)
\end{aligned}$$

（5.13）

其中，

$$\boldsymbol{M}_{eg}(\theta_m) = \begin{bmatrix} \cos\theta_m & -\sin\theta_m & 0 & 0 \\ \sin\theta_m & \cos\theta_m & 0 & 0 \\ 0 & 0 & 1 & 0 \\ 0 & 0 & 0 & 1 \end{bmatrix} \quad (5.14)$$

$$\boldsymbol{M}_{gi}(h_k, l_k) = \begin{bmatrix} 1 & 0 & 0 & h_k \\ 0 & 1 & 0 & 0 \\ 0 & 0 & 1 & l_k \\ 0 & 0 & 0 & 1 \end{bmatrix} \quad (5.15)$$

$$\boldsymbol{M}_{ia}(\theta_1) = \begin{bmatrix} 1 & 0 & 0 & 0 \\ 0 & \cos\theta_1 & -\sin\theta_1 & 0 \\ 0 & \sin\theta_1 & \cos\theta_1 & 0 \\ 0 & 0 & 0 & 1 \end{bmatrix} \quad (5.16)$$

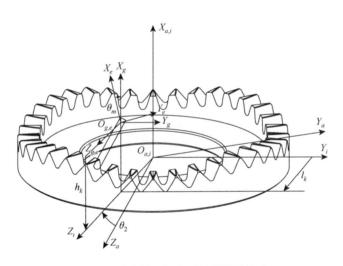

图 5.5 球头铣刀与产形轮的位置关系

五轴联动数控机床包括三个平移运动 c_x、c_y、c_z 以及两个旋转运动 ψ_a、ψ_c，如图 5.6 所示。图 5.6 为端曲面齿轮的加工原理，刀具加工端端面齿轮的过程包含两部分：其一为刀具绕自身轴的旋转；其二为刀具齿廓转换到产形轮齿廓，并与端曲面齿轮毛坯做啮合运动。坐标系 S_c 固定于假想与端曲面齿轮啮合的非圆齿轮中心点处，$S_b(O_b\text{-}X_bY_bZ_b)$ 为 $S_a(O_a\text{-}X_aY_aZ_a)$ 绕 X 轴旋转 ψ_c 角度得到的，$S_c(O_c\text{-}X_cY_cZ_c)$ 为 $S_b(O_b\text{-}X_bY_bZ_b)$ 在 Y 方向平移 k_1、Z 方向平移 c_z、X 方向平移 c_x 得到的。$S_d(O_d\text{-}X_dY_dZ_d)$ 为 $S_c(O_c\text{-}X_cY_cZ_c)$ 绕 Z 方向旋转 ψ_a 角度得到的。$S_e(O_e\text{-}X_eY_eZ_e)$ 为 $S_d(O_d\text{-}X_dY_dZ_d)$ 沿 Y 方向平移 c_y 得到的，$S_e(O_e\text{-}X_eY_eZ_e)$ 固定于刀具节曲线齿宽中心上。

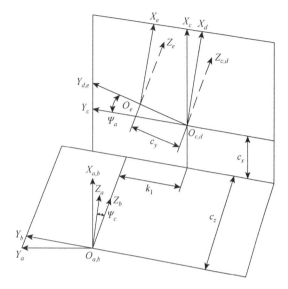

图 5.6　五轴加工刀具与端曲面齿轮的位置关系

将球头铣刀的坐标系 S_e 变换到端曲面齿轮坐标系 S_a 中：

$$\begin{aligned}
\boldsymbol{r}_2^{(J)}(u_k,\theta_k) &= \boldsymbol{M}_{ab}^{(J)}(\psi_c)\boldsymbol{M}_{bc}^{(J)}(c_x,c_z)\boldsymbol{M}_{cd}^{(J)}(\psi_a)\boldsymbol{M}_{de}^{(J)}(c_y)\boldsymbol{r}_t^{(J)}(u_k,\theta_k) \\
&= \boldsymbol{M}_{ae}^{(J)}(\psi_a,\psi_c c_x,c_y,c_z)\boldsymbol{r}_t^{(J)}(u_k,\theta_k)
\end{aligned} \tag{5.17}$$

其中，

$$\boldsymbol{M}_{ab}^{(J)}(\psi_c)=\begin{bmatrix} 1 & 0 & 0 & 0 \\ 0 & \cos\psi_c & \sin\psi_c & 0 \\ 0 & -\sin\psi_c & \cos\psi_c & 0 \\ 0 & 0 & 0 & 1 \end{bmatrix} \tag{5.18}$$

$$\boldsymbol{M}_{bc}^{(J)}(c_x,c_z)=\begin{bmatrix} 1 & 0 & 0 & -c_x \\ 0 & 1 & 0 & k_1 \\ 0 & 0 & 1 & c_z \\ 0 & 0 & 0 & 1 \end{bmatrix} \tag{5.19}$$

$$\boldsymbol{M}_{cd}^{(J)}(\psi_a)=\begin{bmatrix} \cos\psi_a & -\sin\psi_a & 0 & -k_2\cos\psi_a \\ \sin\psi_a & \cos\psi_a & 0 & k_2\sin\psi_a \\ 0 & 0 & 1 & 0 \\ 0 & 0 & 0 & 1 \end{bmatrix} \tag{5.20}$$

$$\boldsymbol{M}_{de}^{(J)}(c_y)=\begin{bmatrix} 1 & 0 & 0 & 0 \\ 0 & 1 & 0 & -c_y \\ 0 & 0 & 1 & 0 \\ 0 & 0 & 0 & 1 \end{bmatrix} \tag{5.21}$$

$$M_{ae} = M_{ab}M_{bc}M_{cd}M_{de}$$

$$= \begin{bmatrix} \cos\psi_a & -\sin\psi_a & 0 & -c_x - c_y\sin\psi_a \\ \cos\psi_c\sin\psi_a & \cos\psi_a\cos\psi_c & -\sin\psi_c & k_1\cos\psi_c + c_z\sin\psi_c + c_y\cos\psi_a\cos\psi_c \\ \sin\psi_a\sin\psi_c & \cos\psi_a\sin\psi_c & \cos\psi_c & k_1\sin\psi_c - c_z\cos\psi_c + c_y\cos\psi_a\sin\psi_c \\ 0 & 0 & 0 & 1 \end{bmatrix}$$

（5.22）

M_{ae} 表示刀具齿廓坐标系 S_e 到假想与端曲面齿轮啮合的非圆齿轮坐标系 S_a 的转换矩阵；M_{ab} 表示 S_b 坐标系到 S_a 坐标系的转换矩阵；M_{bc} 表示 S_c 坐标系到 S_b 坐标系的转换矩阵；M_{cd} 表示 S_d 坐标系到 S_c 坐标系的转换矩阵；M_{de} 表示 S_e 坐标系到 S_d 坐标系的转换矩阵。

在五轴数控加工机床上，球头铣刀变换到端曲面齿轮的坐标变换矩阵和球头铣刀运动轨迹变换到端曲面齿轮的变换矩阵应该是等价的。

$$M_{ae}^{(J)}(\psi_a, \psi_c, c_x, c_y, c_z) = M_{ae}(\theta_m, h_k, l_k\theta_1) = M_{ea}^{-1}(\theta_m, h_k, l_k\theta_1)$$

通过比较 3×3 矩阵，可得

$$\begin{cases} \psi_c(\theta_1) = \theta_1 \\ \psi_a(\theta_1) = \theta_m(\theta_1) \end{cases}$$

（5.23）

结合上述公式，可得数控平移轴的表达式为

$$\begin{cases} c_x(\theta_1) = h_k(\theta_1)\cos(\theta_m)/\cos(\theta_1) + k_1\tan(\theta_1) - k_2\cos(\theta_1) + k_2\sin(\theta_1)\tan(\theta_1) \\ c_y(\theta_1) = h_k(\theta_1)\sin\theta_m + k_1\cos\theta_1 + \sin\theta_1[h_k(\theta_1)\cos(\theta_m)/\cos(\theta_1) + k_1\tan(\theta_1) \\ \qquad\qquad - k_2\cos(\theta_1) + k_2\sin(\theta_1)\tan(\theta_1)] + 2k_2\sin(\theta_1)\cos(\theta_1) \\ c_z(\theta_1) = l_k(\theta_1) \end{cases}$$

（5.24）

五轴数控机床数控各轴运动坐标值如表 5.3 所示。

表 5.3　五轴数控机床数控各轴运动坐标值

X 轴	Y 轴	Z 轴	B 轴	C 轴
−83.684	−8.792	5.713	−20.000	11.828
−82.813	−8.676	5.690	−19.974	11.810
−82.569	−8.642	5.689	−19.959	11.805
−82.782	−8.537	5.706	−19.954	11.812
−81.381	−8.480	5.708	−19.959	11.815
−80.995	−8.436	5.732	−19.974	11.818
−80.207	−8.342	5.753	−20.000	11.825

续表

X 轴	Y 轴	Z 轴	B 轴	C 轴
...	...	...	...	...
−81.289	−20.370	7.798	−19.999	19.898
−82.069	−20.537	7.817	−19.973	19.879
−82.459	−20.620	7.828	−19.957	19.869

普通的面齿轮由于每一个齿都是一样的，故只需要二轴半机床即可加工，其中两轴为联动，一轴为分度轴。端曲面齿轮每个齿廓不尽相同，故需要三轴联动以上的机床进行加工。在此探索五轴联动数控机床加工端曲面齿轮的方法。五轴数控机床模型如图5.7 所示。所有加工所需的运动包含 6 个数控轴，包括三个平移轴、两个旋转轴以及一个高速主轴。

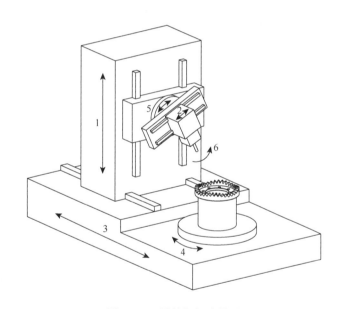

图 5.7　五轴数控机床模型

1-竖直方向平移 (X, c_x)；2-转轮轴向平移 (Y, c_y)；3-径向平移 (Z, c_z)；4-工件旋转轴 (C, ψ_c)；5-转轮旋转轴 (B, ψ_a)；

6-刀具高速主轴

本书提出了一种五轴联动数控机床加工端曲面齿轮的方法。根据齿轮啮合原理，产形轮与端曲面齿轮毛坯相互作用时，每一时刻都将产生瞬时接触线，这些瞬时接触线对毛坯产生切削效果，最终生成端曲面齿轮模型，这种方法又称为展成法。将此法运用于五轴数控机床加工端曲面齿轮中，即加工端曲面齿轮时，可以看作刀具沿着产形轮（非圆齿轮）与端曲面齿轮的接触线做铣削运动。因此，需要建立球头铣刀与端曲面齿轮的位置模型，端曲面齿轮副接触模型如图5.8 所示。

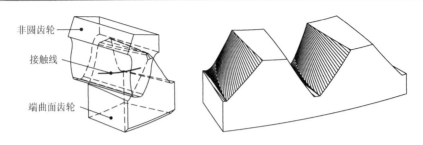

图 5.8　端曲面齿轮副接触模型

刀具的齿面 Σ_1 与非圆齿轮的齿面 Σ_2 啮合产生的接触线为 L_2。非圆齿轮的齿面 Σ_2 与端曲面齿轮的齿面 Σ_3 啮合产生的接触线为 L_1。端曲面齿轮齿面是由刀具齿面包络出来的，故刀具齿面与端曲面齿轮每时每刻都处于线接触状态，接触线与齿顶线方向相比是倾斜的；同理，非圆齿轮也由刀具齿面 Σ_1 包络而得到，非圆齿轮齿面与刀具齿面也处于线接触状态，且线接触轨迹为水平方向；非圆齿轮与端曲面齿轮啮合时，根据齿轮啮合原理可知，被包络出的端曲面齿轮齿面与非圆齿轮的齿面每时每刻均处于点接触状态。该点是两条流动接触线 L_1 与 L_2 的交点，如图 5.9 所示。由分析可得，这样加工出来的端曲面齿轮可以实现点接触代替瞬时的线接触。

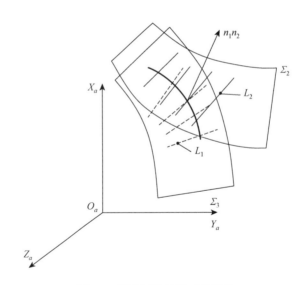

图 5.9　端曲面齿轮瞬时接触线

在加工端曲面齿轮副之前，需要对加工的路径进行规划，尤其是齿面的加工路径，由于齿面的加工工时占据整个加工工时的绝大部分，合理规划刀具加工路径，对提高加工效率具有非常重要的意义。对非圆齿轮进行路径分析，有两种加工路径可供选择：一种是沿着圆周呈螺旋线式的加工方式；另一种是垂直往复绕中心线旋转式的加工方式。铣毛坯、粗加工以及半精加工时，由于进给量大，采用圆周呈螺旋线式的加工方式，效率较高。而齿面的精加工与过渡曲面的精加工采用垂直往复绕中心线旋转式的加工方式，与之前的加工轨迹形成交叉，可以更好地提高工件表面精度，非圆齿轮五轴加工刀具的路径规划如图 5.10 所示。

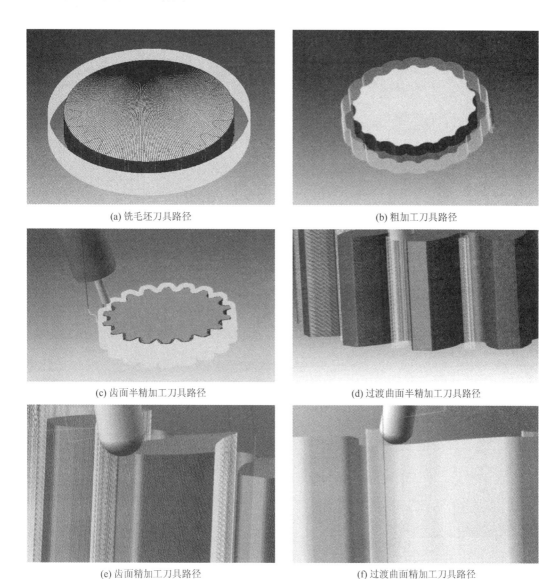

(a) 铣毛坯刀具路径

(b) 粗加工刀具路径

(c) 齿面半精加工刀具路径

(d) 过渡曲面半精加工刀具路径

(e) 齿面精加工刀具路径

(f) 过渡曲面精加工刀具路径

图 5.10　非圆齿轮五轴加工刀具路径规划

对端曲面齿轮进行路径分析，也有两种加工路径可供选择：一种是沿着圆周呈螺旋线式的加工方式；另一种是沿圆周径向往复式的加工方式。端曲面齿轮齿面开粗时，由于进给量大，采用圆周呈螺旋线式的加工方式，效率较高。而端曲面齿轮齿向朝向中心线，因此粗加工、半精加工、齿面的精加工与过渡曲面的精加工均用沿圆周径向往复式的加工方式，这样可以避免波峰波谷的因素，频繁大范围地改变刀具的 Z 轴坐标，降低加工效率，端曲面齿轮五轴加工刀具的路径规划如图 5.11 所示。

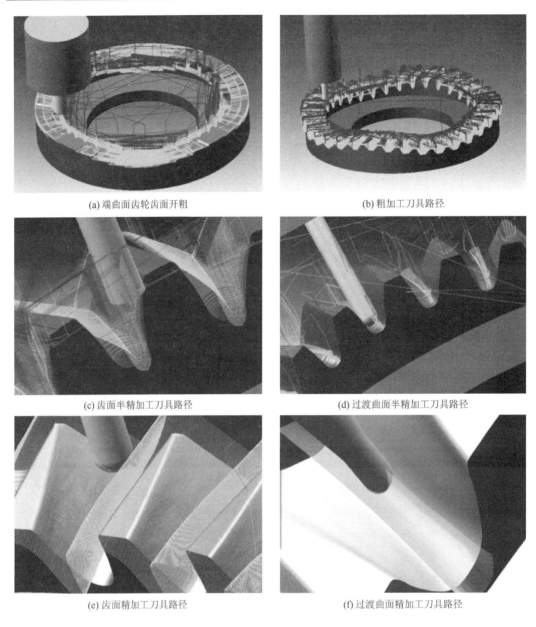

(a) 端曲面齿轮齿面开粗　　　　　　　　　(b) 粗加工刀具路径

(c) 齿面半精加工刀具路径　　　　　　　　(d) 过渡曲面半精加工刀具路径

(e) 齿面精加工刀具路径　　　　　　　　　(f) 过渡曲面精加工刀具路径

图 5.11　端曲面齿轮五轴加工刀具路径规划

　　端曲面齿轮刀具路径规划与 5.1.1 节的范成法铣削模型相吻合，即将齿面的加工成形归结到接触线上来。将五轴数控加工端曲面齿轮与范成法加工端曲面齿轮统一起来。

　　由于端曲面齿轮设计与加工都非常复杂，加工试验选取的加工对象为非圆齿轮为二阶，端曲面齿轮为四阶，为了增加端曲面齿轮副的承载能力，保证非圆齿轮的尺寸不能太小，选用加工的非圆齿轮齿数较小，模数较大，并且端曲面齿轮的阶数为四阶，其具体的几何参数如表 5.4 所示。

表 5.4　加工端曲面齿轮副几何参数

参数	值
非圆齿轮齿数 z_1	18
端曲面齿轮齿数 z_2	36
模数 m/mm	4
非圆齿轮阶数 n_1	2
端曲面齿轮阶数 n_2	4
偏心率 k	0.1
齿顶高系数 h_a^*	1
顶隙系数 c^*	0.25
端曲面齿轮内半径 R_1/mm	70
端曲面齿轮外半径 R_2/mm	83
齿宽/mm	13

　　在毛坯开粗过程中,刀具为直径 12mm 的立铣刀,主轴转速较慢,但进给速度比较快;齿槽去残是为了剔除毛坯开粗工序中产生的毛刺,避免后续过程中出现毛刺划伤齿面的情况;半精加工齿面与过渡曲面,主轴速度明显提升,进给速度下降;精加工齿面时,进给速度略有提升。具体的加工工艺参数如表 5.5 和表 5.6 所示。

表 5.5　DMU60monoBLOCK 五轴加工中心非圆齿轮加工工艺参数

工序号	工艺名称	刀具参数/mm	主轴转速 /(r/min)	进给速度 /(mm/min)	每齿切深 /mm	垂直步距 /mm	余量/mm	耗时/h
1	粗加工 1	D12R1	2653	2122	0.2	0.3	0.5	0.2
2	粗加工 2	D6 立铣刀	4244	1910	0.15	0.15	0.2	1
3	粗加工 3	D4 立铣刀	4500	1000	0.06	0.1	0.15	2
4	粗加工 4	D4R2 球头铣刀	4500	1010	0.1	0.1	0.15	1.5
5	精加工 1	D4R2 球头铣刀	4570	1114	0.1	0.1	0	2
6	精加工 2	D4R2 球头铣刀	4570	1114	0.1	0.1	0	2.5
7	清角	D2R1 球头铣刀	4500	387	0.03	0.03	0	1.5

表 5.6　DMU60monoBLOCK 五轴加工中心端曲面齿轮加工工艺参数

工序号	工艺名称	刀具参数/mm	主轴转速 /(r/min)	进给速度 /(mm/min)	每齿切深 /mm	垂直步距 /mm	余量/mm	耗时/h
1	粗加工 1	D12R1	2653	2122	0.2	0.3	0.5	1
2	粗加工 2	D6 立铣刀	4244	1910	0.15	0.15	0.2	1.5
3	粗加工 3	D4 立铣刀	4500	1000	0.06	0.1	0.15	3

续表

工序号	工艺名称	刀具参数/mm	主轴转速/(r/min)	进给速度/(mm/min)	每齿切深/mm	垂直步距/mm	余量/mm	耗时/h
4	粗加工 4	D4R2 球头铣刀	4500	1010	0.1	0.1	0.15	2.5
5	精加工 1	D4R2 球头铣刀	4570	1114	0.1	0.1	0	2
6	精加工 2	D4R2 球头铣刀	4570	1114	0.1	0.1	0	5.5
7	清角	D2R1 球头铣刀	4500	387	0.03	0.03	0	3

加工非圆齿轮及端曲面齿轮的步骤包括毛坯开粗、齿槽去残、齿面半精加工、过渡曲面半精加工、齿面精加工、过渡曲面精加工，如图 5.12 和图 5.13 所示。

(a) 非圆齿轮毛坯

(b) 粗加工

(c) 精加工

图 5.12　非圆齿轮精加工

(a) 端曲面齿轮毛坯

(b) 粗加工

(c) 精加工

图 5.13　端曲面齿轮精加工

5.1.3　增材制造加工方法

采用增材制造加工端曲面齿轮副时，选用的快速成形机型号为德国 EOS M280（简称 M280），其工作部分结构如图 5.14 所示，基本参数如表 5.7 所示。在 M280 中，共有 4 个数控轴实现增材制造的加工，其运动轴可以分为工件运动轴、刮刀运动轴以及振镜运动轴。工件运动轴包括沿 Z 轴方向的平移运动 Z_t。刮刀运动轴包括沿 Y 轴方向的平移运动 Y_t。振镜运动轴包括沿 X 轴方向的平移运动 X_t 以及绕 X 轴方向的旋转运动 X_r。

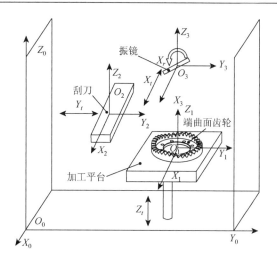

图 5.14　快速成形机加工坐标系

表 5.7　快速成形机 M280 基本参数

传感器状态	特征向量
最大成形尺寸	250mm×250mm×325mm
激光发射器类型	Yb-fibre 激光发射器 200W；400W
光学系统	F-theta-lens，高速扫描
扫描速度	最高速度为 7m/s
焦距	100～500μm
电源支持	32A
最大功率	8.5kW
层厚	20μm
产品尺寸	2200mm×1070mm×2290mm
CAD 数据	STL 或其他可转换的数据

由图 5.14 可知，建立快速成形机的固定坐标系 $O_{J0}(x_{J0}, y_{J0}, z_{J0})$、工件坐标系 $O_{J1}(x_{J1}, y_{J1}, z_{J1})$、刮刀坐标系 $O_{J2}(x_{J2}, y_{J2}, z_{J2})$、振镜坐标系 $O_{J3}(x_{J3}, y_{J3}, z_{J3})$，其中工件坐标系与工件固定连接。加工开始后，工件坐标系 $O_{J1}(x_{J1}, y_{J1}, z_{J1})$ 在固定坐标系 $O_{J0}(x_{J0}, y_{J0}, z_{J0})$ 中移动的距离为 Z，即工件在快速成形机固定坐标系 $O_{J0}(x_{J0}, y_{J0}, z_{J0})$ 中平移的坐标为 $(0, 0, z)$。刮刀坐标系 $O_{J2}(x_{J2}, y_{J2}, z_{J2})$ 在固定坐标系 $O_{J0}(x_{J0}, y_{J0}, z_{J0})$ 中移动的距离为 Y，即刮刀在快速成形机固定坐标系 $O_{J0}(x_{J0}, y_{J0}, z_{J0})$ 中平移的坐标为 $(0, y, 0)$。同时，由于振镜的旋转，振镜坐标系 $O_{J3}(x_{J3}, y_{J3}, z_{J3})$ 先绕其 X_{J3} 轴旋转角度 γ，再沿着 X_{J3} 方向平移，平移距离为 X_t。

通过分析，可得工件坐标系变换到快速成形机固定坐标系 $O_{J0}(x_{J0}, y_{J0}, z_{J0})$ 的变换矩阵为

$$T_{J1J0} = \begin{bmatrix} 0 & 0 & 0 & 0 \\ 0 & 0 & 0 & 0 \\ 0 & 0 & 1 & 0 \\ x & y & z & 1 \end{bmatrix}$$ （5.25）

刮刀坐标系变换到固定坐标系 $O_{J0}(x_{J0}, y_{J0}, z_{J0})$ 的变换矩阵为

$$T_{J2J0} = \begin{bmatrix} 0 & 0 & 0 & 0 \\ 0 & 1 & 0 & 0 \\ 0 & 0 & 0 & 0 \\ x & y & z & 1 \end{bmatrix}$$ （5.26）

振镜坐标系变换到固定坐标系 $O_{J0}(x_{J0}, y_{J0}, z_{J0})$ 的变换矩阵为

$$T_{J3J0} = \begin{bmatrix} 1 & 0 & 0 & 0 \\ 0 & -\cos\gamma & \sin\gamma & 0 \\ 0 & \sin\gamma & \cos\gamma & 0 \\ 0 & 0 & 0 & 1 \end{bmatrix}$$ （5.27）

由坐标变换关系，建立快速成形机加工时振镜与工件之间的位置变化关系。

为了提高增材制造端曲面齿轮副的齿面加工精度，被加工的端曲面齿轮副在原有模型的基础上，齿厚部分增加了 1mm，即为二次五轴数控加工留了 1mm 的余量，这是综合考虑成本、效率、二次加工成功率等因素得出的取值，而 1mm 恰好是五轴数控加工端曲面齿轮的精加工余量，如图 5.15 所示。

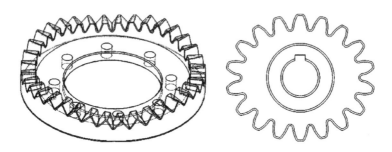

图 5.15　增材制造模型与原模型对比

加工开始之前，需要对舱体进行预热。加工开始时，加工平台移动到它的初始位置，并且在平台底层铺上一层金属粉末。然后往成形舱通入适当的惰性气体，若成形舱的氧含量低于规定的限值，则自动开始加工。用计算机控制的激光束照射金属粉末，使得凝固的金属粉末与零件的分层几何模型吻合。此后，加工平台降低一层的厚度，再铺上一层金属粉末，重复上述过程。最终，就可得到所需的零件。增材制造加工过程如图 5.16 所示。

端曲面齿轮总体积为 223747.70mm^3，非圆齿轮总体积为 71229.94mm^3。激光扫描速度选用 7m/s，则总建造时间约为 33h。齿轮加工材料有不锈钢、模具钢、钛合金、高温镍合金四种粉末，考虑模具钢具有高的硬度、强度，良好的耐磨性，足够的韧性等特点，故选用模具钢作为加工材料。加工该齿轮选用的层厚为 0.01mm，端曲面齿轮总高度为

(a) 增材制造加工

(b) 线切割

图 5.16　增材制造加工过程

29.20mm，总层数为 2920，非圆齿轮总高度为 22mm，总层数为 2200。加工完成需要线切割加工才能得到所需的实体。增材制造加工完成后的端曲面齿轮副如图 5.17 所示。

图 5.17　增材制造端曲面齿轮副

用 DMLS（direct metal laser sintering，直接金属激光烧结）方法加工端曲面齿轮，会存在微台阶效应，如图 5.18 所示。根据端曲面齿轮节曲线的性质可知，长轴端齿顶延长线

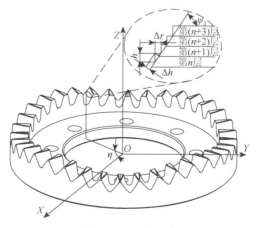

图 5.18　理论误差

与中心线的夹角最大,在其他地方的夹角都要小于长轴端处夹角。由微台阶效应得知,倾角会对粗糙度产生直接影响,倾角越小,表面粗糙度越大。

由图 5.18 可得,每层边界轮廓误差为

$$\Delta r = \frac{h}{\tan \psi_1} \tag{5.28}$$

式中,h 为层厚;ψ_1 为端曲面齿轮展开轮齿倾斜角。

齿顶法线方向的高度差为

$$\Delta h = h \cos \psi_1 \tag{5.29}$$

X 方向和 Y 方向的误差分别为

$$\Delta x = \Delta r \cos \eta \tag{5.30}$$

$$\Delta y = \Delta r \sin \eta \tag{5.31}$$

式中,η 为检测线在 XY 平面的投影与 X 轴的夹角。

因此,由式(5.30)和式(5.31)可得每层边界轮廓实际坐标为

$$x' = x \pm \Delta x = x \pm \Delta r \cos \eta \tag{5.32}$$

$$y' = y \pm \Delta y = y \pm \Delta r \sin \eta \tag{5.33}$$

在增材制造加工中,除理论误差对加工质量存在影响外,以下因素也会对表面质量产生影响。

(1)STL(stereolithography,光固化立体造型术)模型处理。在前数据处理阶段,对三维模型的三角化处理精度不够高,导致金属粉末加工系统中的模型和设计模型不完全一致。由于处理软件还不够完美,导入的 STL 模型可能会出现多余线条或者平面不完整的情况,如对模型修复不到位,都会影响到加工精度。

(2)支撑结构。在金属粉末激光烧结过程中,对于水平伸出大于 1mm 以及与水平夹角小于 40° 的部位,必须建立支撑结构,否则,金属粉末的黏接力会因为无法承受自身重力而发生弯曲变形。加工平台对模型自动建立的支撑结构往往还不够完善,因此,研究人员对模型支撑结构的优化程度将会影响模型最终的加工质量。

(3)金属粉末直径。金属粉末直径不仅会直接影响表面质量,加工工艺中层厚也主要取决于金属粉末直径,而层厚又决定了理论误差对零件加工的影响程度。

(4)激光半径。扫描激光束存在半径,如果以激光束圆心绕着模型边界扫描,那么加工尺寸会偏大。因此,对扫描路径的优化程度,将会影响零件的尺寸误差。

(5)热效应。加工过程中,激光的高温导致成形过程中很明显的热效应,热胀冷缩会影响零件的尺寸误差。

针对分析,提出如下改进方案。

在计算机计算能力范围内,尽量提高模型三角化精度,提高处理软件修复模型的能力;合理建立支撑结构;提高金属粉末加工工艺,减小金属粉末半径;优化扫描路径,减小激光半径对尺寸误差的影响;研究找出金属粉末的热膨胀系数,对加工路径做出合理的修改。

5.1.4　增材数控混合加工方法

在增材数控混合加工过程中，二次加工非圆齿轮时，首先对齿轮进行试切：圆周上选取距离相间均匀的三个齿进行试切，三个齿均完全切削再进行完整切削。然后进行半精加工、精加工。最后用柱铣刀沿着椭圆周走一圈，将齿顶余量铣掉。工艺参数如表 5.8 所示，加工非圆齿轮工艺过程如图 5.19 和图 5.20 所示。

表 5.8　DMU60monoBLOCK 五轴加工中心非圆齿轮加工工艺参数

工序号	工艺名称	刀具参数/mm	主轴转速 /(r/min)	进给速度 /(mm/min)	每齿切深 /mm	垂直步距 /mm	余量/mm	耗时/h
1	半精加工	D4R2 球头铣刀	4500	1010	0.1	0.1	0.15	1
2	精加工	D4R2 球头铣刀	4570	1114	0.1	0.1	0	2
3	清角	D2R1 球头铣刀	4500	387	0.03	0.03	0	0.5

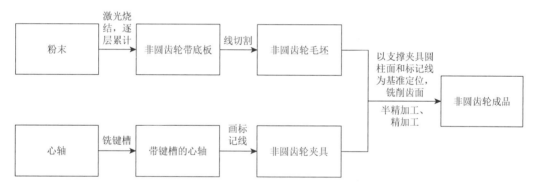

图 5.19　非圆齿轮加工工艺过程

二次加工端曲面齿轮时，首先铣底面作为基准面：将齿轮反扣，用 50mm 的量块垫高，用盘铣刀沿圆周方向，两刀铣完。随后以底面为基准面，装夹好，进行半精加工和精加工。工艺参数如表 5.9 所示，加工端曲面齿轮的工艺过程如图 5.21 和图 5.22 所示。

(a) 增材制造毛坯装夹　　　　　　　　(b) 齿轮试切　　　　　　　　(c) 半精加工

(d) 精加工

(e) 清角

(f) 成品

图 5.20　非圆齿轮二次加工

表 5.9　**DMU60monoBLOCK 五轴加工中心端曲面齿轮加工工艺参数**

工序号	工艺名称	刀具参数/mm	主轴转速/(r/min)	进给速度/(mm/min)	每齿切深/mm	垂直步距/mm	余量/mm	耗时/h
1	半精加工	D4R2 球头铣刀	4500	1010	0.1	0.1	0.15	2
2	精加工 1	D4R2 球头铣刀	4570	1114	0.1	0.1	0	0.5
3	精加工 2	D4R2 球头铣刀	4570	1114	0.1	0.1	0	2.5
4	清角	D2R1 球头铣刀	4500	387	0.03	0.03	0	2

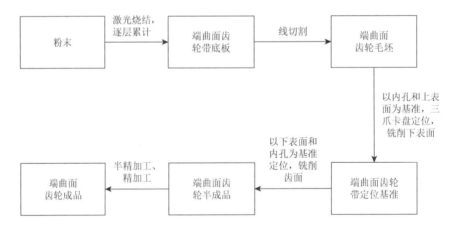

图 5.21　端曲面齿轮加工工艺过程

(a) 增材制造毛坯装夹

(b) 齿轮试切

(c) 半精加工

(d) 精加工

(e) 清角

(f) 成品

图 5.22　端曲面齿轮二次加工

5.2　端曲面齿轮测量

端曲面齿轮检测不仅是齿轮成品验收的重要依据,而且是齿轮在加工制造过程中质量控制的技术保证。随着研究的逐渐深入,其设计理论已逐步完善,然而对端曲面齿轮检测方法的研究还比较缺乏,成为制约该齿轮副发展的重要问题之一。

对于常见齿轮传动,国内外已经制定有相关的检测方法与精度标准,存在大量的专用测量仪器和设备,如齿轮啮合检查仪、齿轮测量中心等。对于端曲面齿轮,因其结合了面齿轮、非圆齿轮以及非圆锥齿轮的传动特点,在其误差检测方面也主要借鉴这几类齿轮的检测项目及方法。表 5.10 为这些齿轮常见的检测项目。非圆齿轮传动作为应用最为广泛的非匀速比齿轮传动形式,由于其形状复杂、种类繁多且测量参数多,目前国内外都尚未制定出完整的精度标准,一般是根据使用要求提出一些检查项目。此外,关于非圆锥齿轮的误差检测方面的研究还比较少,北京航空航天大学提出了对于非圆锥齿轮的啮合检测技术;陆军军事交通学院采用三坐标测量机对非圆锥齿轮进行了坐标测量;重庆大学采用三坐标测量机及三维光学扫描仪对非圆齿轮进行了坐标检测,并且在对滚机上进行了非圆锥齿轮副的接触斑点检测。综上所述,对于该类型复杂齿面,齿面检测通常采用通用型仪器,如三坐标测量机、齿轮测量中心、三位光学扫描仪等进行坐标测量,然后按照一定算法计算、评定各项目的误差。

表 5.10　齿轮误差检测项目

传动要求	锥齿轮	非圆齿轮	非圆锥齿轮	面齿轮
运动准确性	切向综合误差、齿距累积误差、齿圈径向跳动、轴交角综合误差	齿距累积误差、节曲线误差、齿向误差	齿距累积误差、齿圈径向跳动、切向综合误差	切向综合误差、齿距累积总偏差
传动平稳性	齿切向综合误差、齿轴交角综合误差、周期误差、单个齿距偏差、齿形相对误差	齿廓偏差、单个齿距偏差	齿形误差、齿面法向偏差、单个齿距偏差	齿形误差、齿面三维拓扑误差（齿面整体形貌误差）、单个齿距偏差
载荷分布均匀性	接触斑点	接触斑点	接触斑点	接触斑点

5.2.1　端曲面齿轮几何误差检测

根据国内现行的渐开线圆柱齿轮偏差检测及精度等级标准:《圆柱齿轮　精度制　第

1 部分：齿轮同侧齿面偏差的定义和允许值》（GB/T 10095.1—2008）、《圆柱齿轮 精度制 第 2 部分：径向综合偏差和径向跳动的定义和允许值》（GB/T 10095.2—2008）以及对于锥齿轮和准双曲面齿轮偏差和精度等级的标准《锥齿轮和准双曲面齿轮精度》（GB/T 11365—1989），圆柱齿轮、锥齿轮以及准双曲面齿轮的检验都是以齿轮的传动平稳性、准确性以及载荷分布均匀性三方面标准将齿轮及齿轮副的检测项目划分为三个公差组，并且规定，根据齿轮的工作要求和生产规模，可以在各公差组中，任选一个检验组评定和验收齿轮的精度等级。对于端曲面齿轮的误差检测项目也按照对齿轮传动的平稳性、准确性以及载荷分布均匀性的影响进行划分。端曲面齿轮是在面齿轮的基础上，结合非圆锥齿轮与非圆齿轮的传动特点提出的，它可以认为是一种变形的面齿轮，因此，关于它的误差检测可以参考面齿轮和锥齿轮的检测手段与方法。同时，由于节曲线与轮齿形状以及在节曲线上分布位置的差异，其检测项目也会有不同，其需要检测的项目如下。

（1）影响传动准确性的指标项目：齿距累积总偏差 ΔF_p、切向综合偏差 $\Delta F_i'$。

（2）影响传动平稳性的指标项目：单个齿距偏差 Δf_{pt}、齿形相对误差 Δf_c。

（3）影响载荷分布均匀性的指标项目：将齿轮的接触斑点检测作为衡量齿轮载荷分布均匀性的检测项目。

在端曲面齿轮的误差检测方法上，由于其轮齿齿面属于复杂的空间曲面，目前对于复杂曲面的测量方法一般分为三类。

（1）测量复杂曲面上的特征线，评定其质量来反映曲面质量。此方法主要适用于规则复杂曲面尤其是回转类复杂曲面测量，CNC（computer numerical control，计算机数字控制）专用测量机、齿轮测量中心、坐标测量机已成为该方法的主要检测手段。

（2）测量分布在曲面上的系列点，得到曲面轮廓度误差，进而评定曲面质量。此模式的主要测量工具为 CNC 坐标测量机。

（3）测量分布于曲面上的系列点，通过提取原始形状的相关信息来对实际曲面进行重构，实现数字化。该方法主要针对数学模型未知的曲面，它是反求工程的关键技术。

端曲面齿轮的误差检测方法则以坐标式几何测量为主，测量仪器为三坐标测量机或者齿轮测量中心。

1. 齿距偏差检测

单个齿距偏差 Δf_{pt} 以及齿距累积总偏差 ΔF_p 是齿轮误差测量中的两个重要误差量。其中，单个齿距偏差（又称周节偏差）是指被测齿轮的分度圆上（或者齿面中部）实际齿距与公称齿距之差，它反映了轮齿在圆周上分布的均匀性，主要影响齿轮的工作平稳性。齿距累积总偏差的定义是在中点分度圆上（或者齿面中部）任意两个同侧齿面间的实际齿距与公称齿距之差的最大绝对值，齿距累积总偏差主要影响齿轮的运动精度。与圆柱齿轮和锥齿轮不同的是，非圆齿轮和端曲面齿轮的齿距并不是圆弧，根据前面所定义的非圆齿轮及端曲面齿轮的齿距可知，非圆齿轮及端曲面齿轮的齿距是指两同侧齿面间节曲线的长度，图 5.23 表示了非圆齿轮和端曲面齿轮的各项齿距偏差，图 5.23（b）为将端曲面齿轮的节曲线所在的圆柱面沿着节曲线展开的示意图。

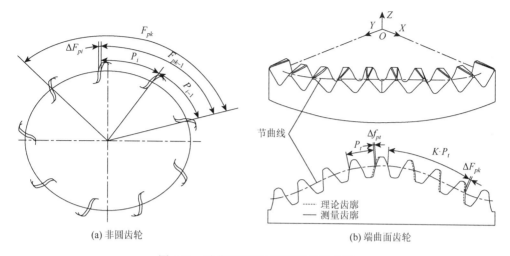

图 5.23　端曲面齿轮副齿距偏差示意图

根据齿轮啮合基本条件可知，非圆齿轮与端曲面齿轮的理论齿距应该相等，并且其计算方式如下：

$$p_{t1} = p_{t2} = \frac{L_1}{z_1} = \pi m \qquad (5.34)$$

而实际测量齿距则是根据各理论齿距节点对应的测量坐标值，沿着节曲线进行曲线积分得到的。

$$p'_{t1i} = \int_{\varphi_{11}}^{\varphi_{12}} \sqrt{r^2(\varphi_1) + r'^2(\varphi_1)}\, \mathrm{d}\varphi_1 \qquad (5.35)$$

$$p'_{t2i} = \int_{\varphi_{21}}^{\varphi_{22}} \sqrt{\chi^2(\varphi_2) + \psi^2(\varphi_2) + \omega^2(\varphi_2)}\, \mathrm{d}\varphi_2 \qquad (5.36)$$

式中，i 表示齿轮轮齿序号，$i = 1,2,\cdots,n$。

如图 5.24 所示，可以得到非圆齿轮及端曲面齿轮单个齿距偏差的评价方法：

$$\Delta f_{pti} = p'_{ti} - p_{ti} \qquad (5.37)$$

k 个齿距累积偏差为

$$\Delta F_{pk} = \sum_{i=1}^{k} \Delta f_{pti} \qquad (5.38)$$

齿距累积总偏差为

$$\Delta F_p = \sum_{i=1}^{n} \Delta f_{pti} \qquad (5.39)$$

在实际测量中，与三坐标测量机测量方式不同的是，齿轮测量中心的轮廓扫描模块是在被测齿轮齿面上测量一系列的点，其中也包括了测量齿距节点的坐标值，而在齿距误差的计算过程中，需要从这一系列的测量点中提取出与各理论计算齿距节点坐标值相对应的实际测量坐标值，如图 5.25 所示。

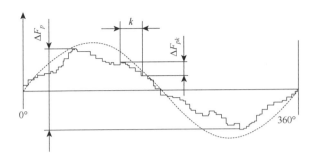

图 5.24　齿距累积偏差曲线图

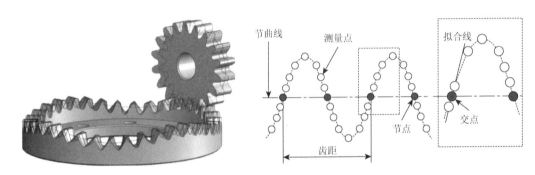

图 5.25　测量齿距节点示意图

将提取得到的实际测量齿距节点的坐标值分别代入式（5.37）与式（5.38）中，即可计算出非圆齿轮与端曲面齿轮的实际测量齿距，以及单个齿距偏差与齿距累积总偏差的数值。

2. 齿形相对误差检测

与渐开线圆柱齿轮不同，端曲面齿轮在齿廓和齿向两个方向均是变化的，没有一个比较标准，因此测量时不以齿廓偏差和齿向偏差作为检测项目，而是直接以齿面形状为对象进行检测，得到实际齿面形状与理论齿面形状的偏差，即齿形相对误差，齿形相对误差实际反映的是测量的一系列实际点与各自对应的理论点在各自法向上的距离。齿形相对误差评价时会选择一个基准点，一般以测量网格的中点为基准，保证基准处的齿形相对误差为零，其他各点的齿形相对误差均为相对偏差。齿形相对误差用三维拓扑图表示，如图 5.26 和图 5.27 所示。图中各点的距离的大小表示实际测量点偏离理论点的程度，这种表示方法可以直观显示各偏差的大小和方向。

对于端曲面齿轮齿面的检测，目前是在 CNC 齿轮测量中心或三坐标测量机上完成，按预定的全齿面的网格路径，测量网格节点处的齿面坐标，再通过适当的软件处理，得到网格节点处的法向偏差，进而求得齿面的齿形相对误差，并运用误差相关性识别技术，对端曲面齿轮齿面精度进行评定。因此，在进行齿面测量前，首先需要对理论轮齿齿面模型进行规划，然后按规划的齿面网格，测量实际齿面，得到齿面网格节点处的齿面法向偏差。参照螺旋锥齿轮网格划分标准,端曲面齿轮齿面测量区域上下边界与齿顶平面平行,

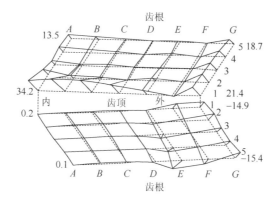

图 5.26　齿形相对误差三维拓扑图

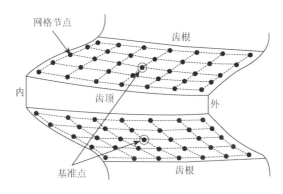

图 5.27　齿面网格划分

向内收缩量不小于齿高的 5%，且大于等于 0.6mm，左右边界平行于端曲面齿轮齿宽方向圆截面，并向内收缩量最大为齿宽的 10%。另外，齿面网格密度的划分也有一定的选择原则：过密的齿面网格点分布会把不必要的测量误差带入测量结果，反而会影响测量和计算结果；而过疏的齿面网格点会导致测量结果不能很好地反映端曲面齿轮的齿面形状。

为此，根据测量精度的要求以及端曲面齿轮的几何参数选择网格密度为 5×7，即齿宽方向测量点选为 7 个，齿廓方向测量点选为 5 个，如图 5.28 所示；而网格边界选择上边界向下收缩 0.5mm，下边界向上收缩 1mm，左右边界均向内收缩 1.1mm。

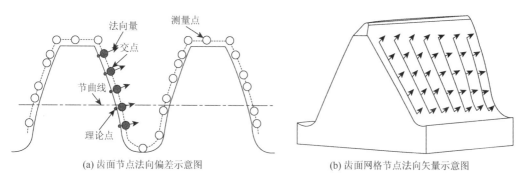

(a) 齿面节点法向偏差示意图　　　　　(b) 齿面网格节点法向矢量示意图

图 5.28　齿形相对误差计算示意图

对于非圆齿轮的齿廓偏差与端曲面齿轮的齿形相对误差的检测，均是通过齿轮测量中心上的轮廓扫描模块对轮齿实际齿面进行一系列的采点测量。将齿面理论网格节点的法向矢量与测量曲线交点的坐标值，作为与该理论网格节点相对应的测量坐标值。

在计算齿形相对误差时，计算理论齿面离散点空间坐标及法向矢量是进行齿面误差测量的前提条件。因此，根据基准点在齿面上的相对位置关系，按照端曲面齿轮的齿面理论点坐标计算出其理论坐标值，在计算齿形相对误差时，将该理论点坐标值与测量坐标值进行对齐，即规定该点处的齿形相对误差值为零。同样，按照划分的各网格节点与参考点的相对位置关系计算出所有网格节点的理论坐标值。各网格节点的误差值计算方式如下。

对于端曲面齿轮齿面上的网格节点 P，计算出其理论坐标值 (x_p, y_p, z_p) 及其单位法向矢量 $\boldsymbol{n}_p = (i_p, j_p, k_p)$，而通过齿轮测量中心测得的其对应实测点 P' 的坐标值为 (x'_p, y'_p, z'_p)，则实测值与理论值在三个坐标方向的差值分别为

$$\begin{cases} D_x = x'_p - x_p \\ D_y = y'_p - y_p \\ D_z = z'_p - z_p \end{cases} \quad (5.40)$$

以理论点 P 为起点，以实测点 P' 为终点的矢量为 $\overrightarrow{PP'} = \{D_x, D_y, D_z\}$，且矢量的模为 $|\overrightarrow{PP'}| = \sqrt{D_x^2 + D_y^2 + D_z^2}$。理论点 P 的单位法向矢量为 $\boldsymbol{n}_p = (i_p, j_p, k_p)$，其方向指向工件外侧，因此，$i_p, j_p, k_p$ 的计算按式（5.40）中所示的关系进行。

$$\begin{cases} x = x_p + ri \\ y = y_p + rj \\ z = z_p + rk \end{cases} \quad (5.41)$$

式中，(x, y, z)、(x_p, y_p, z_p) 分别为测头中心、测量参考点（即理论节点）的坐标；r 为测头半径。设 $\overrightarrow{PP'}$ 与 $\boldsymbol{n}_p$ 之间的夹角为 ψ，按照两向量间的夹角余弦公式有

$$\cos\psi = \frac{i_p D_x + j_p D_y + k_p D_z}{\sqrt{D_x^2 + D_y^2 + D_z^2}} \quad (5.42)$$

曲面上实测点 P' 的误差（记为法向误差 δ），即矢量 $\overrightarrow{PP'}$ 在矢量 $\boldsymbol{n}_p$ 上的投影，则

$$\delta = |\overrightarrow{PP'}| \times \cos\psi = i_p D_x + j_p D_y + k_p D_z \quad (5.43)$$

如果求得的 $\cos\psi$ 为正值，则 $0° \leqslant \psi < 90°$，表明实测点在过对应理论点的切平面的外侧，此时法向偏差 δ 也为正数，工件出现切削不足，反之亦然。由此计算出端曲面齿轮齿面上各网格点的法向偏差，继而得到其齿面的齿形相对误差。

5.2.2 端曲面齿轮的坐标测量

齿轮的加工制造精度和检测精度是制约机械产品传动精度及其工作性能的重要因素。而齿轮的误差检测是确保齿轮成品性能和质量的关键环节，齿轮误差检测不仅是齿轮成品

验收的重要依据，也是齿轮在加工制造过程中质量控制的技术保证。作为一种新型的非圆齿轮，目前还有没有针对端曲面齿轮的几何误差检测以及评价方法，也没有直接针对于非圆齿轮检测与评价的仪器设备。而伴随着坐标测量技术的发展，采用坐标测量方法对其进行坐标测量为端曲面齿轮的误差检测提供了可能性。因此，在此选用德国克林贝格公司生产的 P26 全自动 CNC 齿轮测量中心，如图 5.29 所示。

图 5.29　CNC 齿轮测量中心

将通过五轴数控加工得到的端曲面齿轮零件，分别在齿轮测量中心上进行齿面轮廓扫描测量。选用的端曲面齿轮测量中心的主要工作流程及操作步骤如下。

（1）启动齿轮测量中心后，首先复位系统，进行系统标定，建立端曲面齿轮的测量坐标系，选择并安装测针。由于测量的端曲面齿轮齿廓的最小曲率半径集中在齿根处，最小曲率半径 $R = 0.5\text{mm}$，选用测头球径为 $R = 0.3\text{mm}$ 的测针。对于端曲面齿轮而言，目前没有针对该处理的标准评价方法，因此，选择轮廓扫描模块，仅进行数据采集。

（2）测头标定的目的在于保证齿廓的测量精度。在齿轮的测量过程当中，由于齿轮的测量坐标系和理论坐标系不重合，因此，在测量前需要建立测量坐标系，并以理论坐标系为基准进行标定。通过后处理中的坐标变换过程得到测量值在理论坐标系中的转换数值，与理论坐标值对比，对齿面进行评价。根据齿轮测量中心的测量原理，测量齿轮齿形相对误差时，测球球心的运动轨迹是由输入的齿面理论数据来决定的。因此，要想测球球心按照给定的理论数据进行测量，必须将测量坐标系、机器坐标系和工件坐标系统一。具体步骤如下。

测球球心位置的标定：根据 CNC 齿轮测量中心的测量原理，将采集到的标准球球面上的点运用最小二乘法拟合出标准球球心在机器坐标系 $O_0\text{-}X_0Y_0Z_0$ 中的坐标。结合空间矢量法，通过拟合不同标准球球心位置 $O_{a'}$ 和 O_a 在机器坐标系中的坐标 $O_{a'}(a',b',c')$ 和 $O_a(a,b,c)$，求出旋转工作台中心 O 在机器坐标系中的坐标 $O(A,B,C)$。由于齿轮的旋转轴与旋转工作台的轴线重合，因此，齿轮端面中心在机器坐标系的中心坐标为 $O'(A,B,C+d)$，其中 d 为端曲面齿轮端面圆心在轴向的变化位移，如图 5.30 所示。

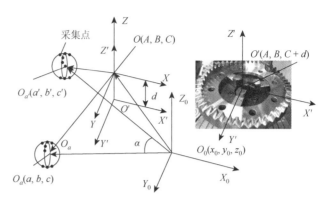

图 5.30 测球球心位置的标定

假设测球球心在机器坐标系中的坐标为 (x', y', z')，则测球球心以一般齿轮端面中心为原点的坐标为

$$\begin{cases} x_0 = x' - A \\ y_0 = y' - B \\ z_0 = z' - (C + d) \end{cases} \tag{5.44}$$

由于端曲面齿轮不具有一般齿轮的高度对称性，为了方便测量坐标系的标定，通常将端曲面齿轮的波谷（或波峰）位置所对应的端曲面齿轮端面加工成螺栓孔。在螺栓孔圆柱面上任意捕捉 4 个以上的点生成一个圆平面，根据这 4 个点确定螺栓孔的圆心。连接螺栓孔圆心与测量坐标系原点，获得端曲面齿轮波谷（或波峰）对称面与测量坐标轴间的夹角 ψ，如图 5.31 所示。

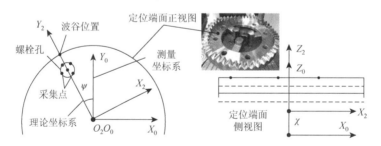

图 5.31 端曲面齿轮测量坐标系的建立与转化关系

通过坐标变换，建立端曲面齿轮的测量坐标系，则测球球心以端曲面齿轮端面中心为原点的坐标为

$$\begin{bmatrix} x_2 \\ y_2 \\ z_2 \end{bmatrix} = \begin{bmatrix} \cos\psi & \sin\psi & 0 \\ -\sin\psi & \cos\psi & 0 \\ 0 & 0 & 1 \end{bmatrix} \cdot \begin{bmatrix} x_0 \\ y_0 \\ z_0 \end{bmatrix} = \begin{bmatrix} x_0\cos\psi + y_0\sin\psi \\ -x_0\sin\psi + y_0\cos\psi \\ z_0 \end{bmatrix} \tag{5.45}$$

（3）端曲面齿轮通过三爪卡盘安装固定在测量中心工作台上，即可开始测量，六组端曲面齿轮的测量如图 5.32 所示。

(a) 编号-1端曲面齿轮

(b) 编号-2端曲面齿轮

(c) 编号-3端曲面齿轮

(d) 编号-4端曲面齿轮

(e) 编号-5端曲面齿轮

(f) 编号-6端曲面齿轮

图 5.32　端曲面齿轮齿面测量

通过齿轮测量中心测量得到端曲面齿轮齿面上的点，将得到的数据进行后期处理，得到端曲面齿轮齿面测量曲线，如图 5.33 所示。

导入端曲面齿轮齿廓在渐开线部分所对应的齿顶到齿根处的测量齿廓，对数据点进行划分，删除非渐开线部分的点，得到端曲面齿轮齿面上，由产形轮渐开线部分包络得到的一系列点，通过 SolidWorks 齿面放样技术，即可生成端曲面齿轮测量齿面，如图 5.34 所示。

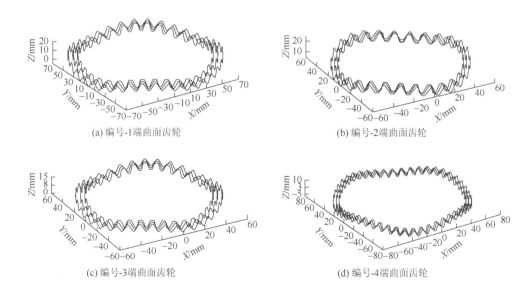
(a) 编号-1端曲面齿轮

(b) 编号-2端曲面齿轮

(c) 编号-3端曲面齿轮

(d) 编号-4端曲面齿轮

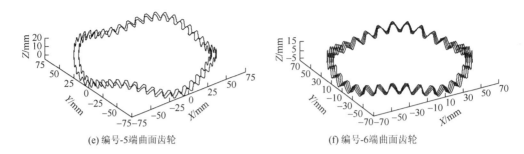

(e) 编号-5端曲面齿轮   (f) 编号-6端曲面齿轮

图 5.33 端曲面齿轮齿面测量曲线

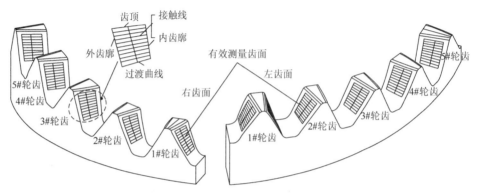

图 5.34 端曲面齿轮测量齿面

由图 5.34 中的方法截取端曲面齿轮的理论坐标值和加工模型坐标值如表 5.11 所示。

表 5.11 理论与加工模型坐标

内齿廓						外齿廓					
x	实际	y	实际	z	实际	x	实际	y	实际	z	实际
−71.60	−71.61	14.25	14.20	4.29	4.31	−81.16	−81.15	14.80	14.87	4.29	4.20
−71.54	−71.55	14.51	14.50	3.78	3.78	−81.09	−81.08	15.17	15.24	3.86	3.78
−71.49	−71.49	14.75	14.78	3.32	3.31	−80.99	−80.97	15.70	15.80	3.24	3.15
−71.45	−71.43	14.99	15.05	2.87	2.86	−80.88	−80.86	16.26	16.39	2.70	2.50
−71.39	−71.38	15.23	15.32	2.44	2.41	−80.76	−80.72	16.87	17.03	2.32	2.21
−71.34	−71.32	15.48	15.59	2	1.96	−80.63	−80.59	17.46	17.66	1.87	1.83
−71.15	−71.13	16.33	16.42	1.60	1.55	−80.50	−80.44	18.07	18.30	1.47	1.45
−70.95	−70.94	17.20	17.24	1.27	1.31	−80.20	−80.13	19.33	19.65	1.25	1.29
−70.80	−70.77	17.79	17.89	0.88	0.82	−80.0	−79.96	19.94	20.31	0.79	0.75
齿顶						过渡曲线					
x	实际	y	实际	z	实际	x	实际	y	实际	z	实际
−71.60	−71.61	14.25	14.20	4.29	4.31	−73.55	−74.45	19.40	19.42	0.75	0.79
−76.16	−76.31	14.54	14.58	4.26	4.26	−75.33	−75.25	20.01	19.97	0.72	0.76
−81.16	−81.15	14.80	14.87	4.22	4.20	−77.41	−77.26	20.62	20.51	0.76	0.74

5.2.3　齿面相对误差评价

1.　离散齿面精确算法验证

由于端曲面齿轮齿面相对误差的计算建立在 4.2.1 节的端曲面齿轮的齿面离散化精确算法的基础上，由式（5.43）可知，相对误差的求解需结合式（5.42）与端曲面齿轮的齿面离散解理论进行。因此，为了提高相对误差精度评价方法的可信度，需要校核端曲面齿轮离散齿面精确求解算法的精确性，通过齿面精确离散算法获得的理论离散齿面（齿廓误差、接触线误差和重合度误差）与虚拟仿真加工获得的齿面进行对比分析，处理后的理论齿廓和加工齿廓如图 5.35 所示。

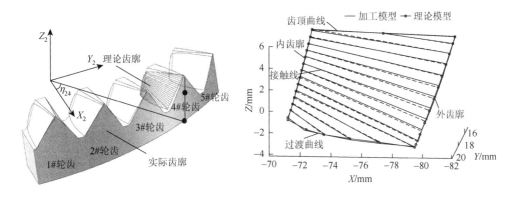

图 5.35　理论齿廓和加工齿廓对比

由图 5.35 可知，两种方法获得的离散齿面基本吻合。为了进一步验证理论算法的正确性，通过截取理论齿廓点坐标及其相对应的加工模型点坐标，代入式（5.43）中反求端曲面齿轮基本参数的值，从内外齿廓误差、齿顶及过渡曲线误差等齿廓误差和接触线误差对端曲面齿轮的齿面误差进行对比分析。为了验证理论齿面和加工齿面间的接触线误差，通过接触线长度误差和倾斜角误差来进行评价。

由图 5.36 可知，端曲面齿轮齿廓的相对误差在 0～0.1，其中外齿廓的误差值最大；端曲面齿轮的接触线长度误差在–0.18～0.2；接触线倾斜角误差在–0.5～3。齿廓误差和接触线误差值均较小。

为了验证重合度理论的正确性，结合图 5.36 中获得的几个极限点（单双齿啮合极限点）对应的极限啮合角度，通过 SolidWorks 中的干涉检查判断单双齿啮合情况，获得端曲面齿轮不同啮合时刻的接触和啮合状态，如图 5.37 所示。

以编号-1 端曲面齿轮副 2#轮齿为例，结合图 5.38 中的接触状况，得到该轮齿的齿面实际接触变化情况。2#轮齿的啮合过程主要包括：①啮入线 a 到啮合线 b 之间双齿啮合；②啮合线 c 和啮合线 d 之间单齿啮合；③啮合线 e 和啮出点 f 之间双齿啮合。相比于图 5.38 可知，两者的变化规律一致。

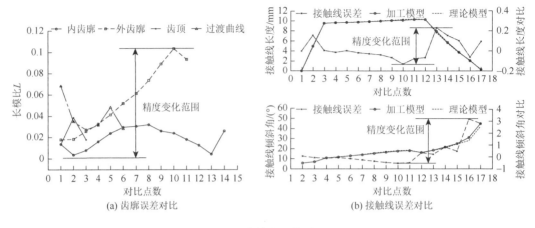

(a) 齿廓误差对比　　　　　　　　　　(b) 接触线误差对比

图 5.36　离散齿面模型对比

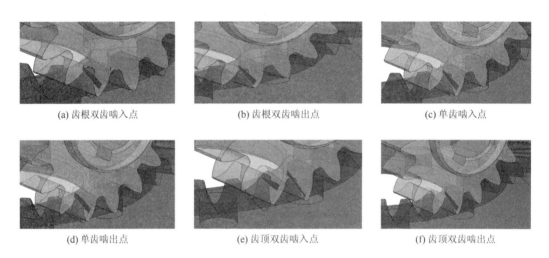

(a) 齿根双齿啮入点　　　　　(b) 齿根双齿啮出点　　　　　(c) 单齿啮入点

(d) 单齿啮出点　　　　　(e) 齿顶双齿啮入点　　　　　(f) 齿顶双齿啮出点

图 5.37　端曲面齿轮副单双齿啮合接触分析

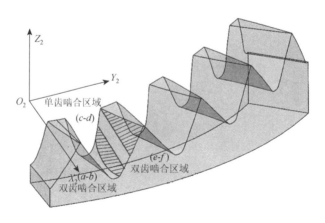

图 5.38　齿面接触变化情况

2. 啮合线光整法和截面光整法齿面精度对比

虽然截面法得到的齿面相比于啮合线法要光滑,但无法证明光滑齿面和理论齿面之间的拟合性,因此需要对光整后的齿面进行精度评价。分别将两种光整方法得到的加工模型,采用同一种加工方法得到了各自的实体,由于采用同一种加工工艺,因此,忽略加工误差的影响,两种实体齿面如图 5.39 所示。

由图 5.39 可知,通过啮合线法得到的齿面没有截面法获得的齿面过渡平滑,其主要原因在于啮合线法光整时的放样轨迹选取,由于端曲面齿轮的齿面啮合轨迹分布规律同斜齿轮一样,按照一定的螺旋角均匀分布,即并不是所有的接触线都是直接连接着端曲面齿轮内外齿廓,尤其是接近齿顶的位置更加明显。

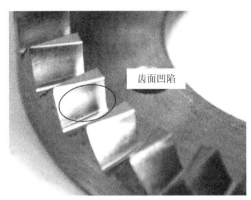
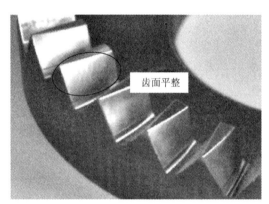

(a) 啮合线法齿面　　　　　　　　　　　　　(b) 截面法齿面

图 5.39　两种光整方法齿面对比

以编号-2 端曲面齿轮为例,将捕捉得到的数值代入式(5.17)中,最终求得基本参数 θ_1、θ_k 和 u_k 的值。根据式(5.43),端曲面齿轮的光整齿面误差如图 5.40 所示,截取一个啮合周期内轮齿三个截面上(内齿廓/外齿廓/中间齿廓)的齿面误差进行对比。

由图 5.40 可知,两种光整方法的内外齿廓的相对误差均为–16.4μm,结合表 5.10 中的评价标准,精度等级为 8 级。由于没有考虑加工误差,因此,该误差等级相对较高,端曲面齿轮的内外齿廓的精度满足要求。由于截面法和啮合线法在齿面放样上选用的是相同的内外齿廓,而且这两部分的反求方法一样,因此,内外齿廓精度相同,不同的地方主要在于中间齿廓部分。对于截面法而言,其每一个截面层的齿廓的反求方法和内外齿廓的反求方法相同,从单个轮齿的齿面相对误差可知,轮齿内齿廓、中间齿廓和外齿廓的齿廓相对误差值相近,因此,其精度相对较高,为 16.7μm,精度等级为 8 级。对于啮合线法而言,齿面精度取决于放样轨迹的选取,由于啮合线法选用了齿面的啮合迹线作为放样轨迹,因此,齿面精度取决于啮合迹线的选取数目,由于端曲面齿轮齿面的啮合迹线变化规律复杂,所以一般情况下选取的啮合迹线的数目受限,齿面精度相对较低,如图 5.40 所示,通过该方法得到的齿面精度为 34.5μm,精度等级为 10 级,相比于截面法,精度更低。

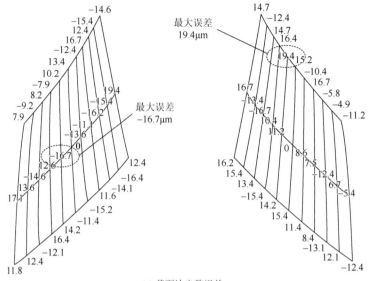

(a) 截面法光整误差

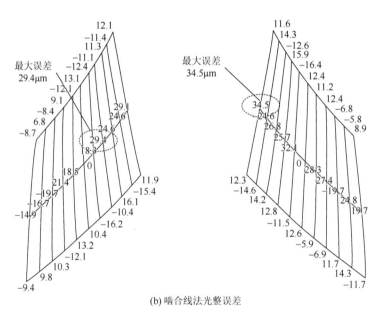

(b) 啮合线法光整误差

图 5.40 截面法和啮合线法齿面误差对比

3. 一个啮合周期内的齿面齿形相对误差变化

根据齿轮齿形相对误差的定义,齿形相对误差反映的是理论齿面网格点的理论坐标和测量坐标之间在法向上的偏差。由于端曲面齿轮轮齿具有周期性变化规律,因此,选用一个啮合周期内的轮齿齿面进行误差评定,左齿面和右齿面相对误差分别如图 5.41 和图 5.42 所示。

图 5.41 和图 5.42 分别为编号-2 端曲面齿轮副一个啮合周期内轮齿左齿面和右齿面的齿面相对误差。由图中可知,该齿轮一个啮合周期内每个轮齿的齿面相对误差值相近,最

大误差、最小误差和误差范围如表 5.12 所示。一个啮合周期内左齿面的最大误差变化范围为 17.6～22.4μm，精度等级 8 级；最小误差变化范围为–21.8～–15.6μm，精度等级 8 级，

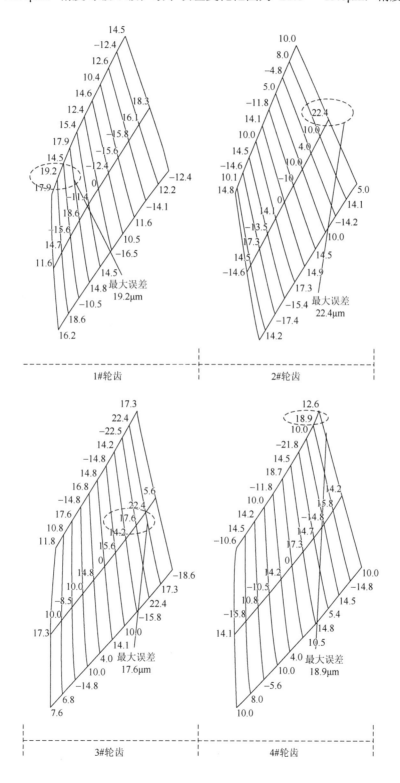

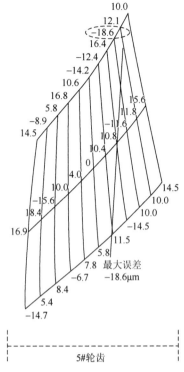

图 5.41　一个啮合周期内左齿面相对误差

误差值相对较小；右齿面的最大误差变化范围为 17.8～19.8μm，精度等级 8 级；最小误差变化范围为-16.7～-14.2μm，精度等级 8 级。一个周期内轮齿的左右齿面相对误差相近，精度相同。

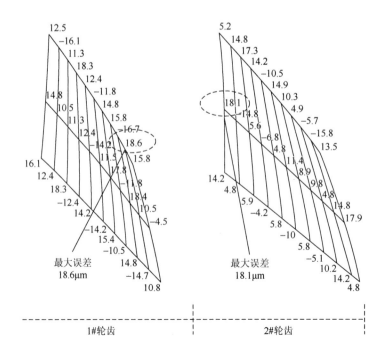

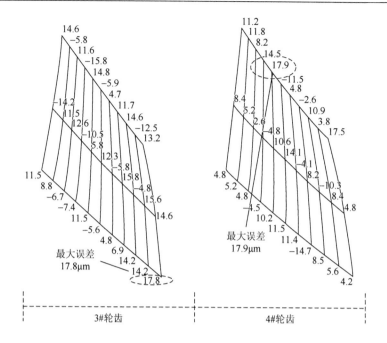

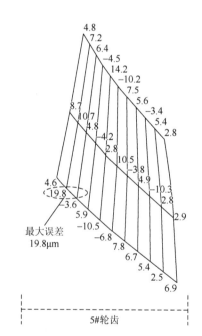

图 5.42　一个啮合周期内右齿面相对误差

表 5.12　一个周期内齿面相对误差（单位：μm）

类型	1#轮齿左/右	2#轮齿左/右	3#轮齿左/右	4#轮齿左/右	5#轮齿左/右
最大误差	19.2/18.6	22.4/18.1	17.6/17.8	18.9/17.9	18.4/19.8
最小误差	−15.6/−16.7	−17.4/−15.8	−18.6/−14.7	−21.8/−14.7	−18.6/−14.2
误差范围	34.8/35.3	39.8/33.9	36.2/32.5	40.7/32.6	37.0/34.0

4. 不同参数下齿面齿形相对误差对比

　　对于加工得到的不同参数下的各端曲面齿轮零件，分别进行齿面相对误差的计算。由一个啮合周期内的轮齿左右齿面精度检测可知，一个啮合周期内各个轮齿的齿面精度基本相同。因此，只对不同参数下的一个轮齿的齿面相对误差进行评价，如图 5.43 所示。

　　图 5.43 为不同参数变化下的端曲面齿轮齿面相对误差，不同参数下的齿面相对误差的最大值、最小值和误差范围如表 5.13 所示。由表 5.13 可知，对于不同的端曲面齿

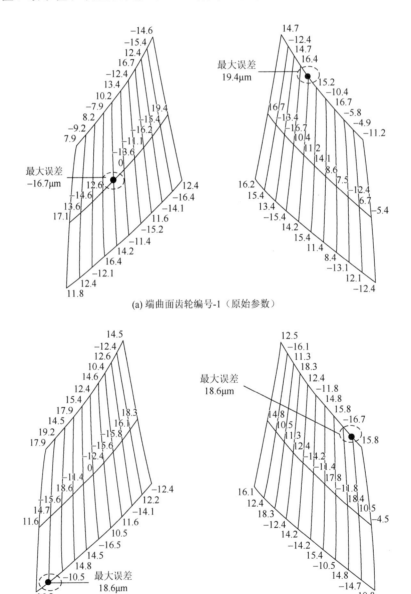

(a) 端曲面齿轮编号-1（原始参数）

(b) 端曲面齿轮编号-2（变阶数n_2）

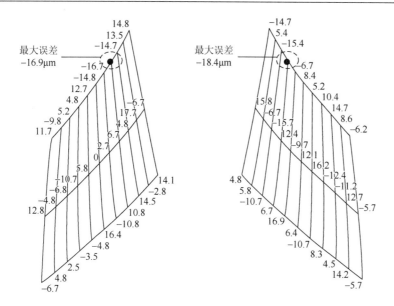

(c) 端曲面齿轮编号-3（变模数m）

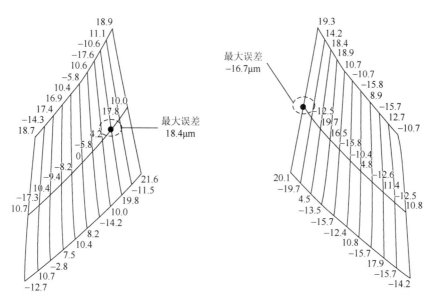

(d) 端曲面齿轮编号-4（变齿数z_1）

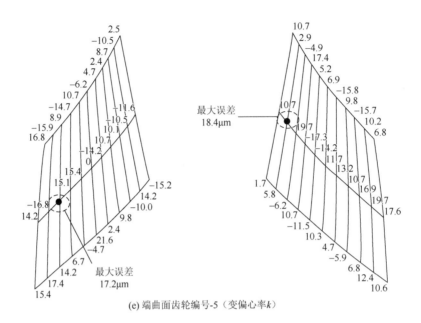

(e) 端曲面齿轮编号-5（变偏心率k）

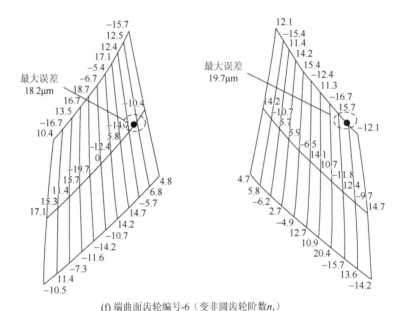

(f) 端曲面齿轮编号-6（变非圆齿轮阶数n_1）

图 5.43　不同参数下的端曲面齿轮齿面相对误差

轮阶数 n_2、模数 m、齿数 z_1、偏心率 k 和非圆齿轮阶数 n_1，端曲面齿轮的齿面相对误差变化不大，最大误差变化范围为 16.9～20.1μm，精度等级 8 级；最小误差变化范围为 –18.7～–15.6μm，精度等级 8 级。误差变化范围为 31.6～37.5μm。相对误差的变化范围较小，精度基本相同。这表明参数的变化对端曲面齿轮齿面加工精度的影响可以忽略不计。

表 5.13　不同参数的齿面相对误差（单位：μm）

类型	编号-1 左/右	编号-2 左/右	编号-3 左/右
最大误差	17.1/19.4	18.6/18.6	17.7/16.9
最小误差	−16.7/−16.7	−15.6/−14.7	−16.9/−18.4
误差范围	33.8/36.1	34.2/33.3	31.6/36.3
类型	编号-4 左/右	编号-5 左/右	编号-6 左/右
最大误差	18.9/20.1	17.2/19.7	16.7/19.7
最小误差	−17.6/−16.7	−16.8/−17.3	−18.7/−15.4
误差范围	37.5/36.8	34.0/37.0	35.4/35.1

第6章 端曲面齿轮传动实验技术

6.1 端曲面齿轮传动实验装置的设计

所设计的端曲面齿轮传动实验装置应满足以下要求：①能够稳定支撑输入轴和输出轴，并保证安装精度。输入轴和输出轴保持轴线相互垂直且与地面平行。②装配和拆卸方便，适用于一系列不同参数的端曲面齿轮的传动实验。③为了最大限度地节约资源，尽可能多地利用现有的设备和零件，在设计的时候，一些参数应参照现有设备的尺寸。④为了满足拆卸方便的要求，将箱体设计为分离式箱体。分离式箱体上下两部分分别制造，便于加工和装配。同时，为了缩短生产周期和降低加工成本，采用钢材焊接结构。根据以上设计要求，设计与制造了两种端曲面齿轮传动实验装置。

1. 端曲面齿轮闭式传动齿轮箱

为了满足端曲面齿轮封闭式传动实验要求，采用分离式箱体，考虑支撑钢板的刚度、方便安装和拆卸及装配精度高等问题，设计了适用于一系列不同参数的端曲面齿轮的传动齿轮箱，可完成端曲面齿轮传动台架实验及动态特性实验，如图6.1所示。

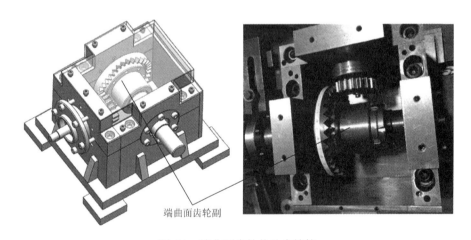

端曲面齿轮副

图 6.1 端曲面齿轮传动齿轮箱

2. 端曲面齿轮开式传动齿轮箱

为了满足端曲面齿轮齿根弯曲应力与对滚实验要求，在端曲面齿轮闭式传动齿轮箱的基础上，对其进行改装。对于端曲面齿轮齿根弯曲应力测量实验，由于通过端曲面齿轮轮齿上的电信号传输到地面上的动态应力应变测量仪上，需要在低速轴两支撑座之间增加一个集流环。本书设计了一种端曲面齿轮传动综合实验测试平台，可完成对滚检测、动静态下的弯曲应力测试等相关实验研究，适用于一系列不同参数的端曲面齿轮的传动实验检测，如图 6.2 所示。

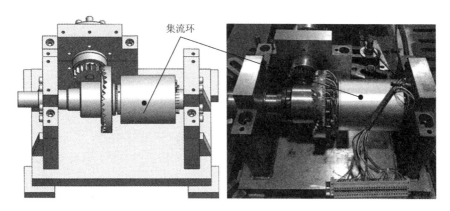

集流环

图 6.2　端曲面齿轮副承载与对滚复合齿轮箱

为了满足一系列不同参数的安装要求，根据端曲面齿轮副的安装中心距，在齿轮箱体的端盖处，根据安装中心距要求，设计不同厚度的挡圈类零件；根据不同参数下端曲面齿轮副的尺寸，重新设计相应的传动轴。

6.2　端曲面齿轮传动时变运动特性实验

围绕验证端曲面齿轮时变运动特性的正确性，在端曲面齿轮传动闭式传动齿轮实验平台上，对端曲面齿轮副进行运动特性台架实验，根据预定的方案对其进行变速和变载，探讨不同参数变化下端曲面齿轮副的时变运动特性变化规律，并进行相应的对比分析，验证理论研究的正确性。

6.2.1　传动实验原理

端曲面齿轮传动是一种相交轴间的齿轮传动形式，对其运动特性进行实验研究时，需要搭建相应的实验平台。驱动电机提供输入扭矩和转速，带动非圆齿轮旋转，端曲面齿轮带动磁粉加载器旋转。输入扭矩转速传感器安装在驱动电机和齿轮箱之间，可以测定输入扭矩、转速等参数。输出扭矩转速传感器安装在磁粉加载器和齿轮箱之间，可以测定输出扭矩、转速等参数，输入/输出扭矩和转速反馈到操作控制台进行后处理。通过操作控制台可以调节驱动电机的转速、扭矩以及负载扭矩等参数，实验所需要的实验仪器如表 6.1 所示。

表 6.1　实验仪器及其性能指标

实验仪器	主要性能指标
端曲面齿轮闭式传动齿轮箱	通用参数
变频三相异步电机	额定频率 0.5Hz

实验仪器	主要性能指标
磁粉加载器	额定扭矩 50N·m
输入转矩转速传感器 输出转矩转速传感器	转速量程：5000r/min，转矩量程：50N·m 转速量程：5000r/min，转矩量程：300N·m

对于端曲面齿轮传动系统，啮合功率损失和振动噪声是功率损耗的主要原因，是影响齿轮传动效率的关键因素。为了验证端曲面齿轮时变动态效率理论的正确性，采用单参数实验方法，在其他参数不变的情况下，对端曲面齿轮的动态效率进行检测。

完成端曲面齿轮箱体及相关传动零件的加工，经安装及调试后，最终的实验台如图 6.3 所示。

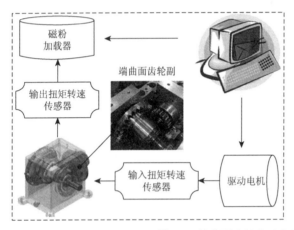 

图 6.3　端曲面齿轮传动实验台

实验数据后处理过程中，为了尽量减小随机信号干扰造成的误差对实验结果的影响，采集到的实验数据必须经过一定的处理，实验中用到的数据处理公式如表 6.2 所示。表中 n_1/n_1'、n_2/n_2' 分别为理论/实验输入、输出轴转速；T_1/T_1'、T_2/T_2' 分别为理论/实验输入、输出轴扭矩；i_{12}、i_{12}' 分别为理论与实验传动比；N 为采样个数；η、η' 分别为理论与实验传动效率。

表 6.2　实验数据处理的基本计算公式

处理项目	计算公式	处理项目	计算公式
理论传动比	$i_{12}=\dfrac{R}{r(2\pi n_1 t)}$	实际传动比	$i_{12}'=\dfrac{\omega_1'}{\omega_2'}=\dfrac{n_1'}{n_2'}$
理论平均传动比	$\overline{i_{12}}=\dfrac{i_{12\max}+i_{12\min}}{2}$	实际平均传动比	$\overline{i_{12}'}=\dfrac{\sum\limits^{N}i_{12}'}{N}$
理论输出转速	$n_2=\dfrac{n_1}{i_{12}}$	实际输出转速	$n_2=\dfrac{n_1'}{i_{12}'}$

续表

处理项目	计算公式	处理项目	计算公式
理论输入扭矩	$T_1 = (T_2 - I_2\alpha_2)/i_{12}$	实际输入扭矩	$T_1' = (T_2' - I_2\alpha_2')/i_{12}'$
理论传动效率	$\eta = 1 - \dfrac{P_m + P_b}{P}$	实际传动效率	$\eta' = \dfrac{T_2'\omega_2'}{T_1'\omega_1'}$

6.2.2　传动实验结果分析

不同于一般齿轮，端曲面齿轮的时变运动特性受到端曲面齿轮阶数 n_2、模数 m、非圆齿轮齿数 z_1、偏心率 k 和非圆齿轮阶数 n_1 的影响。设定输出平均转速为 200r/min，负载为 25N·m，转速扭矩位移传感器的采样频率为 4800kHz，采样时间为 0.65s。由于变化趋势基本相同，主要探讨阶数 n_2 的变化和偏心率 k 的变化对端曲面齿轮时变运动特性的影响。

如图 6.4 所示，以编号-4 和编号-5 端曲面齿轮传动的时变运动特性为例，改变端曲面齿轮偏心率 k 的大小。实验结果表明，随着偏心率 k 的增加，端曲面齿轮的输入扭矩和输出转速的变化周期数为 6，周期数不变；平均输入扭矩为 12.24N·m 左右，平均输出转速为 206.1r/min 左右，偏心率变化不改变平均输入扭矩和输出转速的大小；但随着偏心率 k 的增大，输入扭矩和输出转速的变化幅度增大。这主要是由于偏心率 k 对运动特性的输出变化周期和输出平均值不造成任何影响，而只影响波动幅度。

结合表 6.2 中的基本公式获得偏心率变化下的端曲面齿轮传动比和传动效率，如图 6.4（c）和（d）所示。编号-4 和编号-5 端曲面齿轮的实验平均传动比基本相等，编号-5 端曲面齿轮的传动比波动幅度比较大，实验结果与理论结果相近；编号-4 和编号-5 的平均传动效率分别为 0.88 和 0.85，两者的传动效率均小于一般齿轮的传动效率，主要原因在于端曲面齿轮在啮合过程当中，受惯性力的影响，产生较大幅度的振动和冲击，造成啮合功率损失，偏心率 k 的变化导致惯性力的变化幅度增大，加剧了齿轮副间的振动和冲击。

如图 6.5 所示，以编号-1 和编号-2 端曲面齿轮传动的时变运动特性为例，改变端曲面齿轮阶数 n_2 的大小。随着阶数 n_2 的增加，端曲面齿轮的输入扭矩和输出转速的变化周期由 4.5 增加到 6，这主要是由于阶数 n_2 的增加，导致端曲面齿轮的波峰/波谷增加，但

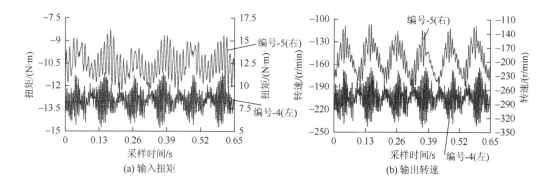

（a）输入扭矩　　　　　　　　　　　　　　　（b）输出转速

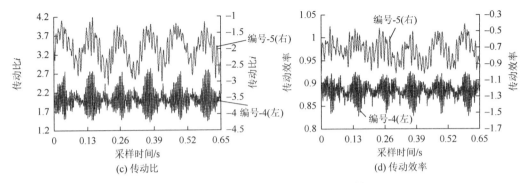

(c) 传动比

(d) 传动效率

图 6.4　不同偏心率 k 变化下时变运动特性

编号-4（$k = 0.05$）；编号-5（$k = 0.1$）

阶数 n_2 的增加导致输入扭矩平均值减小，输出转速的幅度值不变，实验结论与 5.2 节中的分析结果相同。

　　结合表 6.2 中的基本公式获得阶数 n_2 变化下的端曲面齿轮传动比和传动效率，如图 6.5（c）和（d）所示。编号-1 和编号-2 端曲面齿轮的传动比分别为 2.08 和 2.1，变化周期为 6 和 4.5，实验结果与理论结果相近；编号-2 端曲面齿轮的传动效率（$\eta' = 0.85$）高于编号-1 端曲面齿轮（$\eta' = 0.74$），主要原因在于，由端曲面齿轮的平均传动比的定义可知，在阶数 n_1 不变的情况下，随着阶数 n_2 的增加，平均传动比 $i = n_2/n_1$ 增大。在低载荷（传递转矩 $T < 50\text{N·m}$）的传动条件下，载荷相同时，由于小传动比齿轮副的分度圆直

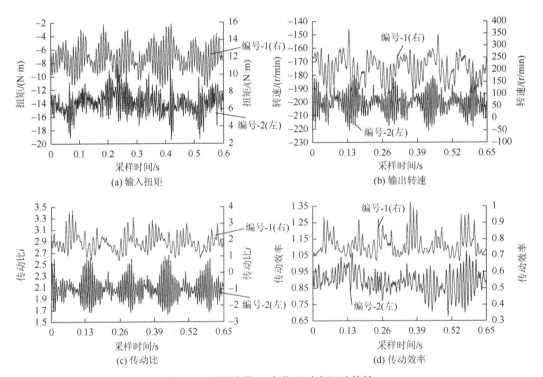

(a) 输入扭矩

(b) 输出转速

(c) 传动比

(d) 传动效率

图 6.5　不同阶数 n_2 变化下时变运动特性

编号-1（$n_2 = 2$）；编号-2（$n_2 = 4$）

径差比较小，滚动摩擦矩减小，减少了功率损失。因此，小传动比齿轮副（编号-2 端曲面齿轮副）的传动效率优于大传动比齿轮副（编号-1 端曲面齿轮副）。

6.2.3　传动实验误差评价

为了验证端曲面齿轮轮齿时变运动特性理论的正确性，可以将理论获得的端曲面齿轮理论传动比和传动效率结果同实验结果进行对比。以编号-5 端曲面齿轮副为例，端曲面齿轮传动比和传动效率的对比曲线如图 6.6 所示。

实验结果表明：①除去实验中由加工、安装等带来的误差，端曲面齿轮副传动比实验值同理论值的变化规律基本保持一致，实验值的周期同理论值的周期一致。主要原因在于，在偏心率 k 相对较大的情况下，端曲面齿轮的传动比波动幅度比较大，因此，在数据采集时，在同等采样精度的情况下，获取的实验结果更加接近实际；同时，由于实验在低速轻载的条件下进行，因此，在实验过程中，可以忽略端曲面齿轮的动态特性造成的影响，实验结果与理论结果的误差相对较小。②从端曲面齿轮传动效率的对比结果可知，在一个啮合周期内，端曲面齿轮副传动效率实验值同理论值的变化规律基本保持一致，变化周期数相同，实验与理论相符，验证了理论分析方法的可行性；实验效率的波动幅度大于理论分析结果，实验传动效率低于理论值，造成该现象的主要原因在于理论分析主要考虑的是相对速度造成的啮合功率损失，而对于其他一些参数的分析只建立在现有结论的基础上，因此，偏心率 k 对这些参数造成的影响并未进行考虑，造成理论与实验的误差。

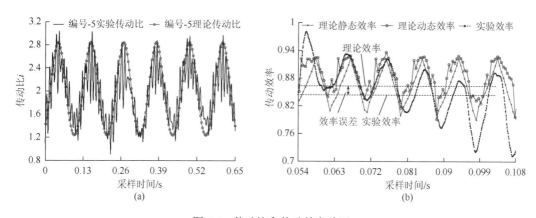

图 6.6　传动比和传动效率验证

6.3　端曲面齿轮传动时变接触特性实验

围绕验证端曲面齿轮时变接触特性正确性与齿面的制造精度问题，通过五轴数控加工中心完成端曲面齿轮副的加工后，在端曲面齿轮传动综合实验测试平台上对端曲面齿轮副进行对滚检测，探讨不同参数下的端曲面齿轮副的接触状况变化规律，验证端曲面齿轮时变接触特性相关理论研究的正确性。

6.3.1　对滚检测实验原理

为了验证端曲面齿轮时变接触特性相关理论的正确性,选取表 3.3 中的端曲面齿轮副基本参数,对端曲面齿轮毛坯进行虚拟仿真加工,获得端曲面齿轮副的实体模型,通过五轴数控加工技术获得不同参数的端曲面齿轮副。将端曲面齿轮副按照理论啮合规律安装,通过调整齿轮副的不同安装位置,查看齿轮副啮合表面的接触印痕,从而判断齿轮副的传动质量、接触质量及制造精度。实验采用端曲面齿轮传动综合实验测试平台,所用的实验仪器如表 6.3 所示。

表 6.3　实验仪器及其性能指标

实验仪器	主要性能指标
端曲面齿轮开式传动齿轮箱	通用参数
变频三相异步电机	额定频率 0.5Hz
磁粉加载器	额定扭矩 50N·m
控制部分、数据线等	—

完成端曲面齿轮副及相关传动零件的加工,经端曲面齿轮传动综合实验测试平台的安装调试后,最终的实验测试平台如图 6.7 所示。

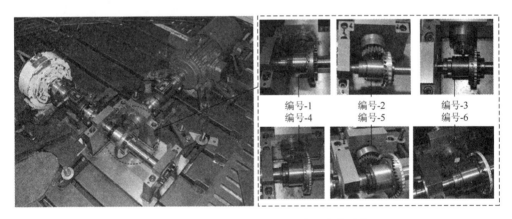

图 6.7　端曲面齿轮副承载与对滚复合实验台

6.3.2　对滚检测实验结果分析

根据理论中心距安装端曲面齿轮副。对滚检测过程中将非圆齿轮作为主动轮,端曲面齿轮作为从动轮;用刷子在被检测的端曲面齿轮、非圆齿轮齿面上涂一层均匀的红丹粉;启动电机以非圆齿轮驱动端曲面齿轮旋转,待转速稳定一段时间后停机查看接触情况;重启电机,待转速稳定时通过磁粉加载器施加一定载荷,由于端曲面齿轮副两轮齿受载，经挤压和摩擦，端曲面齿轮齿面上的红丹粉会被磨掉一部分，清晰地显示出齿轮副接触区的位置与形状；观察端曲面齿轮齿面接触区的位置与形状是否符合理论设计要求；对端曲面齿轮和非圆齿轮轮齿进行编号标记，记录端曲面齿轮齿面上的接触情况。

1. 光整技术对滚检测对比

为了验证端曲面齿轮截面法齿面光整技术的可行性，通过对截面法和啮合线法得到的齿面进行对滚实验，验证两者的齿面接触质量，并进行对比分析。

由表 6.4 可知：①采用截面法光整技术获得的端曲面齿轮对滚齿面的接触印痕分布在整个轮齿齿面上，其接触印痕面积占齿面面积的 60%以上。而采用啮合线法光整技术获得的端曲面齿轮对滚齿面的接触印痕集中在端曲面齿轮轮齿外径处，接触区域较小。②对比以上两种光整技术下的齿面接触印痕可知，截面法的接触印痕相比啮合线法面积更大，更加接近于理论接触情况，这说明截面法获得的齿面具有更高的齿面质量。

表 6.4 截面法和啮合线法齿面接触对比

编号	编号-1	编号-2	编号-3	编号-4	编号-5
截面法					
啮合线法					

2. 不同参数对滚对比

为了验证端曲面齿轮齿面时变接触特性理论的正确性，采用截面法光整技术获得端曲面齿轮副，对不同参数的端曲面齿轮副齿面接触质量进行检测，对比了参数的变化对端曲面齿轮齿面接触质量的影响。完成不同参数的端曲面齿轮副的对滚实验后，得到端曲面齿轮一个啮合周期内轮齿齿面接触印痕结果，如表 6.5 所示。实验结果如下。

（1）非圆齿轮与端曲面齿轮对滚一段时间后，瞬时接触线在齿面上形成稳定的接触区域，在两个及以上的轮齿同时处于接触状态的情况下，端曲面齿轮齿面的啮合痕迹分布在整个轮齿齿面上，接触区域由波谷到波峰的啮合过程中基本不变，最终形成表 6.5 中接触区域。端曲面齿轮的接触印痕呈现线接触，且与理论接触印痕的变化趋势一致。

（2）端曲面齿轮在一个啮合周期内不同轮齿的齿面接触印痕有时集中分布在轮齿内齿

廓区域，有时分布在轮齿外齿廓区域，产生此现象的最主要原因在于：作为一种特殊的面齿轮，线接触的端曲面齿轮副同样对安装误差敏感，从而引起接触情况不理想。为了解决这个问题，一般将齿轮副的接触形式设置成点接触。

（3）对比编号-1～编号-3 不同阶数 n_2 和不同模数 m 变化下的端曲面齿轮齿面接触状况可知，阶数 n_2 和模数 m 的变化对端曲面齿轮的齿面接触面积造成影响，其主要原因在于阶数 n_2 和模数 m 影响端曲面齿轮的结构尺寸，导致齿面间载荷变大，影响接触面积。

（4）对比编号-3 与编号-4 不同齿数 z_1 变化下的端曲面齿轮齿面接触状况可知，随着非圆齿轮的齿数 z_1 的增加，端曲面齿轮齿面的啮合痕迹形成的接触区域有所增加，主要原因在于随着非圆齿轮齿数 z_1 的增加，端曲面齿轮副的重合度增大。

（5）对比编号-4 与编号-5 不同偏心率 k 变化下的端曲面齿轮副接触状况可知，随着端曲面齿轮的偏心率 k 的增加，端曲面齿轮的齿面啮合痕迹形成的接触区域变小且集中在节曲线附近靠近齿轮内圆的区域，越往外侧接触越少。主要原因在于端曲面齿轮的齿面接触状况对偏心率 k 比较敏感，偏心率 k 的增加，导致齿面接触质量下降，影响端曲面齿轮的接触强度。

（6）对比编号-4 与编号-6 不同阶数 n_1 变化下的端曲面齿轮副接触状况可知，随着端曲面齿轮的阶数 n_1 的增加，端曲面齿轮的齿面啮合痕迹形成的接触区域分布在整个轮齿齿面上，接触区域变大。主要原因在于随着非圆齿轮阶数 n_1 的增加，端曲面齿轮副的最大重合度明显增大，齿面时变接触质量提高。

由分析可知，偏心率 k 的变化对端曲面齿轮的齿面时变接触状况影响最大，对于端曲面齿轮而言，在避免安装误差对接触状况的敏感性的同时，为了获得更好的接触质量，需要控制偏心率 k 的大小。

表 6.5　不同参数变化下齿面接触对比

编号	1#轮齿	2#轮齿	3#轮齿	4#轮齿	5#轮齿	6#轮齿
编号-1						
编号-2						
编号-3						
编号-4						

续表

编号	1#轮齿	2#轮齿	3#轮齿	4#轮齿	5#轮齿	6#轮齿
编号-5						
编号-6						

6.3.3　对滚检测实验误差评价

　　为了验证理论接触线的正确性,探讨了不同参数变化下端曲面齿轮副的接触状况变化规律。通过对实验结果的整理,理论接触模型和加工实体的接触状况对比结果如表 6.6 所示。

表 6.6　端曲面齿轮齿面接触印痕及接触质量评价

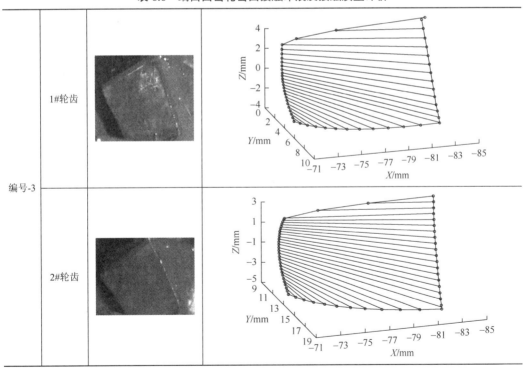

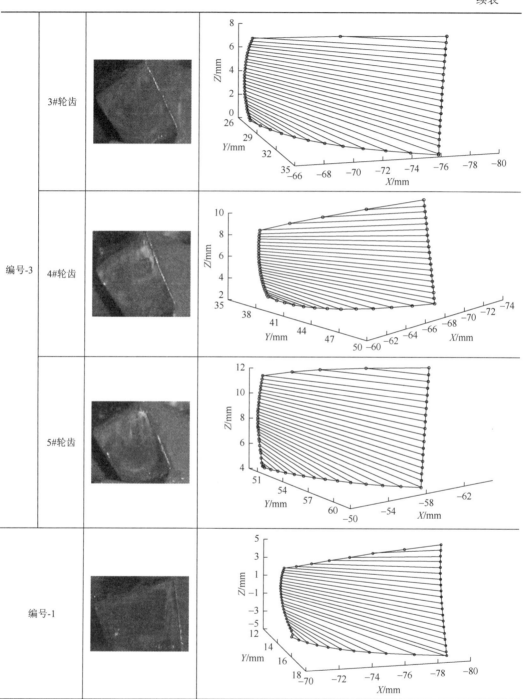

续表

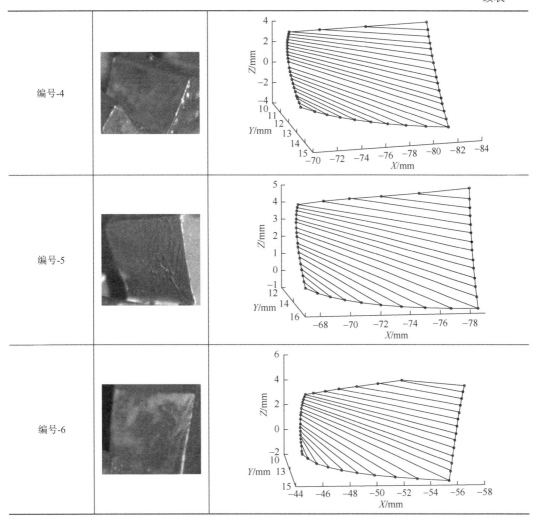

通过测量沿着齿宽和齿高方向的接触百分比,验证端曲面齿轮时变接触特性相关理论的正确性,齿宽和齿高方向的接触百分比如表 6.7 所示。

表 6.7　端曲面齿轮的齿面接触状况

接触质量评价方法	轮齿编号		齿宽方向 $\eta = (B_1 - B_2)/B \times 100\%$		齿高方向 $\zeta = H_1/H \times 100\%$	
	编号-3-1#	编号-1	75%	60%	80%	60%
	编号-3-2#	编号-4	95%	75%	72%	80%
	编号-3-3#	编号-5	94%	20%	80%	85%
	编号-3-4#	编号-6	68%	50%	78%	80%
	编号-3-5#		88%		74%	

实验结果表明：编号-3 端曲面齿轮沿着轮齿齿宽和齿高方向的接触百分比分别为 68%～95% 和 72%～80%，接触面积基本覆盖整个轮齿齿面，验证了理论模型的正确性；不同轮齿上的接触面积不同，其中，2#轮齿的接触面积较大，通过分析可知，主要原因在于端曲面齿轮的理论齿面接触区域外宽内窄，且随啮合周期呈现周期性变化，其中在 2#轮齿位置理论接触区域最小，导致该处的印痕最明显；偏心率 k 的变化对端曲面齿轮的齿面接触状况影响最大，这主要在于受偏心率 k 的影响，齿面接触区域的外宽内窄现象更加明显。

6.4 端曲面齿轮传动时变轮齿变形特性实验

围绕端曲面齿轮轮齿时变变形理论正确性问题，通过五轴数控加工中心完成端曲面齿轮副的加工，在端曲面齿轮传动综合实验测试平台上对端曲面齿轮副进行弯曲应变检测，探讨不同参数变化下的端曲面齿轮轮齿弯曲应力状况变化规律，验证端曲面齿轮时变轮齿变形理论研究的正确性。

6.4.1 轮齿弯曲变形实验原理

端曲面齿轮的轮齿弯曲应力的测量方法基于半桥测量电路的电测法原理，根据电阻应变片的工作原理，结合端曲面齿轮副啮合过程中轮齿的受力情况，对端曲面齿轮的齿根弯曲应力进行测量。根据不同的实验目的，沿着齿宽方向在不同位置粘贴应变片，测量不同负载、不同转速和不同参数条件下端曲面齿轮应力变化情况。通过对实验数据的统计处理，探索端曲面齿轮的弯曲应力规律。实验所采用的仪器设备如表 6.8 所示。

实验采用端曲面齿轮开式传动齿轮箱，所用的实验仪器如表 6.8 所示。经安装及调试后，最终的实验台如图 6.8 所示。将应变片粘贴在端曲面齿轮轮齿的齿根过渡曲面节点处；使用万用表检查应变片的粘贴质量，若应变片的电阻变化不大，则说明该应变片在粘贴过程中没有损坏，可在随后的实验中使用；在轮齿侧面的相应位置上粘贴胶基接线端子，并将应变片的引线焊接在接线端子上，接线端子的另外一端与集流环一端的引线连接，集流环另一端则与应变仪的接头相连，如图 6.9 所示。将齿轮安装至端曲面齿轮传动综合实验平台上，调整好角度及中心距；施加不同的载荷，驱动非圆齿轮，记录端曲面齿轮在转动过程中的轮齿应变值。

表 6.8 实验仪器及其性能指标

实验仪器	主要性能指标
变频三相异步电机	额定频率：0.5Hz
磁粉加载器	额定扭矩：50N·m
DRA-30A 多通道动静态应变仪	通道数：30；测量范围：±20000με；分辨率：1με；动态测量速度：100～900μs；动态频率响应：DC～3kHz
电阻应变片	型号：BE120-1AA-W；电阻值：120Ω
集流环	通道数：30；轴向尺寸：142mm
控制部分、数据线等	—

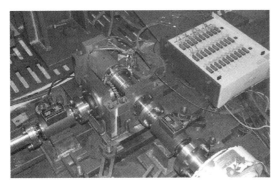

图 6.8　端曲面齿轮弯曲强度测量实验台

接线端子排　　　　　　　　　　　　转接端子

图 6.9　应变片引线连接

　　由于端曲面齿轮齿根应力的测量时间较短，温度变化不明显，因此，应变测量精度的主要影响因素在于导线连接及应变片粘贴造成的"零点漂移"现象。而造成该现象的主要原因在于应变片粘贴不牢固存在气泡、导线之间虚接和连接不牢靠等。

　　为了避免在测量过程中出现"零点漂移"现象，实验采用转接端子和接线端子排来实现该目的，如图 6.9 所示。①转接端子的作用在于连接应变片引线和集流环。防止电阻应变片引线过长，在齿轮运转过程中碾压引线，造成测量回路断开，影响实验结果。②接线端子排的作用在于连接集流环和应变仪。由于集流环导线长度不足，不能直接连接到应变仪上，需要在两者之间增加导线。为了避免导线虚接造成的"零点漂移"现象，两导线利用接线端子排进行连接。③摆动连接导线观察应变数据是否有"零点漂移"现象，通过重新连接或者重新粘贴应变片来排除"零点漂移"现象。

6.4.2　轮齿弯曲变形实验结果分析

　　以编号-1 端曲面齿轮副在 15N·m 负载下的应力波形图为例，来说明端曲面齿轮的轮齿弯曲应力变化规律。通过将 DRA-30A 多通道动静态应变仪获取的轮齿齿根部分的应变值进行分析，得到结果如图 6.10 所示。

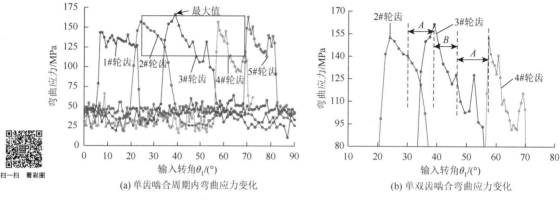

(a) 单齿啮合周期内弯曲应力变化　　　　　　(b) 单双齿啮合弯曲应力变化

图 6.10　编号-1 端曲面齿轮轮齿弯曲应力

图 6.10 为端曲面齿轮轮齿在一个啮合周期内的轮齿弯曲应力变化规律。由图 6.10 可知：一个啮合周期内轮齿的弯曲应力先增大后减小，应力的最大值在 3#轮齿的齿根处。对于尺寸形状确定的端曲面齿轮而言，负载时的法向负载和大小直接影响了端曲面齿轮齿根应力大小。端曲面齿轮的法向力大小具有时变周期性，且在 3#轮齿位置达到最大值。因此，3#轮齿的弯曲应力值最大。图 6.10（a）为一个轮齿的啮合周期内弯曲应力变化规律。以 3#轮齿的弯曲应力变化规律为例。由图 6.10（b）可知，3#轮齿经历了三个啮合阶段，其中 A 为双齿啮合区域，B 为单齿啮合区域。受单双齿啮合阶段的影响，3#轮齿的弯曲应力呈现一定的波形变化规律，且在单齿啮合区域内端曲面齿轮的弯曲应力达到最大。

1. 不同负载下的弯曲应力对比

负载的大小直接影响端曲面齿轮的齿根弯曲强度、使用寿命及其安全性。以编号-1端曲面齿轮副为例，探讨不同负载条件下端曲面齿轮的齿根弯曲应力变化情况。由图 6.11 中变化规律可知，端曲面齿轮轮齿的弯曲应力具有周期性的变化规律。随着负载的增大，该周期性变化规律不变。但是，轮齿的弯曲应力基本呈等比增加，主要原因在于在端曲面齿轮副尺寸形状确定的条件下，负载大小只影响法向力大小。因此，为了满足端曲面齿轮的弯曲强度要求，需要根据端曲面齿轮的最大弯曲应力值设置合理的安全使用系数。

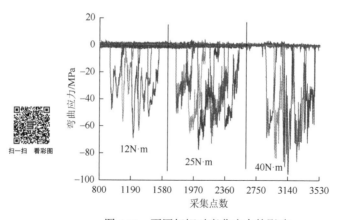

图 6.11　不同扭矩对弯曲应力的影响

2. 不同参数下的弯曲应力对比

为了研究不同参数变化下的端曲面齿轮轮齿弯曲应力变化规律，取不同参数下端曲面齿轮一个啮合周期上的轮齿弯曲应力变化规律进行分析，实验结果如图6.12～图6.14所示。

(a) 阶数n_2的影响　(b) 模数m的影响

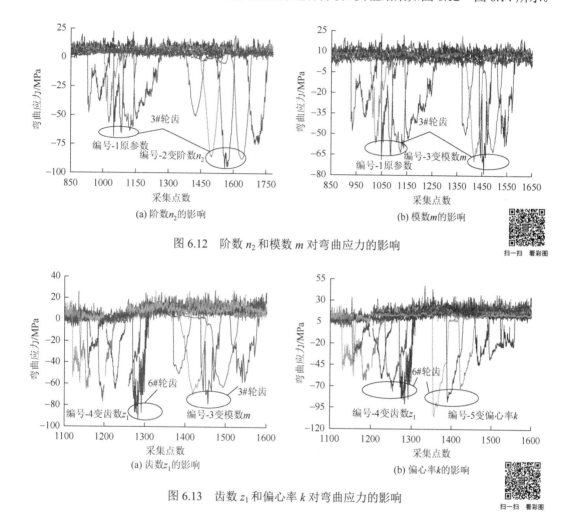

图6.12　阶数n_2和模数m对弯曲应力的影响

扫一扫　看彩图

(a) 齿数z_1的影响　(b) 偏心率k的影响

图6.13　齿数z_1和偏心率k对弯曲应力的影响

扫一扫　看彩图

（1）根据表6.1中的基本参数值，改变端曲面齿轮阶数n_2的大小，将编号-1端曲面齿轮副和编号-2端曲面齿轮副的轮齿弯曲应力进行对比，图6.12为阶数n_2变化时端曲面齿轮轮齿弯曲应力的变化曲线。由图6.12可知，随着端曲面齿轮阶数n_2的增大，弯曲应力的变化幅值、最大值和最小值均减小，轮齿弯曲应力的周期性不变。主要原因在于阶数n_2的增大，使端曲面齿轮的节曲线圆柱半径增大，导致法向力变小，从而减小轮齿齿根处的弯曲应力。

（2）改变非圆齿轮齿数z_1的大小，将编号-3端曲面齿轮副和编号-4端曲面齿轮副的轮齿弯曲应力进行对比，图6.13（a）为齿数z_1变化时端曲面齿轮轮齿弯曲应力的变化曲线。由图6.13（a）可以看出，随着齿数z_1的增大，弯曲应力的变化幅值、最大值和最

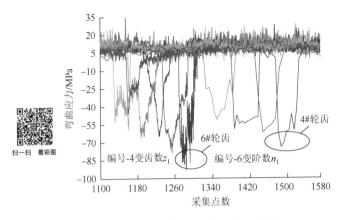

图 6.14　阶数 n_1 对弯曲应力的影响

小值均减小，轮齿弯曲应力的变化周期改变。主要原因在于齿数 z_1 的增大，导致端曲面齿轮的节曲线圆柱半径增大，法向载荷变小，从而减小轮齿齿根处的弯曲应力。同时，在一个啮合周期内，齿数 z_1 的增加，导致相应的最大法向载荷轮齿位置发生变化，造成轮齿弯曲应力的变化周期发生改变。在满足轮齿弯曲强度的前提下，从降低齿轮加工成本和增加重合系数的角度，端曲面齿轮以多齿数为好。

（3）改变非圆齿轮阶数 n_1 的大小，将编号-4 和编号-6 端曲面齿轮副的轮齿弯曲应力进行对比，图 6.14 为阶数 n_1 变化对端曲面齿轮轮齿弯曲应力的变化曲线。由图 6.14 可以看出，随着阶数 n_1 的增大，端曲面齿轮轮齿的齿根弯曲应力的幅值、最大值和最小值呈下降趋势，其主要原因在阶数 n_1 的增大减小了齿面法向力的大小。随着阶数 n_1 的增加，轮齿弯曲应力的周期发生变化，曲线的变化周期缩短，变化周期为 $2\pi/n_1$。

6.4.3　轮齿弯曲变形实验误差评价

为了验证端曲面齿轮轮齿时变弯曲变形理论的正确性，根据端曲面齿轮的悬臂梁模型，结合梁式弹性元件的弯曲变形理论，变形与应变转化关系图如图 6.15 所示。

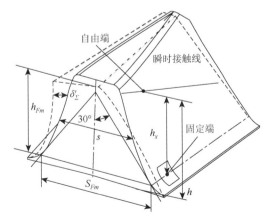

图 6.15　变形与应变转化关系图

应变片的粘贴位置为等效悬臂梁固定端（即轮齿齿根区域），获得理论弯曲变形量 δ'_{Σ} 与应变 ε 之间的关系，如式（6.1）所示：

$$\varepsilon = \frac{6\delta'_{\Sigma}sh_x}{h^3} \tag{6.1}$$

式中，h 为全齿高 $h=(2h_a^* + c^*)m$；h_x 为理论测量点与齿面法向力受力点在齿高方向的距离；s 为端曲面齿轮轮齿的平均齿宽。

从式（6.1）可知，在轮齿结构尺寸确定的情况下，应变和变形量之间为正比例关系。

在端曲面齿轮上施加 30N·m 的负载力矩，对编号-1 端曲面齿轮副一个啮合周期内的五个轮齿上的弯曲应变进行读取，与理论获得的端曲面齿轮轮齿弯曲应力值进行对比，如图 6.16 所示。

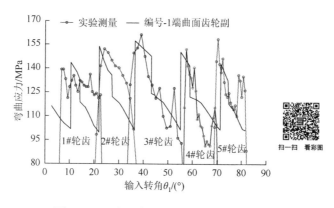

图 6.16　理论和实验弯曲应力对比

由图 6.16 可知，①无论在单齿接触区域还是双齿啮合区域，在轮齿的齿顶到齿根方向上，端曲面齿轮轮齿的弯曲应力逐渐减小，单齿区域的弯曲应力明显大于双齿接触区域的弯曲应力；②在一个啮合周期内，端曲面齿轮的轮齿弯曲应力先增加后减小，在 3#轮齿上达到最大，整体变化趋势与理论结果一致，最大弯曲应力值的误差范围为 3.28%～10.45%，最小弯曲应力值的误差范围为 10.95%～16.24%，误差源主要在于，一方面，由 2.1 节中的端曲面齿轮轮齿时变变形理论可知，该理论以 Buckingham 的变齿厚齿轮的轮齿简化算法为基础，简化后的轮齿齿形与通过共轭原理获得的齿形存在一定的误差；另一方面，受动载荷的影响，端曲面齿轮在传动过程中存在较为明显的振动冲击，造成实验结果与理论值之间存在误差。

6.5　端曲面齿轮传动时变动态特性实验

为了验证端曲面齿轮的动态响应特性理论的正确性，传统实验方案可以精确地获得齿轮传动过程中的振动响应过程，但其实验过程相对烦琐，对外界的环境要求高。采用非接触式的测量方式，结合激光位移测距高精度、高响应频率等优点，采用激光位移传感器对端曲面齿轮的振动响应过程进行测量。

6.5.1　动态测试实验原理

激光位移传感器通常都以固定的间隔获取数据（即采样率）。如果激光位移传感器在测量振动物体时被设置了一个较低的采样率，就无法获得精确的测量结果。但只要使用较高的采样率就可以实现精确测量。因此，为了实现激光位移传感器的精确振动测量，只需设置采样率。激光位移传感器的振动测量采样率至少设为目标振动频率的 10 倍，如图 6.17 所示。

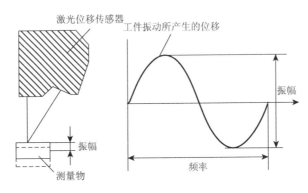

图 6.17　激光位移传感器测量原理

本实验采用端曲面齿轮闭式传动齿轮箱，所用的实验仪器如表 6.9 所示。

表 6.9　实验仪器及其性能指标

实验仪器	主要性能指标
变频三相异步电机	额定频率：0.5Hz
ETH 扭矩传感器 DRFL-VI	量程：500N·m
LK-H050 激光位移传感器	检测范围：0～20mm；精度：0.1μm；分辨率：0.025με；采样频率：2.55/5/10/20/50/100/200/500/1000Hz
磁粉加载器	额定扭矩：50N·m
控制部分、加载部分、数据线等	—

经安装及调试后，被测对象的振动位移经激光位移传感器拾振，由传感器电缆将信号送入动态信号模块，将信号转换成电压信号并放大，通过信号的采集，最后在 PC 端对实验数据进行处理并显示。根据实验要求搭建端曲面齿轮传动动态性能测量实验台，试转电机，确保安全；安装并调试激光位移传感器，连接传感头与控制器、电源、计算机。不同参数的端曲面齿轮传动动态性能振动测量实验台如图 6.18 所示。

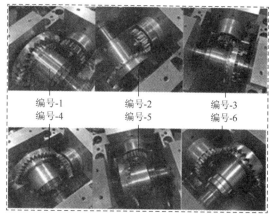

图 6.18　不同参数变化下的端曲面齿轮振动测量实验台

　　调试完成后，将激光位移传感器测量头对准实验台，调整好位置使激光位移传感器与实验台之间距离保持在激光位移传感器量程之内，如图 6.19 所示。计算机上打开激光位移传感器配套的软件 LK-Navigator，设定好测量参数，如取样频率、输出类型、取样点个数等，将设定值发送至控制器。其中，为了获得每个时刻的振动位移，设定取样频率和取样点个数为 1；开启电机，逐步调节其转速和负载，运行一段时间后，存储获得的振动数据，同时结合 CatmanEasy-AP 采集软件，同步存储输出轴的扭矩数据。

图 6.19　激光位移传感器安装图

6.5.2　动态测试实验结果分析

　　负载和转速的大小直接影响端曲面齿轮传动的动态响应特性。以编号-2 端曲面齿轮副为例，探讨不同负载和转速条件下端曲面齿轮传动的动态响应特性。

1. 不同扭矩下的动态响应特性

　　端曲面齿轮减速箱是用来传递和变换扭矩的，输出轴承受扭矩的变化，必然影响减速箱的振动状态。输入转速为 400r/min，负载为 18N·m、25N·m、30N·m，如图 6.20 所示，扭矩位移传感器的采样频率为 4800kHz 时，在负载的分别激励作用下，设置激光位移传感器的采集点数为 10^6 个，振动采样时间为 1.3s 时，随着负载的增加，端曲面齿轮传动的动态响应过程中得到 12 个波峰周期值的轴向振动，端曲面齿轮传动的振动周期数不变，振动位移分别为 30μm、40μm、45μm，振动位移增加。主要原因在于，负载的大小只影响激振力的大小，振动响应的峰值随输出轴承受的扭矩呈线性变化；在不同负载下的响应周期数与动态扭矩的变化周期数相同。这说明端曲面齿轮传动的振动响应变化周期受端曲面齿轮传动本身的时变特性所影响。

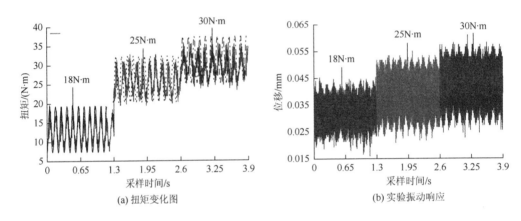

(a) 扭矩变化图　　　　　　　　　　　　　(b) 实验振动响应

图 6.20　不同扭矩变化下的振动响应

2. 不同转速下的动态响应特性

　　端曲面齿轮传动机构的输出轴的转速较低，适合于中低速的应用场合。一般而言，低速机械的振动与噪声应该较小，但是，端曲面齿轮传动的振动和噪声较大，为了探讨端曲面齿轮传动振动较大的原因，设定输入转速为 400r/min、600r/min、800r/min，如图 6.21 所示，负载为 12N·m，采样时间为 0.65s，激光位移传感器的采集点数为 10^6 个。

　　当输入转速恒定时，端曲面齿轮的输出转速呈现周期性变化规律，随着输入转速的增加，输出转速的变化周期数为 6 个、9 个、12 个，变化周期数逐渐增加；随着转速的变化，端曲面齿轮传动的动态响应过程中得到 6 个、9 个、12 个波峰周期值的轴向振动，振动位移分别为 27μm、31μm、40μm，振动位移变大。主要原因在于，在端曲面齿轮转速较低时，端曲面齿轮箱对齿轮啮合激励较为敏感，振动响应具有和啮合刚度变化（端曲面齿轮副的啮合刚度受时变重合度影响）相同的周期性，啮合刚度变化引起的振动冲击在齿轮的一个啮合周期内基本不会衰减，不会影响到下一个啮合周期。因此，端曲面齿轮刚度相对变化较大，引起振动激励的敏感性较强。

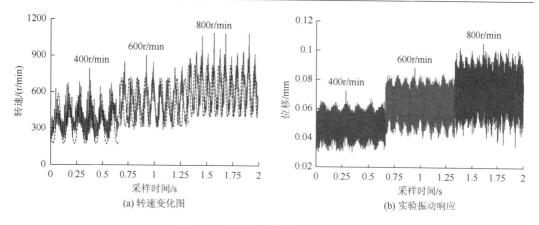

(a) 转速变化图　　　　　　　　　　　(b) 实验振动响应

图 6.21　不同转速变化下的振动响应

3. 不同参数变化下的动态响应特性

不同于一般齿轮，端曲面齿轮的动态响应特性受到端曲面齿轮阶数 n_2、模数 m、非圆齿轮齿数 z_1、偏心率 k 和非圆齿轮阶数 n_1 的影响。设定输出平均转速为 200r/min（当变阶数 n_1 时，输入转速为 400r/min），负载为 25N·m，激光位移传感器的采集点数为 10^6 个，采样时间为 0.65s。

改变端曲面齿轮阶数 n_2 的大小，以编号-1（$n_2 = 4$）和编号-2（$n_2 = 2$）端曲面齿轮传动下的不同阶数 n_2 为例，阶数 n_2 变化下的端曲面齿轮传动振动响应特性如图 6.22 所示。①随着阶数 n_2 的增加，端曲面齿轮传动的振动变化周期数由 6 个增加到 7 个，这主要是由于振动的变化周期与阶数 n_2 的变化呈正比关系；②随着阶数 n_2 的增加，端曲面齿轮传动的振幅由 38μm 减小到 30μm。这主要是因为在输出平均转速一致，且负载不变的情况下，随着阶数 n_2 的增加，端曲面齿轮的节曲线尺寸变大，齿间法向载荷减小，造成端曲面齿轮传动振幅降低。

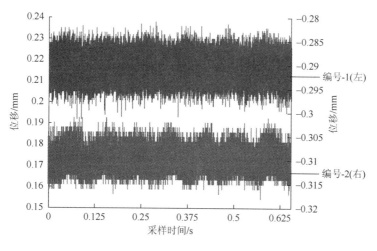

图 6.22　不同阶数 n_2 变化下的振动响应

改变端曲面齿轮模数 m 的大小，以编号-1（$m = 2\text{mm}$）和编号-3（$m = 3\text{mm}$）端曲面齿轮传动下的不同模数 m 为例，模数 m 变化下的端曲面齿轮传动振动响应特性如图 6.23 所示。随着模数 m 的增加，端曲面齿轮传动的振动变化周期数不变，端曲面齿轮传动的振幅由 $40\mu\text{m}$ 减小到 $30\mu\text{m}$。这主要是因为轮齿刚度的周期变化将引起齿轮周向振动及齿轮轴的弯曲振动，而轮齿的弯曲强度又与齿轮模数成正比。因此，当承受一定负载时，弯曲强度的大小将影响系统的振动响应特性。

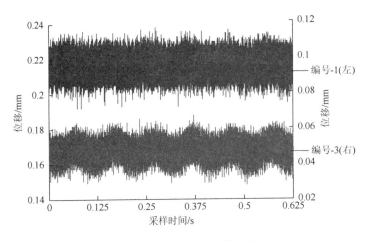

图 6.23　不同模数 m 变化下的振动响应

改变非圆齿轮齿数 z_1 的大小，以编号-3（$z_1 = 12$）和编号-4（$z_1 = 14$）端曲面齿轮传动下的不同齿数 z_1 为例，齿数 z_1 变化下的端曲面齿轮传动振动响应特性如图 6.24 所示。随着齿数 z_1 的增加，端曲面齿轮传动的振动变化周期数不变，端曲面齿轮传动的振幅由 $34\mu\text{m}$ 减小到 $20\mu\text{m}$。这主要是因为在输出平均转速一致，且负载不变的情况下，随着齿数 z_1 的增加，端曲面齿轮副的重合度和刚度值将有所增加，而计算振幅将减小。

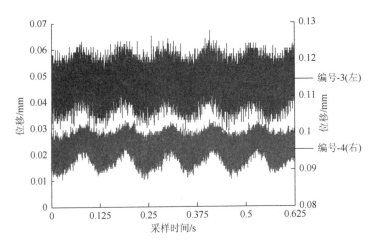

图 6.24　不同齿数 z_1 变化下的振动响应

改变端曲面齿轮偏心率 k 的大小，以编号-4（$k=0.1$）和编号-5（$k=0.05$）端曲面齿轮传动下的不同偏心率 k 为例，偏心率 k 变化下的端曲面齿轮传动振动响应特性如图 6.25 所示。随着偏心率 k 的增加，端曲面齿轮传动的振动变化周期数不变，端曲面齿轮传动的振幅由 20μm 增加到 30μm。这主要是因为在输出平均转速一致，且负载不变的情况下，随着偏心率 k 的增加，端曲面齿轮刚度波动幅度相对变化增大，引起振动激励的敏感性增强。

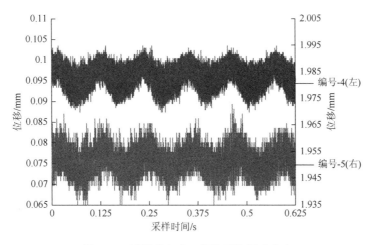

图 6.25 不同偏心率 k 变化下的振动响应

改变非圆齿轮阶数 n_1 的大小，以编号-4（$n_1=2$）和编号-6（$n_1=3$）端曲面齿轮传动下的不同阶数 n_1 为例，阶数 n_1 变化下的端曲面齿轮传动振动响应特性如图 6.26 所示。随着阶数 n_1 的增加，端曲面齿轮传动的振动变化周期数与动态扭矩变化周期数一致，变化周期由 6 个增加到 8 个。端曲面齿轮传动的振幅由 25μm 增加到 32μm。这主要是因为在输入转速一致，且负载不变的情况下，随着阶数 n_1 的增加，齿间法向载荷波动幅度增大，端曲面齿轮振幅增加。

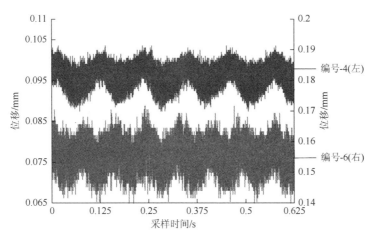

图 6.26 不同阶数 n_1 变化下的振动响应

6.5.3　动态测试实验误差评价

为了验证端曲面齿轮轮齿传动的动态响应特性理论的正确性，将理论获得的端曲面齿轮传动的动态响应无量纲结果同实验结果进行对比，验证理论的正确性。以编号-2 端曲面齿轮副为例，不同转速和不同扭矩变化下的系统响应曲线如图 6.27 和图 6.28 所示。

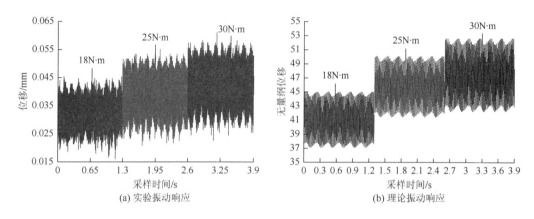

图 6.27　不同扭矩变化下的振动响应

由图 6.28 可知，端曲面齿轮传动的动态响应过程中得到 12 个波峰周期值的轴向振动，振动响应规律与图 6.28（b）中所示的理论无量纲位移变化规律相同，实验振动响应与理论无量纲振动响应的峰值随输出轴承受的扭矩均呈线性变化；由图 6.28 可知，随着转速的变化，端曲面齿轮传动的动态响应过程中得到 6 个、9 个、12 个波峰周期值的轴向振动，这与图 6.28（b）中所示的理论无量纲位移变化规律相同，实验与理论振动响应均对齿轮副间的啮合激励敏感，振动幅值变化明显。通过对不同转速和不同扭矩下的端曲面齿轮传动的振动响应特性进行对比，验证了理论分析的可行性。

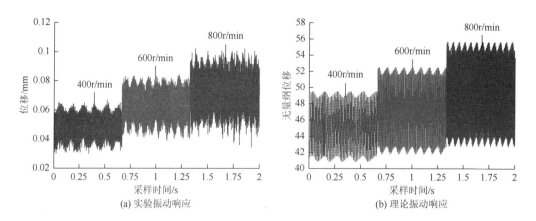

图 6.28　不同转速变化下的振动响应

6.6　端曲面齿轮时变复合传动特性实验

6.6.1　时变复合传动实验原理

端曲面齿轮复合传动是在端曲面齿轮副的基础上提出的可以实现旋转到移动转换的新型复合传动机构，与端曲面齿轮副相同，是一种相交轴间的变传动比传动机构。对端曲面齿轮复合传动的运动特性进行研究，需搭建相应的实验台架进行相关参数的测量，测量参数包括输入/输出转速、输入/输出扭矩、轴向运动位移等。驱动电机的转速、扭矩及负载扭矩等参数通过操作控制台调节。

围绕验证端曲面齿轮复合传动理论及特性分析的正确性，搭建端曲面齿轮复合传动台架实验平台，需要完成不同输入转速、不同负载、不同结构参数下的端曲面齿轮轴向位移、转速、扭矩与动态响应的测量及对比分析验证。首先考虑支撑刚度和齿轮的安装、拆卸等问题，为提高效率，将支撑结构设计成开式的；其次考虑进行多对齿轮副的安装、轴承的安装位置等，采用分离式的支撑台架，高速轴和低速轴的齿轮及轴承分别采用不同的台架支撑，保证了能够适用于不同的端曲面齿轮副的传动实验。设计了端曲面齿轮复合传动的台架实验平台布置方案，如图 6.29 所示。

图 6.29 为实验台架布置方案图，该方案中采用电机驱动，驱动电机将扭矩通过联轴器传递给输入轴，驱动电机和输入轴之间安装输入转速扭矩传感器，用来测定输入转速与扭矩。输入轴带动圆柱齿轮转动，端曲面齿轮通过与圆柱齿轮啮合产生旋转/移动的复合运动，在压簧的作用下，端曲面齿轮做轴向往复运动。输出轴通过滚珠花键将扭矩传递到输出转速扭矩传感器进行测量，输出转速扭矩传感器连接负载即磁粉加载器。驱动电机的转速、扭矩等参数通过控制台调节。

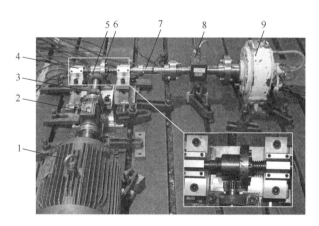

图 6.29　台架实验平台

1-电机；2-输入转速扭矩传感器；3-带座球轴承；4-直线轴承；5-圆柱齿轮；6-端曲面齿轮；7-滚珠花键；
8-输出转速扭矩传感器；9-磁粉加载器

在搭建好的实验平台上，利用输入/输出转速扭矩传感器和激光位移传感器，对输入/

输出转速、扭矩和端曲面齿轮轴向位移等数据进行采集。通电并试运行一段时间电机，确保安全后关闭电源。安装并调试激光位移传感器，连接传感头、控制器、电源、计算机等，调试完成后，将激光位移传感器测量头对准实验台的输出轴，调整好位置使激光位移传感器与输出轴之间距离保持在激光位移传感器量程之内。实验中输出轴位移是通过激光位移传感器测量的，其测量范围为 50mm±10mm。设置采样周期为 10ms，即采样频率为 100Hz，采样 2000 个点后停止存储数据。

实验数据采集后，为了尽量减小随机信号干扰造成的误差对实验结果的影响，需要对采集的数据进行一定的处理，相关的处理方法见表 6.10。其中，n_1'、n_2' 分别为实验测量输入/输出转速；i_{12}' 为测量所得传动比；η' 为实验测量所得传动效率；T_1'、T_2' 为实验测量的输入/输出扭矩。

表 6.10　处理实验数据的基本计算公式

数据处理	计算公式	数据处理	计算公式
实际输出转速	$n_2' = n_1' / i_{12}'$	实际传动比	$i_{12}' = \omega_1' / \omega_2' = n_1' / n_2'$
实际输入扭矩	$T_1' = (T_2' - I_2\beta_2') / i_{12}'$	实际传动效率	$\eta' = T_2'\omega_2' / (T_1'\omega_1')$

6.6.2　时变复合传动的运动特性分析

端曲面齿轮副的运动特性受模数 m、偏心率 k、端曲面齿轮阶数 n_2 等基本结构参数的影响，由于模数的变化对运动特性的影响比较小，且变化趋势基本相同，因此主要探讨端曲面齿轮阶数 n_2 和偏心率 k 对端曲面齿轮的运动特性的影响。实验中设定转速恒为 300r/min，负载为 10N·m，激光位移传感器的采样频率设置为 100Hz。

分别以编号-1（$n_2 = 3$）和编号-2（$n_2 = 4$）端曲面齿轮副进行传动实验，当其他参数不变，端曲面齿轮的阶数 n_2 改变时，实验所得端曲面齿轮复合传动的运动特性参数变化对比曲线如图 6.30 所示。

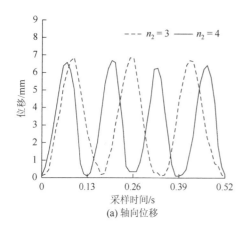

(a) 轴向位移

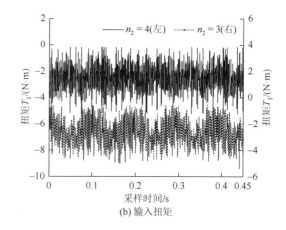

(b) 输入扭矩

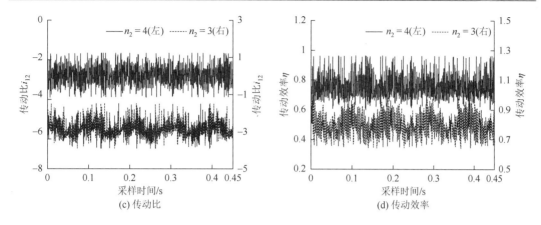

图 6.30 阶数对运动特性的影响

图 6.30（a）中，由实验结果可知，保持其他参数不变只改变端曲面齿轮阶数 n_2 时，随着端曲面齿轮阶数 n_2 的增大，轴向位移大小基本不变，而端曲面齿轮往复运动的周期减小，周期数由 3 增加到 4。出现这一现象主要是由于阶数 n_2 的增加使得端曲面齿轮的波峰波谷数目增加。通过表 6.10 中的基本公式，可得相同采样时间内端曲面齿轮复合传动时的输入扭矩、传动比及传动效率变化曲线，如图 6.30（b）～（d）所示。随着阶数 n_2 的增大，输入扭矩的变化周期减小，周期数由 4.5 增加到 6，扭矩的平均值减小。传动比随着阶数 n_2 的增大而增大，端曲面齿轮为 3 阶和 4 阶时，传动比分别在 -2.59 和 -3.05 附近波动，出现这一现象的原因是在参数相同的情况下，端曲面齿轮的阶数 n_2 越大，半径越大，则平均传动比越大。编号-1 和编号-2 齿轮副的传动效率分别在 0.76 和 0.80 附近波动，结果表明阶数 n_2 增大时，传动效率减小，由于在参数相同的条件下，阶数较大时，齿轮副的分度圆直径差较大，增大了功率损失，因此，4 阶齿轮副的传动效率比 3 阶齿轮副的传动效率小。

分别以编号-3（$k = 0.1$）和编号-4（$k = 0.2$）端曲面齿轮副进行实验，当其他参数不变，改变齿轮副的偏心率 k 时，实验所得端曲面齿轮复合传动的运动特性参数变化对比曲线如图 6.31 所示。

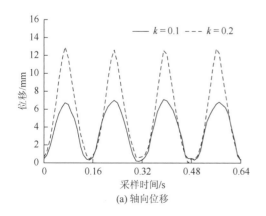

(a) 轴向位移

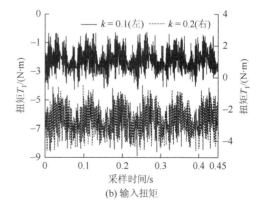

(b) 输入扭矩

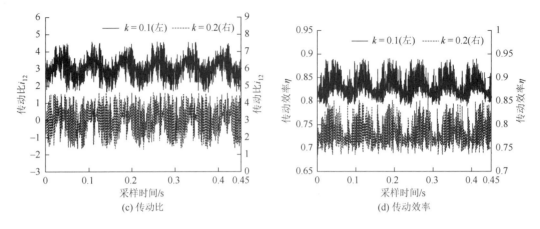

(c) 传动比 　　　　　　　　　　　　　　　　　(d) 传动效率

图 6.31　偏心率对运动特性的影响

如图 6.31（a）所示，保持其他参数不变只改变偏心率 k 时，随着偏心率 k 的增大，端曲面齿轮的往复运动周期不变，而轴向位移的变化范围及最大值增大。出现这一现象主要是因为偏心率 k 对运动特性的周期变化不产生影响，只影响波动幅度。通过表 6.10 中的基本公式，可得相同采样时间内端曲面齿轮复合传动时的输入扭矩、传动比及传动效率变化曲线如图 6.31（b）～（d）所示。随着偏心率 k 的增大，输入扭矩的平均值基本相同，变化周期保持不变，但变化幅度增大。随着偏心率 k 的增大，传动比的平均值基本相同，但偏心率大的齿轮副传动比波动范围较大。编号-3 和编号-4 齿轮副的传动效率分别在 0.83 和 0.79 附近波动，结果表明偏心率越大，传动效率越低，出现这一现象是由于在参数相同的条件下，偏心率较大时，端曲面齿轮副在啮合过程中产生的振动和冲击较大，造成功率损失，因此，偏心率为 0.2 的齿轮副比偏心率为 0.1 的齿轮副传动效率略小。

6.6.3　时变复合传动的动态特性分析

端曲面齿轮复合传动机构用来传递相交轴间的变传动比运动和动力，负载的改变会对其振动状态产生影响。当输入转速恒定为 300r/min 时，分别调整负载为 10N·m、15N·m、20N·m，得到的振动响应如图 6.32 所示。

如图 6.32 所示，由实验结果可知，在输入转速相同时，分别施加负载 10N·m、15N·m、20N·m，随着负载的增大，端曲面齿轮复合传动机构的振动响应变化周期不变，但振动位移增大，位移分别为 53μm、62μm、72μm，振幅也增大，分别为 39μm、50μm、59μm。这主要是由于负载增大时，齿轮副间的啮合力随之增大，使得振动响应的幅值及峰值随之增大，并呈线性变化。

为了验证动态特性理论分析的正确性，将动态响应实验数据与理论数据进行对比。以编号-2 端曲面齿轮副为例，实验中转速恒定为 300r/min，负载为 10N·m，实验所得振动数据与理论分析结果对比曲线如图 6.33 所示。

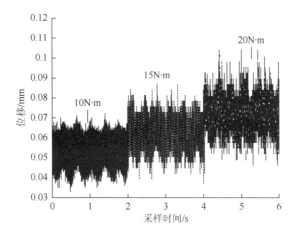

图 6.32　负载对振动响应的影响

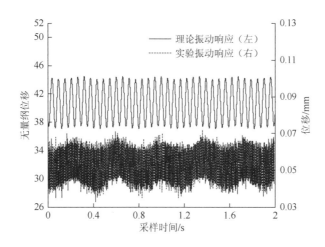

图 6.33　理论与实验振动响应的对比

由图 6.33 可得，端曲面齿轮复合传动机构的动态响应与理论无量纲位移变化规律相仿，相同时间内变化周期数相同，实验所得振动响应对齿轮副间的啮合激励比较敏感，相较于理论无量纲振动响应振幅波动比较明显，出现这一现象的原因是实验过程中为了保证端曲面齿轮的回复采用了弹簧，使得齿间啮合激励敏感性增强，齿间法向载荷增大。通过对实验所得的振动响应与理论响应特性进行对比，验证了理论分析的可行性。

6.6.4　时变复合传动实验误差评价

为了验证运动特性理论分析的正确性及实验数据的有效性，对施加负载时端曲面齿轮轴向位移的最大数值进行误差分析，位移最大测量值、理论值及误差值如表 6.11 所示。

表 6.11　不同负载时轴向位移实验数据

负载 T/(N·m)	10	15	20	无负载
理论最大位移 s_1/mm	7.16	7.16	7.16	7.16
测量最大位移 s_2/mm	6.350	6.502	6.619	6.747
位移误差/%	11.3	9.19	7.56	5.77

　　由表 6.11 可以清晰地看出,施加负载后的端曲面齿轮轴向位移整体要小于不施加负载时的位移值,但在一定范围内,随着负载的增大位移在增大。施加负载后的位移误差要大于不施加负载时的误差值,但在一定范围内,随着负载的增大,位移误差逐渐减小并趋近于无负载时的误差值。加载实验过程中存在的加工误差、安装误差等会造成轴向位移误差,但位移误差在 15%以内,比较满足台架实验的预期目标。

第7章 空间时变啮合端曲面齿轮机构应用

7.1 草料捆压机构

作为一种新型的空间变传动比端曲面齿轮传动形式，端曲面齿轮的应用还尚未被完全开发。作者针对端曲面齿轮的时变啮合运动特性和复合传动特性设计了应用机构。端曲面齿轮-连杆复合机构是利用端曲面齿轮副变传动比和连杆机构往复运动特性设计的一种草料捆压机构。

7.1.1 基本原理

结合齿轮啮合原理及平面连杆运动原理，对设计的固定式捆压机构[6,7]进行机构简化。在图 7.1 所示的端曲面齿轮-连杆复合机构中，端曲面齿轮为机构原动件，非圆齿轮及其后续部件随端曲面齿轮的转动而运动，连杆机构与非圆齿轮固定连接。

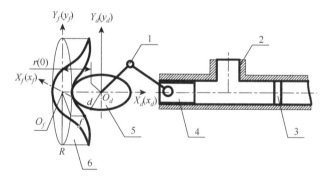

图 7.1 端曲面齿轮-连杆复合机构简图

1-连杆；2-机架；3-挡板；4-滑块；5-非圆齿轮；6-端曲面齿轮

在任一时刻，整个机构的输出位移 S 点（可取在机构任意位置）的运动位移表达式如下：

$$\begin{cases} V_P = \omega_1 R \\ V_P = \omega_2 r(\alpha_2) \\ \alpha = \omega_2 t \\ s = l_a \cos\theta + l_b \cos\alpha \end{cases} \tag{7.1}$$

对于结构和尺寸都确定的端曲面齿轮-连杆复合机构，非圆齿轮的转速 ω_2 和连杆 S 点移动的速度 V_s 都是由端曲面齿轮 1 的转速 ω_1 的函数确定的。这样在连杆机构的基础上改进得到的端曲面齿轮-连杆复合机构同时实现运动轨迹和运动速度规律的再现。

7.1.2 复合机构运动方程

端曲面齿轮-连杆复合机构可以看作端曲面齿轮副和连杆机构的综合结构，端曲面齿轮副是在面齿轮副的基础上进一步改变节曲线半径形成空间样条曲线状的节曲线，实现变传动比，与只能实现运动轨迹的连杆机构相结合，可准确地实现平行轴间的位移输出和速度输出要求。由此，对该复合机构建立直角坐标系，如图 7.2 所示。

坐标系(X_f, O_f, Y_f)和坐标系(X_d, O_d, Y_d)分别是齿轮 1、2 的固定坐标系，坐标系(x_f, o_f, y_f)和坐标系(x_d, o_d, y_d)分别是齿轮 1、2 的随动坐标系。齿轮上任一点(x_f, y_f)、(x_d, y_d)随齿轮一起转动。因此，随动坐标系表示的是某一给定点的瞬时位置（如图 7.2 中 f、d 点，即啮合点 P 之后的瞬时位置）。

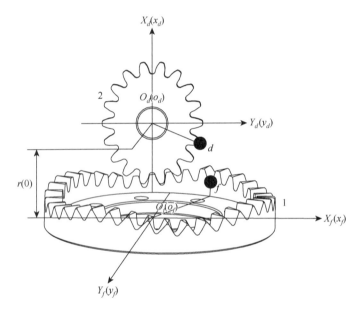

图 7.2　正交端曲面齿轮副坐标系

在运动初始状态时，各齿轮的随动坐标系与对应的固定坐标系重合，运动过程中，端曲面齿轮 1 绕轴 $O_f Z_f$ 顺时针转动，角速度为 ω_1。由齿轮节曲线做共轭啮合运动可知，P 点处两齿轮的线速度 $V_2 = V_1$。

将式（7.1）代入经坐标变换后的连杆轨迹方程，得到 S 点的最终位移方程：

$$\begin{cases} X_s = l_a \times n(\theta_2) + l_b \times f(\theta_2) \\ f(\theta_2) = \arcsin\left(\dfrac{l_b}{l_a} \sin\left(\dfrac{r(\theta_2)}{R} \omega t \right) \right) \\ n(\theta_2) = \cos\left(\dfrac{r(\theta_2)}{R} \omega t \right) \end{cases} \tag{7.2}$$

式（7.2）为该新型复合机构设计的基本依据。从式（7.2）中可知整个复合机构的运动轨迹方程与单独的连杆机构的运动轨迹类似，区别在于余弦函数里的表达式有所改变，而改变的这部分则是由端曲面齿轮副确定的，达到在实现机构位移规律的基础上同时实现速度规律的功能。复合机构这种输出方式决定了其可以简化并替换任何直线输出机构，以获得更好的位移、速度、加速度特性，延长使用寿命，节约资源。

7.1.3　端曲面齿轮副的角速度特性

端曲面齿轮副传动特有的变传动比特性使得其可将输入齿轮的匀速转动转变为按一定规律周期性变化的变角速度输出运动，因此对端曲面齿轮副角速度变化特性进行研究是必要的。由式（7.2）得到输出 S 点的速度方程：

$$V_t = \frac{\mathrm{d}X_s}{\mathrm{d}t} = l_a \times n(\theta_2)' + l_b \times f(\theta_2)' \tag{7.3}$$

在上述方程的各自变量中选取角速度作为代表，研究其对输出速度 V_t 的影响。固定其他的参数（各杆长 l_a、l_b、偏心率 k、端曲面齿轮 1 的半径 R 等）不变，得到输出端运动速度在不同输入角速度 ω 下的变化规律。

取杆长 l_a 为 20mm、杆长 l_b 为 30mm，输入角速度分别为 10rad/s、15rad/s、20rad/s 时，该变化特性曲线如图 7.3（a）所示。

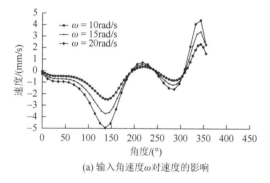

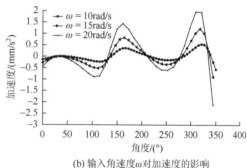

(a) 输入角速度 ω 对速度的影响　　　　(b) 输入角速度 ω 对加速度的影响

图 7.3　输入角速度对复合机构运动加速度的影响

由图 7.3（a）可得以下结论。

（1）随着输入角速度 ω 的增加，速度波动的周期减小。

（2）随着输入角速度 ω 的增加，速度的最大值增大、最小值增大，但峰值距离也增加，增大了运动的不稳定性；所以，在应用的时候应该尽量减小输入角速度 ω 的值。

在式（7.3）的基础上，将速度 V_t 对时间 t 求一阶导数得到加速度 a，得到输入角速度对综合机构运动加速度的影响规律，如图 7.3（b）所示。

由图 7.3（b）可得以下结论。

（1）在输入转角转过 1 周时，输出机构的加速度产生了 4 次变化，出现了两次最大值，即完成了 2 次往复运动。

（2）随着输入角速度 ω 的增大，加速度的最大值增大、最小值减小，峰值差距增大，速度波动加剧。

同理，采用输入角速度 ω 的研究方法可以得到其他参数（杆长 l_a、l_b、非圆齿轮偏心率 k、非圆齿轮阶数 n_2 等）对输出的速度、加速度的具体影响趋势，见表 7.1。

表 7.1　端曲面齿轮-连杆复合机构自变量对其输出量的影响

参数	变量				
	杆长 l_a	杆长 l_b	输入角速度 ω	偏心率 k	阶数 n_2
速度	增大，不稳定性增加	增大，不稳定性增加	增大，周期减小	速度波动增大	速度波动增大
加速度	加速度波动增大	加速度波动增大	加速度波动增大	加速度波动增大	加速度波动增大

7.1.4　结构设计

针对捆压机构主体部分的运动输出规律的研究，主要包含用于动力输入的主动轴，用于改变传动比的端曲面齿轮副，作为输出的连杆机构以及起固定作用的箱体。

结合第 4 章中被加工齿轮的节曲线微分方程，通过近似求解计算每一个步长下的弧长，得到被加工齿轮节曲线每一次积分改变的 (x, y) 坐标值，基于 VB 和 SolidWorks 的二次开发，通过布尔运算得到仿真加工的非圆齿轮和端曲面齿轮。将仿真的非圆齿轮作为刀具重复上述的方法即可得到与之配合的端曲面齿轮。

将设计得到的端曲面齿轮副，结合曲柄滑块机构，得到如图 7.4 所示的捆压机主体机构。

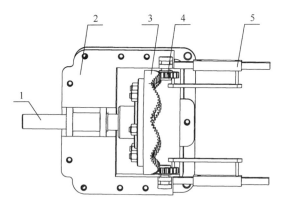

图 7.4　捆压机主体机构

1-主动轴；2-箱体；3-端曲面齿轮；4-非圆齿轮；5-曲柄滑块机构

在该机构中动力从主动轴输入，经过端曲面齿轮和非圆齿轮副改变传动比后作为连杆机构的输入，从而带动摇杆末端的滑块往复运动。

7.1.5　仿真分析

针对端曲面齿轮-连杆复合机构的运动特性，将图 7.4 的模型在机械系统动力学自动分析（automatic dynamic analysis of mechanical systems，ADAMS）中添加运动副，具体运动副如表 7.2 所示。

表 7.2　各相关零件之间的运动副

步骤	运动副	关联零件
1	转动副	端曲面齿轮与大地
2	转动副	非圆齿轮 1 与端曲面齿轮
3	固定副	短连接轴 1 与非圆齿轮 1
4	转动副	连杆 1 与短连接轴 1
5	转动副	长连接轴 1 与连杆 1
6	转动副	滑块 1 与长连接轴 1
7	移动副	导轨 1 与滑块 1
8	固定副	大地与导轨 1
9	转动副	电机和端曲面齿轮
10	固定副	电机与大地

为改善模型中零部件的应力情况，设计对称布置的滑块机构，运动副也类似添加，得到图 7.5 所示仿真模型，并以端曲面齿轮为主动轮进行动态仿真。

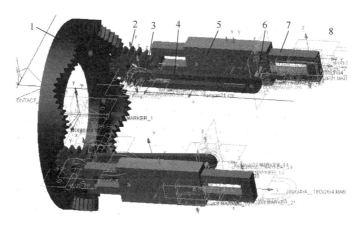

图 7.5　添加运动副之后的仿真模型

1-端曲面齿轮；2-非圆齿轮；3-非圆齿轮回转轴；4-连杆；5-滑块；6-滑块与连杆的连接轴；
7-支架；8-ADAMS 中的大地（默认背景）

运行该仿真模型得到相应的仿真结果，提取出滑块的位移、速度、加速度仿真结果并与理论结果相比较，得到如图 7.6 所示结果。

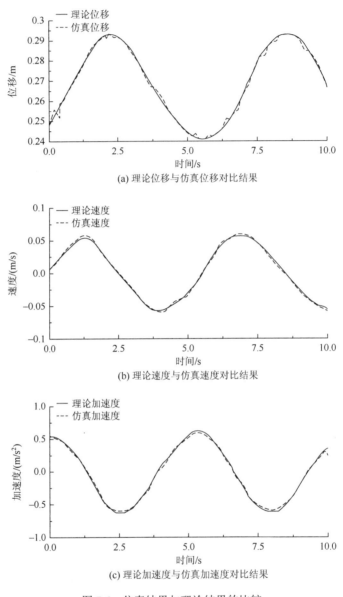

(a) 理论位移与仿真位移对比结果

(b) 理论速度与仿真速度对比结果

(c) 理论加速度与仿真加速度对比结果

图 7.6　仿真结果与理论结果的比较

将上述仿真曲线和理论曲线的最值提取出来，得到表 7.3。

表 7.3　仿真结果对比

类别	理论值	仿真值	误差/%
位移	29mm	29mm	0
速度	58mm/s	60mm/s	3.4
加速度	606mm/s^2	584mm/s^2	3.6

通过图 7.6 和表 7.3 的数据可以得到：在输出部件运动一个周期内，靠近端点附近的位移变化缓慢，速度基本保持不变，加速度也最接近 0，因此，把该段位移作为捆压机构大阻力时的行程，速度稳定，有利于保护动力元件，之后快速回程阶段有利于减小工作周期，提高生产效率，并且本设计由于采用的是端曲面齿轮，所以可以增加端曲面齿轮的阶数，从而在改善整个机构的受力状况的同时增加主动轮一个周期内压缩的工作量，目前现有的捆压机构都是一个主动输入对应一个输出机构，而本设计采用 4 阶的端曲面齿轮副的捆压机构，即压缩量为原捆压机构的 4 倍，效率提高 300%。

仿真结果曲线有明显的波动，其原因有三：①齿廓采用仿真加工法进行加工，其齿形精度有限；②安装的时候没有按照设计的正确啮合条件，实现节曲线完全纯滚动，出现了节曲线交叉的情况，这在 ADAMS 软件仿真的时候是不能发现的；③整个仿真机构的各运动副、配合杆件之间存在空隙，所以围绕着理论曲线产生了微小波动。

7.2 端曲面齿轮齿式联轴器

端面齿轮齿式联轴器作为联轴器的一类，基本功用是连接轴与轴、轴与其他回转零件一起转动，并传递运动和动力。一般的端面齿轮齿式联轴器由两个端齿盘共同组成，端齿盘是指在与联轴器轴线垂直的平面上，轮齿沿圆周均匀分布的齿形连接元件。端面齿轮齿式联轴器在大功率动力装置中应用广泛，如大功率铁路机车、大功率离心式压缩机、大型柴油发动机的曲轴、航空和工业用燃气轮机或蒸汽轮机的涡轮转子与压缩机转子等设备。

端曲面齿轮齿式联轴器不同于端面齿轮齿式联轴器，其端齿盘的轮齿并非均匀分布在与联轴器轴线垂直的平面上，而是呈一定规律分布在类似圆周波形的端曲面上。根据曲面共轭理论，该曲面与椭圆齿轮节曲面互为共轭曲面[9]，并且其成对运动间的内在联系和相互转换规律符合端曲面齿轮副的啮合传动规律。端曲面齿轮齿式联轴器特殊的轮齿分布形式扩大了轮齿横截面积和接触面积，有效地提高了其载荷承载能力。它能以更小的尺寸更好地满足高精度、高承载能力和高生产率的需要。

7.2.1 端曲面齿轮齿式联轴器齿形生成原理

普通的端面齿轮齿式联轴器端齿盘的端齿均匀分布在与联轴器轴线垂直的平面上。该类联轴器工作时产生的载荷和冲击全由端面齿来承受，当端面齿受冲击载荷发生断裂时，联轴器将无法继续工作而引起事故，而端曲面齿轮齿式联轴器能够解决上述问题，并且在对中性、承载能力等方面有大幅度的提高。端曲面齿轮齿式联轴器端齿盘的端齿呈一定规律分布在类似圆周波形的端曲面上。

端曲面齿轮齿式联轴器的端曲面是基于解析曲面的共轭曲面求解理论，通过共轭运动方程的计算，所求解得出的与椭圆齿轮节曲面相共轭的共轭曲面。然而，仅通过解析曲面的共轭理论不能满足现代设计与加工技术的需要，因此，利用端曲面齿轮副的设计理论对端曲面进行联合求解。

常用的齿形有矩形、梯形、锯齿形和三角形，矩形齿无轴向分力但不便于接合与分离，梯形齿强度较高、冲击小，故应用较广，锯齿形齿强度最高但只能传递单方向转矩。两类联轴器的齿形生成原理如图 7.7 所示。

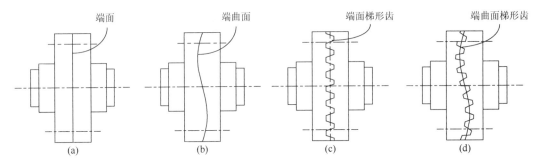

图 7.7 联轴器的齿形生成原理图

（a）、（b）分别为端面/端曲面凸缘联轴器；（c）、（d）分别为端面齿轮齿式/端曲面齿轮齿式联轴器

端曲面齿轮齿式联轴器的端曲面存在二次承载以及二次对中的特点，故端曲面齿轮齿式联轴器具有高承载能力、传动转矩大、刚性高以及自动定心的优势。

7.2.2 端曲面的求解方法

解析法求解共轭曲面的一个重要内容就是共轭条件的建立和变换，为此，建立如图 7.8 所示的坐标系。在图 7.8 中，母曲面 S_t 指椭圆柱齿轮节曲面，共轭曲面 Σ 指端曲面，坐标系 $o_1\text{-}x_1y_1z_1$ 与母曲面 S_t 固结，其绕着 $o_n\text{-}x_ny_nz_n$ 的 z_n 轴逆时针旋转了 θ；坐标系 $o_2\text{-}x_2y_2z_2$ 与共轭曲面 Σ 固结。$o_m\text{-}x_my_mz_m$ 为辅助动坐标系，其绕着 $o_2\text{-}x_2y_2z_2$ 的 z_2 轴顺时针旋转了 θ'，并且 z_2、z_m 重合；$o_p\text{-}x_py_pz_p$ 为辅助动坐标系，其沿着 $o_m\text{-}x_my_mz_m$ 的 x_m 轴水平移动 R；$o_n\text{-}x_ny_nz_n$ 为辅助动坐标系，其沿着 $o_p\text{-}x_py_pz_p$ 的 z_p 轴垂直移动 $r(0)$，而后又绕着自身坐标系的 y_n 轴顺时针旋转了 $90°$。在坐标系 $o_1\text{-}x_1y_1z_1$ 中，母曲面 S_t 柱坐标方程为

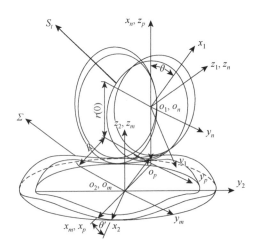

图 7.8 共轭坐标系的建立与变换

$$\begin{cases} r_{St}^{(1)}(\theta) = \dfrac{a(1-k^2)}{1-k\cos(2\theta)} \\ z = b \end{cases} \tag{7.4}$$

式中，θ 为椭圆方程的极角；a 为椭圆的长半轴；k 为椭圆的偏心率；b 为母曲面的宽度。上标表示所属坐标系，下标表示矢量端点所在曲面，下同。在坐标系 $o_2\text{-}x_2y_2z_2$ 中，母曲面 S_t 的矩阵方程为

$$\begin{bmatrix} x_{St}^{(2)} \\ y_{St}^{(2)} \\ z_{St}^{(2)} \\ 1 \end{bmatrix} = A_{21}(\theta,\theta') \begin{bmatrix} r_{St}^{(1)}(\theta)\cos\theta \\ r_{St}^{(1)}(\theta)\sin\theta \\ b \\ 1 \end{bmatrix} \tag{7.5}$$

式中，A_{21} 为由坐标系 $o_1\text{-}x_1y_1z_1$ 到 $o_2\text{-}x_2y_2z_2$ 的变换中的旋转变换矩阵。

根据空间坐标转换原理，坐标系 $o_1\text{-}x_1y_1z_1$ 到 $o_2\text{-}x_2y_2z_2$ 的变换中的旋转变换矩阵为

$$A_{21}\begin{bmatrix} -\sin\theta\sin\theta' & \cos\theta\sin\theta' & -\cos\theta' & -R\cos\theta' \\ -\cos\theta'\sin\theta & \cos\theta\sin\theta' & \sin\theta' & R\sin\theta' \\ -\cos\theta & -\sin\theta & 0 & r_1(0) \\ 0 & 0 & 0 & 1 \end{bmatrix} \tag{7.6}$$

共轭条件为

$$(r_{St,\theta}^{(2)}, r_{St,\theta'}^{(2)}) = 0$$

其中，$r_{St}^{(2)}(\theta) = A_{21}(\theta,\theta') \cdot r_{St}^{(1)}(\theta)$；下标 θ、θ' 表示函数矢量 $r_{St}^{(2)}$ 对该参数的偏导数。

将共轭条件与坐标系 $o_2\text{-}x_2y_2z_2$ 中母曲面 S_t 的方程联立，就得到共轭曲面的解析矩阵方程：

$$\begin{cases} \begin{bmatrix} x_\Sigma \\ y_\Sigma \\ z_\Sigma \\ 1 \end{bmatrix} = \begin{bmatrix} -(R+b)\cos\theta' \\ -(R+b)\sin\theta' \\ r_{St}(0) - r_{St}(\theta) \\ 1 \end{bmatrix} \\ (r_{St,\theta}^{(2)}, r_{St,\theta'}^{(2)}) = 0 \end{cases} \tag{7.7}$$

定义 n_2 为端曲面的阶数，表示该端曲面在 $0\sim2\pi$ 范围内与母曲面 S_t 共轭滚动的周期个数。根据端曲面封闭的条件有

$$\frac{2\pi}{n_2} = \int_0^\pi \frac{1}{i_{12}}\mathrm{d}\theta = \frac{1}{R}\int_0^\pi r_{St}(\theta)\mathrm{d}\theta \tag{7.8}$$

式中，i_{12} 为端曲面齿轮副传动比。

根据式（7.4）、式（7.8）算得 R，代入式（7.7）得到端曲面齿轮齿式联轴器的端曲面参数方程为

$$\begin{cases} x_\Sigma = -\dfrac{n_2}{2\pi}\cos(\theta')\int_0^\pi r_{St}(\theta)\mathrm{d}\theta - b\cos(\theta') \\ y_\Sigma = -\dfrac{n_2}{2\pi}\sin(\theta')\int_0^\pi r_{St}(\theta)\mathrm{d}\theta - b\sin(\theta') \\ z_\Sigma = r_{St}(0) - r_{St}(\theta) \end{cases} \tag{7.9}$$

取 $n_2 = 2, k = \{0.1, 0.2, 0.3\}$ 时，端曲面的图形如图 7.9 所示。可见端曲面随偏心率的增大，波幅变大，内外径不变。端曲面波幅变化会对联轴器的对中性能与端曲面齿压力角等产生影响。

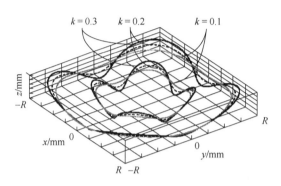

图 7.9　端曲面及偏心率 k 的影响

7.2.3　端曲面齿轮轮齿设计

端曲面齿轮轮齿的设计过程是指将轮齿按照一定规律分布在端曲面上的过程，其造型直接源于端曲面齿轮，并采用与其相似的加工方法进行设计。

1. 几何参数计算

端曲面齿轮联轴器的齿形结构如图 7.10 所示，图中 D_1 为端曲面齿盘外径、D_2 为内径、B 为齿宽、R 为节曲线柱面半径、p 为齿距、h_a 为齿顶高、h_f 为齿根高。z_2 为端曲面齿轮齿数。

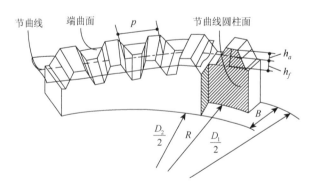

图 7.10　端曲面齿轮齿形结构示意图

1）参考直径 D

要初步确定固定式端曲面齿轮齿式联轴器的尺寸，可以利用下面的公式：

$$D = \sqrt[3]{110.72T}$$

（7.10）

式中，D 为联轴器参考直径；T 为联轴器转矩。

2）节曲线柱面半径 R

由式（7.8）可知，节曲线柱面半径 R 与椭圆柱齿轮节曲线的关系为

$$R = \frac{n_2}{2\pi} \int_0^\pi r_{St}(\theta)\mathrm{d}\theta \tag{7.11}$$

式中，R 为端曲面齿轮齿式联轴器的节曲线柱面半径。

结合参考直径尺寸 D 与节曲线柱面半径 R，选定外径 D_1。一般情况下，取齿宽 B 为联轴器外径的 12.5%，继而可求出内径 D_2 大小。

3）端曲面齿轮齿数 z_2

在选择了端曲面齿轮齿式联轴器的初步尺寸后，就需要确定齿数和齿宽。端曲面齿轮的模数为 m，端曲面齿轮齿数 z_2 与非圆齿轮齿数 z_1 的关系为 $z_2 = z_1 n_2$，齿距 $p = \pi m$。

4）端曲面齿轮齿顶高 h_a、齿根高 h_f

端曲面齿轮的齿顶高、齿根高与齿全高的计算公式如下：

$$h_a = h_a^* m$$

$$h_f = (h_a^* + c^*)m$$

$$h = h_a^* m + (h_a^* + c^*)m$$

式中，h_a、h_f 分别为端曲面齿轮齿顶高与齿根高；m 为端曲面齿轮的模数；h_a^* 为齿顶高系数；c^* 为顶隙数。

2. 端曲面齿轮齿面几何法求解

共轭截线投影法，是指基于共轭曲面求解原理的标杆线汇法的几何化。由于标杆线汇法代数变换和几何变换繁杂，计算工作量大，且计算机不能直接完成；又因为标杆线汇法的几何转换遵循了端曲面齿轮副设计规律，故利用母曲面 S_t 与共轭曲面的几何转换关系，并借助 SolidWorks 的曲面构建功能，将标杆线汇法进行了几何化表达，即形成了一种新的齿面创建方法——共轭截线投影法。共轭截线投影法绕过了传统共轭理论关于共轭曲面必须连续相切接触这一限制，着眼于曲面之间真实的接触情况，用标杆射线这一中间媒介的截取来描述曲面之间实际的共轭运动。其基本原理为：先设定母曲面 S_t 在其上各点处按既定方向发出"标杆射线"，形成投影线汇。当所求共轭曲面 Σ 与投影线汇按已知传动关系进行回转运动时，投影线汇将被共轭曲面 Σ 在连续回转下所截取，而投影线汇的所有截线便描述了共轭曲面 Σ，如图 7.11 所示。

母曲面 S_t 指椭圆齿轮齿面，共轭曲面 Σ 指端曲面齿轮齿面。由图 7.11 可进一步了解共轭截线投影法的基本原理和求解方法。图中 e_1、e_2 分别为代表单一自转、公转角度的"标杆射线"母线，u_1、u_2 分别代表自转、公转方向的投影线汇，v_1、v_2 分别代表自转、公转投影线汇曲面组。

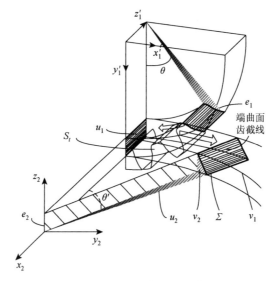

图 7.11　共轭截线投影法

为验证本方法的正确性，用几何参数计算方法得出几何参数，如表 7.4 所示，并以此为例进行端曲面齿轮齿面的求解。

表 7.4　椭圆齿轮与端曲面齿盘基本几何参数

参数名	外径 D_1/mm	节曲线柱面半径 R/mm	齿数 z	阶数 n	偏心率 k	模数 m/mm	齿顶高 h_a/mm	齿根高 h_f/mm	齿宽 B/mm
椭圆齿轮轮齿	—	—	18	2	0.1	4	4	5	22.5
端曲面齿轮轮齿	180	77.21	36	2	—	4	4	5	22.5

1）几何转换关系确定

非圆齿轮的自转角度 θ 与公转角度 θ' 关系如下：

$$\theta' = \int_0^\theta \frac{1}{i_{12}} \mathrm{d}\theta = \frac{1}{R} \int_0^\theta r_{St}(\theta) \mathrm{d}\theta \qquad (7.12)$$

非圆齿轮齿面 S_t 绕轴线发出"标杆射线"（完成自转），形成投影线汇。按照以上几何关系确定公转角度，投影线汇将在这些角度内被共轭曲面 Σ 所截取。绕端曲面齿盘轴线发出对应各角度的"标杆射线"，形成投影线汇（完成公转），两投影线汇曲面组的交线即被反求出的端曲面齿轮截线，连接所有截线即完成端曲面齿轮的齿面求解。

2）"标杆射线"角度区间的确定

取非圆齿轮齿面 S_t 的 1/4 部分，即 $z_1/2$ 个齿面作为"标杆射线"的发生曲面，初始相位默认定为：长半轴为 Y 轴垂直放置、短半轴为 X 轴水平放置。在垂直于非圆齿轮轴线的平面上，将各单一齿面两端点分别与轴心连线，两连线与 Y 轴的夹角即该单一齿面的"标杆射线"自转角度区间。在该区间内，以一定角度划分出若干各自代表单一自转角度的"标杆射线"母线。分别将自转角度代入式（7.12）即可求出公转角度区间。

非圆齿轮的齿数为 z_1，模数为 m，非圆齿轮节曲线在 2π 角度内总长度为 L，其对应的恰好是 z_1 个齿距，则应满足如下条件式：

$$L = z_1 p = z_1 \pi m$$
$$z_1 = \frac{L}{\pi m} \qquad\qquad (7.13)$$

式中，$L = \int_0^{2\pi} \sqrt{r_{St}^2(\theta) + r_{St}'^2(\theta)} \mathrm{d}\theta$

按照几何转换关系式（7.13），计算出一个周期内各轮齿齿面的"标杆射线"自转角度区间与公转角度区间，如表 7.5 所示。

表 7.5　"标杆射线"角度区间

"标杆射线"角度区间的确定	齿面序号	自转角度区间 θ_i /(°)	公转角度区间 θ_i' /(°)
	1	3~9	1.65~4.96
	2	12~15.5	6.61~8.52
	3	21~27	11.49~14.69
	4	31.5~34	17.05~18.35
	5	39.5~46	21.17~24.43
	6	51.5~53.5	27.13~28.10
	7	60~66.5	31.21~34.26
	8	72~75.5	36.81~38.41
	9	82.5~88	41.60~44.09

3）端曲面齿轮齿面构建

以 5 齿面为例，设定 5 齿面母曲面 S_t，在自转角度区间 39.5°~46°内，确定出代表单一自转角度的"标杆射线"母线 e_1。相对应地，在端曲面齿轮底面上公转角度区间 21.17°~24.43°内，确定出代表单一公转角度的"标杆射线"母线 e_2。

母曲面 S_t 上"标杆射线"母线 e_1 按自转方向发出"标杆射线"，形成投影线汇 u_1。投影线汇 u_1 绕 z_2 轴回转，形成自转投影线汇曲面组 v_1。共轭曲面（端曲面齿轮齿面）Σ 上"标杆射线"母线 e_2 按公转方向发出"标杆射线"，形成投影线汇 u_2。投影线汇 u_2 沿 z_2 轴拉伸，形成公转投影线汇曲面组 v_2。v_1 与 v_2 中的曲面一一对应，两投影线汇曲面组的交线即被反求出的端曲面齿轮截线，而所有的端曲面齿轮截线便描述了与 5 齿面相共轭的端曲面齿轮 5 齿面。

按此曲面构建规律，依据表 7.5 数据，将其余齿面进行成形操作，可得出一个周期内各个端曲面齿轮的齿面，如图 7.12 所示。对求得的一个周期内的齿面进行镜像与圆周阵列等，即可得到完整的端曲面齿轮齿面。

4）端曲面齿轮齿盘成形

所得的端曲面齿轮齿面为接触齿面，以该接触齿面为分割面对齿盘毛坯进行分割，得到凸凹两端齿盘，如图 7.13 所示。

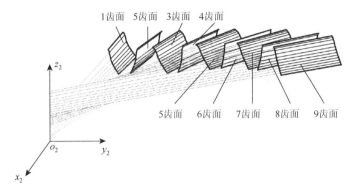

图 7.12 一个周期内端曲面齿轮的齿面

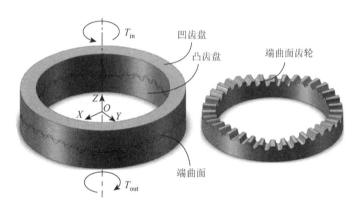

图 7.13 端曲面齿轮齿式联轴器端齿盘

7.2.4 端曲面齿轮万向联轴器的三维建模

十字轴式万向联轴器能广泛应用于冶金、起重、工程运输、矿山、石油、船舶、煤炭、橡胶、造纸机械及其他重机行业的机械轴系中，以传递转矩。将端曲面齿轮该连接方式应用于万向联轴器，将大幅度提高其承载能力、对中性能和传动转矩，并能够有效缩小联轴器体积。应用 SolidWorks 对该端曲面齿轮万向联轴器进行三维建模设计。

设计要求如下。设计用于冶金等工程设备的十字轴式端曲面齿轮万向联轴器，传递的最大扭矩为 40kN·m，根据端曲面齿轮齿式联轴器几何参数的设计方法，得到该联轴器的几何参数如下：参考外径为 164.22mm，节曲线柱面半径计算值为 $R = 77.21$mm，取外径为 $D_1 = 180$mm，取端曲面齿模数 $m = 4$mm；齿盘阶数 $n_2 = 2$，齿数 $z_2 = 36$；全齿高 $h_2 = 9$mm；齿顶高 $h_{a2} = 4$mm；齿根高 $h_{f2} = 5$mm。在传递同样扭矩时，与普通端面梯形齿万向联轴器的对比如表 7.6 所示。

表 7.6 两类万向联轴器对比

万向联轴器类型	传递扭矩 $T/(\text{kN·m})$	外径 D_1/mm	齿数 z_2	齿高 h/mm	对中作用
端面梯形齿	40	225	48	11.2	靠齿对中
端曲面梯形齿	40	180	36	9	端曲面与齿

端曲面齿轮万向联轴器能够以更小的体积来承受同样的扭矩，有利于节约生产成本；又因为端曲面齿轮存在二次承载以及二次对中的特点，进而提高了承载能力和对中性能，同时具有自动定心的作用。按计算得出的几何参数，利用 SolidWorks 软件对端曲面齿轮万向联轴器进行三维建模，如图 7.14 所示。

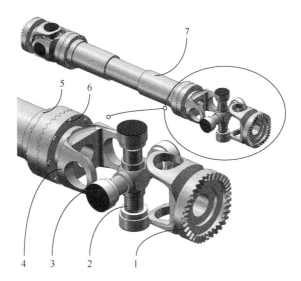

图 7.14　端曲面齿轮万向联轴器

1-端齿凸齿盘；2-十字轴；3-滚子轴承；4-凸齿法兰叉头；5-端齿凹齿盘；6-螺栓；7-连接轴

7.3　机器人行走机构

7.3.1　机器人行走机构的传动原理

新型承载式四足行走机器人由相同结构的四个部分组成，减速马达将转矩通过锥齿轮换向机构输入每个腿机构中，换向机构的作用主要为将减速马达的输出转矩改变方向后输入四条腿中，而且保证四条腿运动的协调。左前腿和右前腿共用一个端曲面齿轮，左后腿和右后腿共用一个端曲面齿轮，四个腿机构共用一个减速电机，机器人的总体结构示意图如图 7.15 所示。

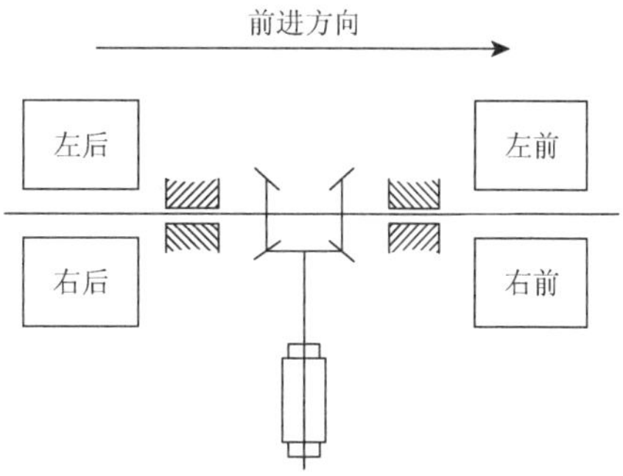

每条大腿和小腿组成的腿机构都有如图 7.15 所示的传动系统，图 7.16 为左前腿机构运动简图。减速马达将转矩输入锥齿轮组成的换向机构中，换向机构将转矩输入太阳轮中。太阳轮通过行星齿轮将转矩传递到固定在端曲面齿轮内径上的齿圈上，有三个行星齿轮，引入虚约束来平衡太阳轮和内齿圈之间的受力，

图 7.15　总体结构示意图

使传动更加平稳。内齿圈带动端曲面齿轮转动，端曲面齿轮有两个输出：一个为圆柱齿轮3，端曲面齿轮的转动转化为圆柱齿轮 3 的转动和左右移动，同时，端曲面齿轮的轴心部分凸出来，与大腿组成连杆机构，带动大腿运动；端曲面齿轮的另一个输出为圆柱齿轮 1，它的轴心和齿轮齿条机构的齿条连接在一起，推动齿条的左右运动、带动圆柱齿轮 2 转动，圆柱齿轮 2 为定轴转动。圆柱齿轮 2 的轴心部分与带轮的转轴固定在一起，带动带轮 1 转动；带轮 1 的转动带动带轮 2 转动，带轮 2 是定轴转动，带轮 2 带动带轮 3 转动，带轮 3 带动带轮 4 转动；带轮 4 和小腿固定在一起，实现小腿的摆动。在此设计的新型承载式四足行走机器人只有髋关节和膝关节，没有踝关节，所以小腿端部的运动即机器人脚部的运动。

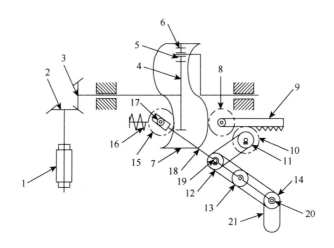

图 7.16　新型承载式四足行走机器人左前腿机构运动简图

1-减速电机；2-锥齿轮 1；3-锥齿轮 2；4-太阳轮；5-行星齿轮；6-内齿圈；7-端曲面齿轮；8-圆柱齿轮 1；
9-齿条；10-圆柱齿轮 2；11-带轮 1；12-带轮 2；13-带轮 3；14-带轮 4；15-圆柱齿轮 3；
16-复位弹簧；17-髋关节输入端；18-大腿；19-髋关节；20-膝关节；21-小腿

　　　驱动机构的主要作用是将换向机构输出的转动转化为行走机构的输入运动。传统的驱动机构是将减速电机的转动通过锥齿轮传动转化为凸轮轴的转动，将凸轮轴的转动转化为行走机构的行走运动。但是这种驱动机构结构复杂，需要较多的凸轮来实现其功能，而端曲面齿轮可以替代锥齿轮机构和凸轮机构实现其功能，结构紧凑，承载能力高[22, 23]。本书提出了一种驱动机构，如图 7.17 所示。其基本原理如下：主动齿轮为端曲面齿轮，它的输入为换向机构的转动，从动齿轮为圆柱齿轮，主从动齿轮在啮合的过程中，从动圆柱齿轮在转动的同时沿着导轨移动，带动机器人的大腿以髋关节为转动中心转动。大腿再通过行走机构带动小腿运动，最终实现四足机器人的行走运动。复位弹簧负责从动齿轮的回程运动的实现。

　　　新型承载式四足行走机器人的行走机构的输入即驱动机构的输出，行走机构的结构对于驱动机构所采用的端曲面齿轮机构阶数的选择有影响，也对驱动机构的布置有影响，靠小腿端部与地面的接触来调整落地时的平衡，主要关节包括髋关节和膝关节。对于关节的

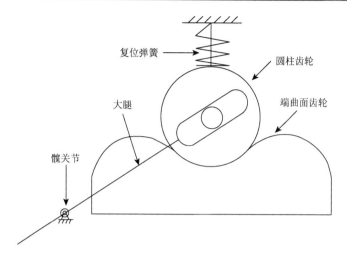

图 7.17　驱动机构原理简图

布置，如图 7.18 所示，主要有外八式、内八式、前向顺应式、后向顺应式四种布置方式[24]。因为没有踝关节，所以选择有利于防止躯干失稳和抖动的外八式关节布置方式，这也和自然界中的四足动物实际情况相符。

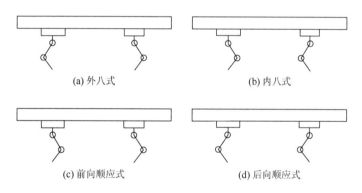

图 7.18　四足行走机器人关节布置结构示意图

　　在自然界中，大多数四足动物采用图 7.18（a）所示的外八式关节布置。在站立不动时（也就是运动的初始状态时），前腿大腿是前伸的，前腿小腿是内扣的，而后腿大腿是后伸的，后腿小腿是前伸的，四条腿的姿势如图 7.19 所示，其中箭头代表四足行走机器人前进方向，马就是一种典型的代表。

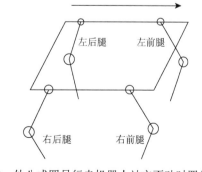

图 7.19　外八式四足行走机器人站立不动时四条腿姿势

　　四足动物步态主要有对称步态和非对称步态两种，对称步态主要包括行走步态、对角小跑步态和骝蹄步态，非对称步态主要包括慢跑、小跑步态等[25]。由于行走步态是自然界中四足动物经常采用的一种慢速移动步态，而对角小跑步态是四足移动动物中经常采用的中等速度移动步态，所以选取行走步态作为此设计的新型承载式四足行走机器人的步态。

7.3.2　机器人行走机构的运动特性分析

1. 机器人行走机构驱动部分运动特性

采用端曲面齿轮和非圆齿轮组成的端曲面齿轮机构来推导啮合点沿端曲面齿轮轴移动的速度，建立图 7.20 所示的坐标系，推导端曲面齿轮机构啮合点 P 的速度，坐标原点位于端曲面齿轮轴上。该模型所采用的端曲面齿轮和非圆齿轮均为定轴转动。两个齿轮的节曲线共轭，满足正确啮合条件。图 7.20 中 a 曲线为端曲面齿轮节曲线，b 曲线为非圆齿轮节曲线。坐标系原点 O 位于端曲面齿轮中轴线上，位置 1 和位置 2 为齿轮啮合过程中非圆齿轮的两个位置。θ_{in} 为非圆齿轮从位置 1 转动到位置 2 过程中端曲面齿轮转过的角度，端曲面齿轮节圆半径为 R_c，P 点为啮合点，P 点的速度 V 可以分解为周向速度 V_t 和轴向速度 V_a，V 与水平方向的夹角为 β。

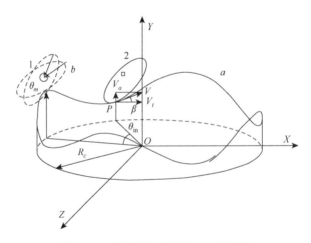

图 7.20　端曲面齿轮机构啮合示意图

如图 7.20 所示，非圆齿轮实际转过的角度为 θ_m。啮合点在 Y 轴方向上移动的位移为

$$y = r(0) - r(\theta_m) \tag{7.14}$$

其中，$r(0)$ 为非圆齿轮初始状态最大半径，也就是非圆齿轮长半轴长度；$r(\theta_m)$ 为非圆齿轮转过 θ_m 后在 Y 轴方向上的向径。

$$r(\theta_m) = \frac{a(1-k^2)}{1 - k\cos(\theta_m n_1)} \tag{7.15}$$

其中，a 为非圆齿轮节曲线半长轴长度；k 为非圆齿轮偏心率；n_1 为非圆齿轮阶数。

端曲面齿轮输入转速可以视为已知量，可以计算啮合点的周向速度和轴向速度：

$$\omega_{\text{in}} = 2\pi n \tag{7.16}$$

$$V_t = \omega_{\text{in}} R_c \tag{7.17}$$

$$V_a = V_t \tan\beta = \omega_{\text{in}} R_c \tan\beta \tag{7.18}$$

式中，n 为端曲面齿轮转速；ω_{in} 为面齿轮转动的角速度。

在此采用的从动齿轮为圆柱齿轮，非圆齿轮啮合点 P 在 Y 方向上的运动速度，即圆柱齿轮在 Y 方向上的运动速度。

2. 机器人行走机构传动比计算

四足行走机器人的输入转速来自减速电机，而最终输出为机器人脚部的运动。为了将减速电机的转速转化到机器人脚部，需要计算减速电机和机器人脚部之间的传动比。由于减速电机的转动传送到机器人脚部的过程中依次经过了换向机构、差动轮系、端曲面齿轮机构和小腿机构四部分，可以分别计算这四个部分的传动比。换向机构的主要作用是将减速电机输出的转动转换为转动轴平行于机器人前进方向的转动，而对减速电机输出转速的减速主要依靠差动轮系来实现，故在此不讨论换向机构的传动比，而将直齿锥齿轮齿数设计为相等的，传动比为 1。

1）差动轮系传动比

太阳轮、行星齿轮和内齿圈组成差动轮系运动简图如图 7.21 所示。

该轮系为差动轮，其传动比计算为

$$i_{13}^H = \frac{\omega_1 - \omega_H}{\omega_3 - \omega_H} = -\frac{z_3}{z_1} \tag{7.19}$$

$$\omega_1 = 2\pi n \tag{7.20}$$

式中，n 为差动轮系输入的转速。

$$i_{13} = \frac{\omega_1}{\omega_3} \tag{7.21}$$

2）端曲面齿轮机构传动比

由非圆齿轮与端曲面齿轮之间的运动原理和两齿轮啮合原理，建立如图 7.22 所示的运动过程中的端曲

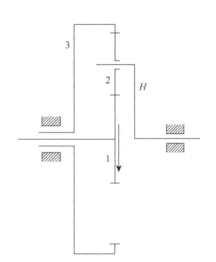

图 7.21　差动轮系运动简图
1-太阳轮；2-行星齿轮；3-内齿圈

面齿轮副坐标系，其中 1 为端曲面齿轮节曲线，2 为非圆齿轮节曲线。坐标系 $S_s(O_s\text{-}X_s Y_s Z_s)$ 在两齿轮啮合的机架上，运动过程中，非圆齿轮绕着自身的中心轴 $O_s Z_s$ 沿顺时针方向转动，角速度为 ω_2；坐标系 $S_f(O_f\text{-}X_f Y_f Z_f)$ 固定在与两齿轮啮合的机架上，运动过程中，端曲面齿轮以 ω_1 的角速度环绕中心轴 $O_f Z_f$ 沿逆时针方向转动。

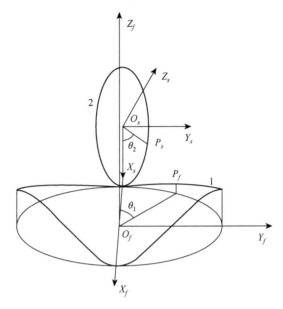

图 7.22　端曲面齿轮机构传动比分析

P_s 为非圆齿轮节曲线上一点，P_f 为端曲面齿轮节曲线上一点，假设非圆齿轮转过 θ_2、端曲面齿轮转过 θ_1 时，P_s、P_f 两点完全重合。由齿轮啮合原理可知，非圆齿轮节曲线和端曲面齿轮的节曲线相切，所以它们在相切点的速度一定是相同的，有

$$O_s P_s \omega_2' = r(\theta_2)\omega_2' = R_c \omega_1' \qquad (7.22)$$

式中，$r(\theta_2)$ 为端曲柱齿轮节曲线方程。

从而获得端曲面齿轮副的传动比为

$$i_{12}' = \frac{\omega_1'}{\omega_2'} = \frac{r(\theta_2)}{R_c} \qquad (7.23)$$

3）小腿机构传动比

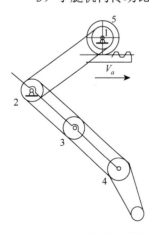

图 7.23　小腿机构运动简图

1～4-带轮；5-齿轮

小腿机构摆动运动的实现由传动系统完成，如图 7.23 所示。

齿轮齿条机构线速度即端曲面齿轮机构中从动非圆齿轮的移动速度 V_a：

$$V_a = \omega_5 r_5 \qquad (7.24)$$

其中，ω_5 为齿轮 5 的角速度；r_5 为齿轮 5 节圆半径。故

$$\omega_5 = \frac{V_a}{r_5} \qquad (7.25)$$

由于齿轮 5 和带轮 1 同轴转动，所以带轮 1 的角速度 $\omega_{带1}$ 和 ω_5 相等。忽略带传动的弹性滑动，有

$$i_{12}'' = \frac{\omega_{带1}}{\omega_{带2}} = \frac{r_{带2}}{r_{带1}} \qquad (7.26)$$

$$i_{23}'' = \frac{\omega_{\text{带}2}}{\omega_{\text{带}3}} = \frac{r_{\text{带}3}}{r_{\text{带}2}} \tag{7.27}$$

$$i_{34}'' = \frac{\omega_{\text{带}3}}{\omega_{\text{带}4}} = \frac{r_{\text{带}4}}{r_{\text{带}3}} \tag{7.28}$$

$$i_{14}'' = \frac{\omega_{\text{带}1}}{\omega_{\text{带}4}} = \frac{\omega_{\text{带}1}}{\omega_{\text{带}2}} \times \frac{\omega_{\text{带}2}}{\omega_{\text{带}3}} \times \frac{\omega_{\text{带}3}}{\omega_{\text{带}4}} = \frac{r_{\text{带}4}}{r_{\text{带}1}} \tag{7.29}$$

联立式（7.24）～式（7.29）得

$$\omega_{\text{带}4} = \frac{V_a r_{\text{带}1}}{r_5 r_{\text{带}4}} \tag{7.30}$$

所以小腿机构转过的角度为

$$\varphi(t) = \omega_{\text{带}4} \times t = \frac{V_a r_{\text{带}1} t}{r_5 r_{\text{带}4}} \tag{7.31}$$

式中，t 是时间。

7.3.3　机器人行走机构运动仿真

将 SolidWorks 中建立的三维模型进行简化，提取出具有运动副关系的简化机构，以减少 ADAMS 仿真的复杂程度，使得模型便于观察和发现是否有尺寸冲突。在此针对膝关节进行仿真，主要保留了模型中的底板、端曲面齿轮机构、大腿和小腿。在 ADAMS 中建立的仿真模型如图 7.24 所示。

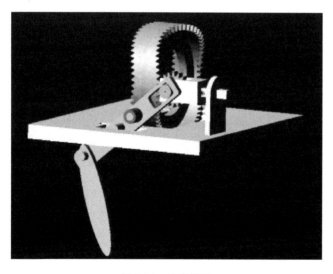

图 7.24　仿真模型

在 SolidWorks 中将图 7.24 所示的仿真模型另存为 parasolid（*.x_t）格式的文件，导入 ADAMS 中，对仿真模型逐个添加固定副、移动副、接触副或转动副。具体添加的运动副如表 7.7 所示。

表 7.7　各零件之间运动副

添加运动副步骤	添加运动副	关联零件
1	转动副	端曲面齿轮和大地
2	接触副	端曲面齿轮和圆柱齿轮
3	移动副	滑动架与导轨
4	接触副	圆柱齿轮与大腿
5	转动副	大腿与底盘
6	固定副	底盘与大地
7	固定副	小腿与大腿

最终建立的约束条件如图 7.25 所示。

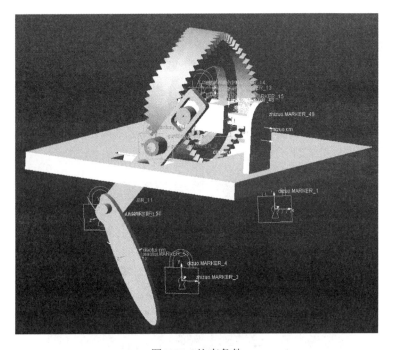

图 7.25　约束条件

　　对导轨施加一个弹簧力,将端曲面齿轮的转动设为主动输入转动参量,进行动态仿真。将运动仿真的结果与理论结果进行对比。图 7.26 为膝关节运动轨迹仿真结果与理论结果的对比。图 7.26(a)为膝关节运动轨迹仿真结果。可以看出,图 7.26(a)和图 7.26(b)的运动轨迹都是一段圆弧,两者相吻合。但是,运动仿真的结果中膝关节的运动轨迹弧度很小,而理论计算中膝关节运动轨迹的弧度要大一些。这是因为大腿机构的长度有差异。膝关节与髋关节处的距离越大,运动轨迹的圆弧就越明显。此外,还与膝关节摆动的幅度有关,膝关节摆动幅度大,则圆弧跨度大,圆弧的形状也会更明显。

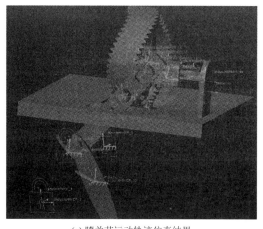

(a) 膝关节运动轨迹仿真结果

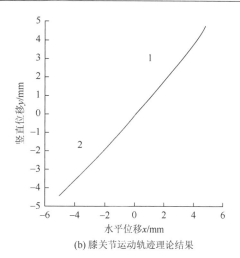

(b) 膝关节运动轨迹理论结果

图 7.26　膝关节运动轨迹仿真结果与理论结果对比

将仿真的膝关节位移曲线提取出来与理论值进行对比，如图 7.27 所示。对比图 7.27（a）和图 7.27（b）可以发现，膝关节位移的仿真曲线总体为正弦变化规律，而膝关节位移的理论曲线也是正弦变化规律，这一点是相吻合的。但是，膝关节位移仿真曲线中，由于选取的单位与理论计算不同，仿真曲线比较密集，而且存在波动，是由于端曲面齿轮的模型未经过二次加工，所以仿真结果产生波动。此外可以发现，仿真曲线中膝关节的位移幅度很小，只有不到 2mm，而理论计算中位移幅度达到了 7mm，这是由于理论计算和仿真中采用的模型尺寸有较大偏差。

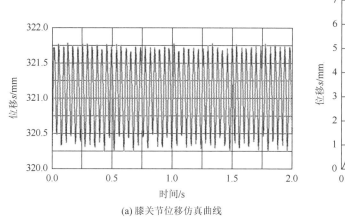

(a) 膝关节位移仿真曲线

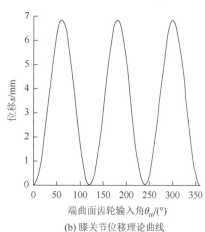

(b) 膝关节位移理论曲线

图 7.27　膝关节位移仿真曲线与理论曲线对比

将仿真的膝关节速度曲线提取出来与理论值进行对比，如图 7.28 所示。对比图 7.28（a）和图 7.28（b）可以发现，膝关节速度仿真曲线为正弦变化规律，膝关节速度理论曲线也是正弦变化规律，两者相吻合。但是，在膝关节速度仿真曲线中，速度的变化很快，甚至出现剧变，理论曲线中膝关节速度的变化却相对平稳一些。这与所建立的模型有关。理论曲线是运用仿真分析绘制出来的，没有考虑材料、重力等因素，而仿真的过程加入了一些实际的因素，如选用了 45 钢作为材料，这都会使得仿真结果和理论计算不符。此外，仿真中存在摩擦力、效率损失等实际工作状况中不可避免的因素，这些也会使得仿真结果和理论计算出现偏差。

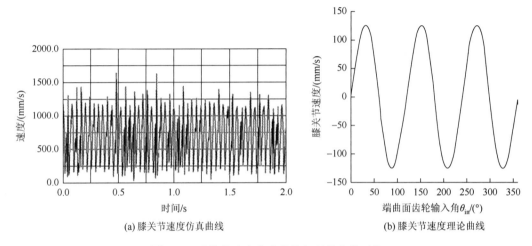

(a) 膝关节速度仿真曲线　　　　　　　(b) 膝关节速度理论曲线

图 7.28　膝关节速度仿真曲线与理论曲线对比

综上，仿真结果和运动特性分析的结果在运动规律的变化趋势上是吻合的，只是参数的选择和仿真中加入的一些理论计算中未考虑过的因素，使得仿真结果和理论计算结果出现偏差，总体来说，仿真结果和运动特性分析的结果是相符的。

7.4　管道清洗机器人

7.4.1　管道清洗机器人的传动原理

一个典型的连续式螺旋驱动机器人如图 7.29（a）所示，滚子具有螺旋角 α。当电机的转动方向为顺时针或逆时针时，机器人分别向前或向后移动。这种类型的机器人只适合于轻负载的场合。对于那些高负载场合，应使用间歇式螺旋驱动机器人，如图 7.29（b）所示。

与典型的连续式螺旋驱动机器人相比，①间歇式螺旋驱动机器人由滚轮、转子、三个电机（一个主驱动电机和两个锁紧电机）和两个锁紧机构组成；②由于锁紧机构与管壁之间摩擦系数较大，结构紧凑，锁紧特性会明显增强，提高机器人的输出牵引力和稳定性；③在相同的输出牵引力下，典型的连续式螺旋驱动机器人需要一个高功率的电机，限制了机器人的外部尺寸，无法适用于小直径管道。相反，由于锁紧电机在间歇式螺旋驱动机器人中的应用，且具有部分输出牵引力，因此，间歇式螺旋驱动机器人适用于小口径管道。

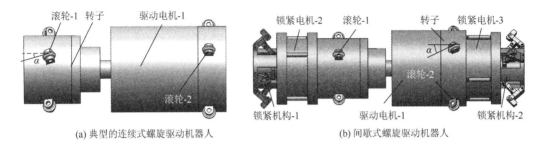

(a) 典型的连续式螺旋驱动机器人　　　　(b) 间歇螺旋驱动机器人

图 7.29　螺旋驱动机器人

基于间歇式螺旋驱动理论，本书提出了一种具有清洗能力的间歇式螺旋驱动机器人，如图 7.30 所示。该机器人由间歇螺旋机构和清洗机构组成，包括一对端曲面齿轮副和毛刷机构。作为该清洗机构的主要部件，端曲面齿轮传动遵循变螺旋理论，可以实现往复螺旋复合运动。

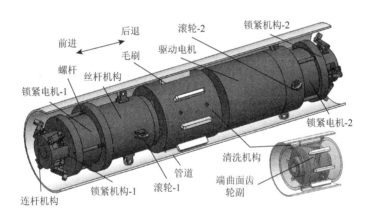

图 7.30　设计的清洁机器人

与典型的连续式螺旋驱动机器人相比，间歇螺旋驱动机器人存在行走速度慢的问题。由于间歇式螺旋驱动机器人清洗机构的螺旋往复运动特性，该机器人的清洗效率可以大大提高。间歇式螺旋驱动清洗机器人的工作原理解释如下。

（1）步骤 1——直行。锁紧机构-2 由于连杆机构的限制而锁紧，驱动电机绕顺时针方向旋转，丝杆机构和锁紧机构-1 一起向前移动，滚轮-1 在运动时起导向作用。

（2）步骤 2——直行。丝杆机构和锁紧机构-1 保持锁定，驱动电机绕逆时针方向旋转。清洗机构、驱动电机和锁紧机构-2 一起向前移动，滚轮-2 在运动过程中起引导作用。

（3）清洗模式。无论驱动电机顺时针或逆时针方向旋转，清洗机构始终保持工作状态，这能防止管壁粗糙度变大和管道内径减小。三个电机的工作状态如表 7.8 所示。

表 7.8 移动模式与清洗模式

模式	锁紧电机-1	驱动电机	锁紧电机-2
步骤 1	○	↻	●
步骤 2	●	↻	○
清洗模式	○	↻/↺	○

注：●表示电机工作；○表示电机不工作；↻或↺为电机的旋转方向。

清洗机构具有两种工作模式，取决于端曲面齿轮成对面对面或背对背的安装方式。一种为直线往复式清洗（LRC）模式，另一种为螺旋往复式清洗（SRC）模式。

（1）LRC 模式。一对背对背固定安装的端曲面齿轮副如图 7.31（a）所示。圆柱齿轮沿着端曲面齿轮轴线带动毛刷向前和向后往复移动。清洗性能取决于管壁和毛刷之间的表面粗糙度。为了清洗管道的整个内表面，清洗机构表面应覆盖满毛刷。

（2）SRC 模式。一对面对面安装的端曲面齿轮副如图 7.31（b）所示。毛刷沿着端曲面齿轮的螺旋节曲线往复运动。由于毛刷的螺旋往复运动特性，SRC 模式的刷子数量少于 LRC 模式，在同样的清洗条件下，对毛刷和管壁间的表面粗糙度要求更低。与行星差动轮系相同，这种模式可以看作一种双输入/单输出系统。

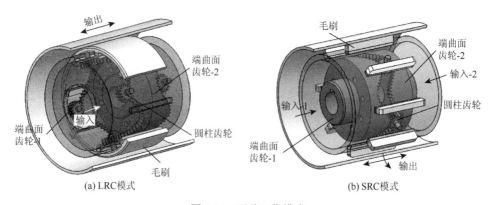

(a) LRC模式　　　　　　　　　　　(b) SRC模式

图 7.31 两种工作模式

7.4.2 管道清洗机器人的运动特性分析

作为清洗机构的主要部分，端曲面齿轮副的啮合轨迹是由绕其轴线的转动和往复直线运动组合而成的复合运动。它可以被定义为一种变导程和变螺旋角的变螺旋运动。圆柱齿轮的运动规律可以用啮合点 P 处的螺旋运动理论解释。

为了获得端曲面齿轮副的基本参数，忽略牵引力的影响，当啮合点 P 沿齿轮节曲线运动时，其运动轨迹类似于螺旋运动，如图 7.32 所示。在端曲面齿轮的旋转中心建立圆柱坐标系 $O\text{-}XYZ$，其中 Y 是端曲面齿轮的轴线方向。V 为切向速度，可分解为轴向速度 V_a 和周向速度 V_t；θ_{in} 为端曲面齿轮的输入角。圆柱齿轮的运动轨迹可以看成点 P 的螺旋运动。清洗位移可以表示为

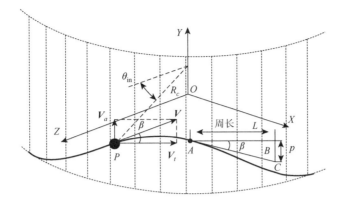

图 7.32　运动学分析

$$s = r(0) - r(\theta_m) \tag{7.32}$$

式中，$r(\theta_m)$ 为非圆齿轮的节曲线；$r(0) = a(1+k)$，k 为偏心率，a 为非圆齿轮的长半轴；θ_m 为非圆齿轮转角。端曲面齿轮的输入角为

$$\theta_{in} = \frac{1}{R_c} \int_0^{\theta_m} r(\theta) \mathrm{d}\theta$$

上式确定了一对端曲面齿轮正确啮合的条件[17]。其中 R_c 为端曲面齿轮的圆柱半径。θ_m 的值可以表示为

$$\theta_m = \arctan(C_1 \tanh(C_2 \theta_{in})) \tag{7.33}$$

式中，$C_1 = [(k-1)(1+k)^{-1}]^{0.5}$；$C_2 = R_c[a(-1+k^2)^{0.5}]^{-1}$。

则啮合点 P 的轨迹方程可以表示为

$$\begin{cases} x = R_c \cos(\theta_{in}) \\ y = r(0) - r(\theta_m) \\ z = R_c \sin(\theta_{in}) \end{cases} \tag{7.34}$$

切向速度 V 可分解为轴向速度 V_a 和周向速度 V_t，可以表达为

$$|V| = \begin{cases} |V_a| = \dfrac{\mathrm{d}y}{\mathrm{d}\theta_{in}} \dfrac{\mathrm{d}\theta_{in}}{\mathrm{d}t} = \dfrac{\mathrm{d}y}{\mathrm{d}\theta_m} \dfrac{\mathrm{d}\theta_m}{\mathrm{d}\theta_{in}} \omega_{in} \\ |V_t| = R_c \dfrac{\mathrm{d}\theta_{in}}{\mathrm{d}t} = R_c \omega_{in} \end{cases} \tag{7.35}$$

式中，ω_{in} 为端曲面齿轮的输入角速度。

螺旋线的螺旋特性一般通过导程和螺旋角来描述.。因此，啮合点 P 的运动特性可以用这两个参数表示。

1. 导程的计算

对于端曲面齿轮来说，导程 $p(\theta_{in})$ 的值定义为当螺旋轴线绕旋转轴转过 1rad 时，点 P 沿螺旋轴线的路程，可以表示为

$$p(\theta_{in}) = \frac{2\pi|V_a|}{\omega_{in}} = 2\pi \cdot \frac{\mathrm{d}s}{\mathrm{d}\theta_m} \frac{\mathrm{d}\theta_m}{\mathrm{d}\theta_{in}} \qquad (7.36)$$

对于端曲面齿轮的螺旋运动轨迹而言，由于非圆齿轮的时变特性，清洗位移 s 和输出转角 θ_m 具有周期性，导程 $p(\theta_{in})$ 的值与一般的螺旋运动相比是可变的。

2. 螺旋角的计算

如图 7.33 所示，螺旋角 $\beta(\theta_{in})$ 可以定义为周向速度 V_t 和轴向速度 V_a 之间的夹角，可以用式（7.37）计算：

$$\beta(\theta_{in}) = \arctan\left(\frac{|V_a|}{V_t}\right) \qquad (7.37)$$

同理，和导程 $p(\theta_{in})$ 的值可变的原因一样，螺旋角 $\beta(\theta_{in})$ 也是可变的。

把式（7.33）代入式（7.36），导程 $p(\theta_{in})$ 可表示为

$$p(\theta_{in}) = 2\pi R_c \tan(\beta(\theta_{in})) \qquad (7.38)$$

结合式（7.35）～式（7.37），轴向速度为

$$|V_a| = R_c \omega_{in} \tan(\beta(\theta_{in})) \qquad (7.39)$$

从式（7.36）～式（7.39）可以看出，该清洗机器人的清洗轨迹为一种变导程和变螺旋角的变螺旋运动，其运动特性可以表达成

$$\begin{cases} p(\theta_{in}) = 2\pi \cdot \dfrac{C_3 C_5 \sin(2\theta_m)}{[1 - k\cos(2\theta_m)]^2} \dfrac{1 - \tanh(C_2\theta_{in})^2}{1 + C_4 \tanh(C_2\theta_{in})^2} \\ \beta(\theta_{in}) = \arctan\left(\dfrac{p(\theta_{in})}{2\pi R_c}\right) \end{cases} \qquad (7.40)$$

式中，$C_3 = R_c[a(1+k)]-1$，$C_5 = 2ak(1-k^2)$，$C_4 = (k-1)(1+k)-1$。

在上述方程中，V_a、$p(\theta_{in})$ 和 $\beta(\theta_{in})$ 为没有加载条件下的表示形式。事实上，负载（阻力）是影响清洗机器人实际工作性能的主要因素，图 7.33 为啮合点 P 的受力分析，得到轴向速度 V_a 在受载条件下的表达形式。

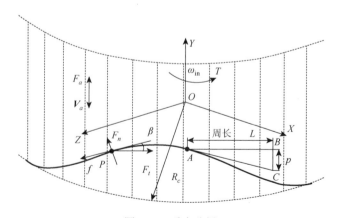

图 7.33　受力分析

根据螺旋传动原理，当端曲面齿轮运动时啮合点 P 的受力状态可以表示为

$$\begin{cases} F_a = F_n \cos(\beta(\theta_{\text{in}})) - f \sin(\beta(\theta_{\text{in}})) \\ T = F_t R_c = [F_n \sin(\beta(\theta_{\text{in}})) + f \cos(\beta(\theta_{\text{in}}))]R_c \\ f = u'' F_n \end{cases} \tag{7.41}$$

从式（7.39）和式（7.40）可以得出，轴向阻力 F_a 和牵引扭矩 T 之间的关系由导程 $p(\theta_{\text{in}})$ 决定。

$$F_a(\theta_{\text{in}}) = \frac{T[2\pi R_c - u'' p(\theta_{\text{in}})]}{R_c[p(\theta_{\text{in}}) + u'' 2\pi R_c]} \tag{7.42}$$

在典型的直流电动机中，牵引扭矩 T 和转速 ω_{in} 之间呈线性关系[16]：

$$\omega_{\text{in}} = \omega_0 \left(1 - \frac{T}{T_0}\right) \tag{7.43}$$

结合式（7.39）～式（7.42），轴向速度可以表达为

$$|V_a| = \frac{p(\theta_{\text{in}})\omega_0}{2\pi} \left[1 - \frac{F_a R_c(p(\theta_{\text{in}}) + 2\pi R_c u'')}{T_0(2\pi R_c - u'' p(\theta_{\text{in}}))}\right] \tag{7.44}$$

式（7.44）为一般表达式，实际移动速度可以表示为

$$|V_P(F_C, \theta_{\text{in}})| = \frac{p(\theta_{\text{in}})\omega_0}{2\pi} \left[1 - \frac{F_C R_c(p(\theta_{\text{in}}) + 2\pi R_c u'')}{T_0(2\pi R_c - u'' p(\theta_{\text{in}}))}\right] \tag{7.45}$$

对于清洗模式来说，端曲面齿轮副的输出速度可以表示为

$$|V_C| = \begin{cases} |V_P(F_{C1}, \theta_{\text{in}})| & \text{(LRC模式)} \\ |V_P(F_{C2}, \theta_{\text{in}})| / \sin(\beta(\theta_{\text{in}})) & \text{(SRC模式)} \end{cases} \tag{7.46}$$

其中，$F_{Ci}(i = 1, 2)$ 为两种清洗模式沿端曲面齿轮轴向的合力。

7.4.3　管道清洗机器人的牵引力分析

基于上述分析，阻力是影响移动速度的主要因素。由于管道内部灰尘和残渣的影响，管道的内部直径会显著减小。这些部位将产生大的清洗阻力，造成管道阻塞。

为进一步分析，假设：①管道内部形状为直圆柱；②阻塞后的管道内部仍为圆柱面；③清洗机构为一个多体单元，内部为圆柱形刚体，而外部为环形弹性体；④定义毛刷为均匀对称的弹性体。微元体的应力和变形分析如图 7.34（b）所示。作用于清洗机构的力包括清洗机构自身的重力 σ_g、弹性压力引起的轴向压力 σ_a 和摩擦力 σ_f。如图 7.34（a）所示，R 为管道理论半径；r 为弹性部分的内半径；L 为清洗结构长度；q 为由弹性变形所产生的径向应力；τ 为单位面积的摩擦力；F_P 为牵引力；σ_r 和 σ_z 分别为单位面积沿半径和轴向的弹性力；G 为重力；取微元体 $\mathrm{d}z$ 为研究对象，如图 7.34（b）所示。由于清洗过程中清洗结构处于平衡状态，因此，微元体也同样处于平衡状态 [图 7.34（b）]。φ 为管道倾斜角；微元体 $\mathrm{d}z$ 的平衡方程为

$$\sigma_a + \sigma_f + \sigma_g = \sigma_j$$

式中，σ_j 为合力。

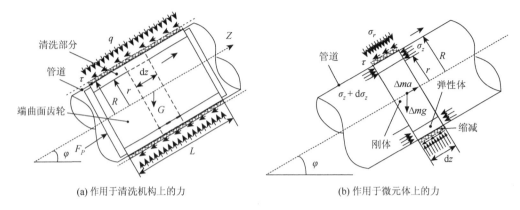

（a）作用于清洗机构上的力　　　　　　（b）作用于微元体上的力

图 7.34　应力和变形分析

平衡方程可以描述为

$$\pi(R^2 - r^2)\mathrm{d}\sigma_z + 2\pi\zeta R\tau\mathrm{d}z - \Delta mg\sin\varphi = \Delta ma \tag{7.47}$$

其中，$\tau = -u\sigma_r$，$\Delta m = \pi R^2 \rho\mathrm{d}z$。

ζ 为毛刷面积比，在 LRC 模式中 $\zeta = 1$，在 SRC 模式中 ζ 的值取决于刷子的数量。a 是没有加载下的加速度，可以表示为

$$a = \frac{\mathrm{d}|V_a|}{\mathrm{d}\theta_{\mathrm{in}}}\frac{\mathrm{d}\theta_{\mathrm{in}}}{\mathrm{d}t}$$

调整后，上述方程可以改写为

$$\pi(R^2 - r^2)\mathrm{d}\sigma_z - [2\pi\zeta uR\sigma_r + \pi R^2 \rho(a + g\sin\varphi)]\mathrm{d}z = 0 \tag{7.48}$$

式（7.49）中的 σ_r 和 σ_θ 的数学描述取决于假设④，两者之间的联系由轴向力 σ_z 决定，如下所示[16]：

$$\sigma_r = \sigma_\theta = \frac{1}{1-\nu}\left(\frac{\Delta E}{R} + \nu\sigma_z\right) \tag{7.49}$$

式中，Δ 为径向压缩量；E 为弹性模量；ν 为泊松比。

结合方程式（7.48）和式（7.49），图 7.34 所示微元体 $\mathrm{d}z$ 上清洗机构的平衡方程式可以表示为

$$\frac{\pi(R^2 - r^2)\mathrm{d}\sigma_z}{\dfrac{2\pi\zeta uR}{1-\nu}\left(\dfrac{\Delta E}{R} + \nu\sigma_z\right) + \pi R^2 \rho(a + g\sin\varphi)} = \mathrm{d}z \tag{7.50}$$

方程式（7.50）的通解为

$$\ln\left[\frac{2\zeta uR}{1-\nu}\left(\frac{\Delta E}{R} + \nu\sigma_z\right) + R^2 \rho(a + g\sin\varphi)\right]$$
$$= \frac{2\zeta uR\nu}{(R^2 - r^2)(1-\nu)}z + C \tag{7.51}$$

当 $z = 0, \sigma_z = 0$ 时，常量 C 的值可以表示为

$$C = \ln\left[\frac{2\zeta uR\Delta E}{(1-v)R} + R^2 \rho(a + g\sin\varphi)\right]$$

最终，当微元体 dz 通过如图 7.34（a）所示的管道长度时，平衡方程可以由式（7.52）得到

$$
\begin{aligned}
\sigma_z = &\frac{1-v}{2\zeta uRv}\left[\frac{2\zeta R\Delta E}{(1-v)R} + R^2 \rho(a + g\sin\varphi)\right] \\
&\cdot \left[\exp\left(\frac{2u\zeta RvL}{\pi(R^2 - r^2)(1-v)}\right) - 1\right]
\end{aligned}
\tag{7.52}
$$

因此，作用在清洗机构上的牵引力可以由式（7.53）给出：

$$
\begin{aligned}
F_P = &\frac{\pi(R^2 - r^2)(1-v)}{2\zeta uRv}\left[\frac{2\zeta uR\Delta E}{(1-v)R} + R^2 \rho(a + g\sin\varphi)\right] \\
&\cdot \left[\exp\left(\frac{2u\zeta RvL}{\pi(R^2 - r^2)(1-v)}\right) - 1\right]
\end{aligned}
\tag{7.53}
$$

同样，管道壁与毛刷之间的摩擦力 F_f 可表示为

$$
\begin{aligned}
F_f = &\frac{\pi(R^2 - r^2)(1-v)}{2\zeta uRv}\left[\frac{2\zeta uR\Delta E}{(1-v)R} + R^2 \rho g\sin\varphi\right] \\
&\cdot \left[\exp\left(\frac{2u\zeta RvL}{\pi(R^2 - r^2)(1-v)}\right) - 1\right]
\end{aligned}
\tag{7.54}
$$

对于清洗结构来说，牵引力 F_C 可以表示为

$$
F_C = \begin{cases} F_P(\theta_{in}) & \text{（LRC模式）} \\ F_{P1}(\theta_{in1}) - F_{P2}(\theta_{in2}) & \text{（SRC模式）} \end{cases}
\tag{7.55}
$$

式中，$F_{Pn}(n=1,2)$ 为牵引分力，可由式（7.53）计算得出。

此外，牵引扭矩 T 的总和可以重新表示为

$$
T \geq \begin{cases} \dfrac{p(\theta_{in1})}{2\pi} F_P(\theta_{in}) & \text{（LRC模式）} \\ \dfrac{p(\theta_{in1})}{2\pi}(F_{P1}(\theta_{in1}) - F_{P2}(\theta_{in2})) & \text{（SRC模式）} \end{cases}
\tag{7.56}
$$

7.4.4　运动仿真

仿真参数如表 7.9 所示，运动仿真包括两个清洗模式（LRC 模式和 SRC 模式），仿真结果如图 7.35 和图 7.36 所示。通过式（7.32）可知清洗机构的轴向位移如图 7.35（a）所示。当 SRC 模式显示为螺旋往复运动时，LRC 模式的清理轨迹遵循直线往复运动规律。两者的最大轴向位移均约等于 3mm。

表 7.9　仿真参数

机构	参数	符号	参数值
驱动电机	旋转速度	n	120r/min
	转矩	T_0	1000N·mm
端曲面齿轮	端曲面齿轮的偏心率	k	0.3
	椭圆的半长轴	a	17.2mm
	端曲面齿轮的半径	R_c	32.8mm
	端曲面齿轮副的摩擦系数	u''	0.1
管道	管道的半径	R	40mm
清洗机构	塑料管的内半径	r	30mm
	清洗机构的密度	p	7.85g/cm^3
	清洗机构和管道之间的摩擦系数	u	0.5
	弹性模量	E	7.8MPa
	泊松比	v	0.47
	径向压缩值	Δ	0.3mm(1%~2%R)
	毛刷面积比	ζ	0.15(LRC)/1(SRC)
	管道的长度	L	5mm

　　根据式（7.56），由于变螺旋特性的影响，清洗机构的清洗速度随清洗时间的变化规律如图 7.35（b）所示。由于往复循环，在同一清洗速度下，SRC 模式的清洗路径的长度是大于 LRC 模式的，则 LRC 模式的清洗效率远高于 SRC 模式。如图 7.36 所示，LRC 模式的牵引力远远大于 SRC 模式，这主要是由于它有更大的毛刷面积比。为了完全清理，LRC 模式中的毛刷应完全覆盖清洗机构，从而增加清洗机构和管道之间的摩擦力，因此需要更大的牵引力。

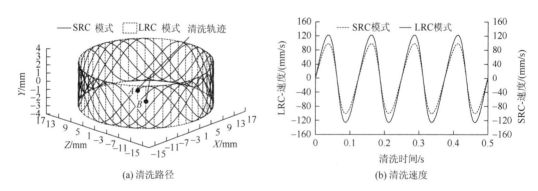

(a) 清洗路径　　　　　　　　　　　　　(b) 清洗速度

图 7.35　比较两个清洗模型之间的运动情况

　　从式（7.55）和式（7.56）可知，由于 SRC 模式的毛刷面积比较小，可以大幅度减少清洗阻力，如图 7.36 所示。SRC 模式的最大牵引力 F_C 只有 11.2N，最大牵引扭矩 T_N 大约为 100N·mm。

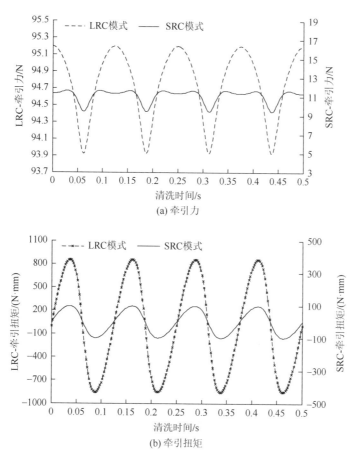

(a) 牵引力

(b) 牵引扭矩

图 7.36　两个清洗模式之间的驱动对比分析

　　因此，尽管 SRC 模式的清洗效率低于 LRC 模式，但其螺旋清洗轨迹的特点，使其清洗质量在所有现有的清洗机构中是最好的。

　　在实际工作过程中，管道壁的恶化情况是不确定的，将导致摩擦系数 u、径向压缩值 Δ 和倾斜角度等发生变化。为了确保工作稳定性，在此对其进行安全模式分析。根据工作条件以及式（7.55）和式（7.56），可以分为三种情况。

　　安全模式-1：最大摩擦系数 u。当最大扭矩 T_0 为 1000N·mm，最大锁定力为 100N，径向压缩值不超过 0.3mm（管道半径的 1%～2%），倾斜角度为 0° 时，如图 7.37 所示，LRC 模式中的最大许用摩擦系数约等于 0.55，则 LRC 模式的许用摩擦系数可以为 0～0.55，而 SRC 模式的摩擦系数可以为 0～3.7。这说明 SRC 模式具有更好的工作稳定性。根据文献[11]和[12]可知，SRC 模式更适合清洗阻力很大的情况，而 LRC 模式更适合清洗阻力较小的干摩擦情况。

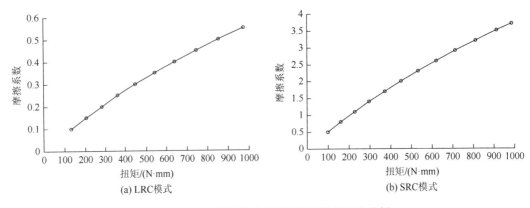

图 7.37　两个清洗模式之间摩擦系数的对比分析

安全模式-2：最大值径向压缩值 $\varDelta$。当扭矩 T_0 设置为常数 1000N·mm，最大锁紧力不超过 100N，倾斜角度被设置为零时，摩擦系数 u 和径向压缩值之间的关系如图 7.38 所示。

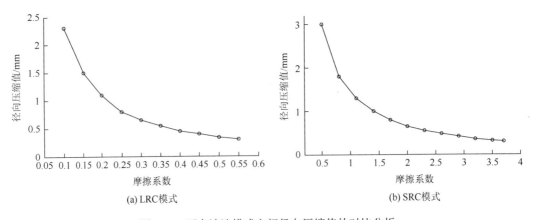

图 7.38　两个清洗模式之间径向压缩值的对比分析

图 7.38 显示了不同的摩擦系数 u 下径向压缩值的变化。径向压缩值 $\varDelta$ 随摩擦系数 u 的增加而减小。此外，与 LRC 模式相比，SRC 模式的清洗质量更好。

安全模式-3：最大倾斜角度。当扭矩 T_0 设置为常数 1000N·mm，最大锁紧力不超过 100N 时。最大重力约为 7.6N，增加锁紧力，所以应该考虑重力和驱动力的关系。

对于 LRC 模式，当径向压缩值小于 0.3mm，倾斜角度为零时，驱动力几乎达到锁紧力的最大值 100N。这证明 LRC 模式适合小倾斜角度。

对于 SRC 模式，如图 7.38（b）所示，径向压缩值的范围为 0.3～3mm，而摩擦系数可以为 0.5～3.7。此外，锁紧力是由毛刷面积比决定的。为了方便比较，假设倾斜角度为 90°，那么 SRC 模式可以分为两种情况。

（1）如图 7.39（a）所示，当径向压缩值为 0.3mm 时，最大摩擦系数为 3.62，表明了当径向压缩值限制在 0.3mm 以内时，SRC 模式适合任何倾斜角度。最大的摩擦系数随径向压缩值的增加而减小，当径向压缩值超过 0.3mm 时，SRC 模式不能适合于每一个倾斜角度。

（2）如图 7.39（b）所示，毛刷面积比的变化范围为 0.15～1，当最小径向压缩值限制在 0.3mm 以内时，摩擦系数随着毛刷面积比的增加而减少；当最小摩擦系数限制在 0.5 以内时，毛刷的面积比随着径向压缩值的增大而减少。

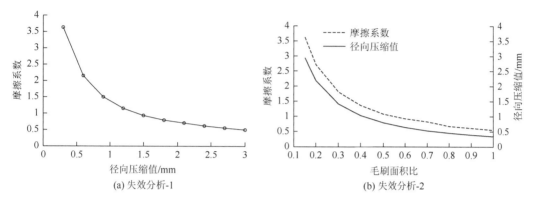

(a) 失效分析-1　　　　　　　(b) 失效分析-2

图 7.39　SRC 模式的失效分析

7.5　冲　击　钻

7.5.1　冲击钻原理

冲击钻通过旋转和冲击来凿开混凝土、砖石和金属等材料，其钻头以高频率冲击混凝土、砖石，使其破碎，借助高速旋转的钻头上的螺旋槽把其粉碎的粉末排出，而逐渐冲凿成孔。其旋转运动是通过电机带动齿轮减速机构产生的，移动运动通过端面齿形啮合产生跳动，这种结构会出现摩擦和发热，齿形磨损严重、寿命短，同时振动和噪声都非常大。电锤通过曲柄滑块带动气缸产生活塞运动撞击钻杆来产生冲击。

端曲面齿轮复合传动副可以同时产生冲击机构所需的旋转/移动复合运动，结构较简单，传动效率更高。在此对端曲面齿轮复合传动副在冲击机构中的应用特性进行分析，主要分析复合传动副的冲击频率和冲击力。

端曲面齿轮复合传动副通过节曲线形状的变化可以同时实现旋转的轴向移动，具有一些独特的优点，齿轮传动更可靠，传动效率更高，同时振动和噪声也更小。

图 7.40 是一种新型复合冲击钻，包括外壳、冲头、驱动装置以及传动连接于驱动装置和冲头之间的冲击机构；冲击机构包括主动齿轮、端曲面齿和弹性件；主动齿轮安装于外壳上并由驱动装置驱动转动，主动齿轮与端曲面齿轮啮合，端曲面齿轮固定于冲头上，弹簧支撑于外壳和端曲面齿轮之间，为端曲面齿轮提供轴向弹力，使端曲面齿轮与主动齿轮保持啮合；它相比于现有技术简化了冲击钻机构，能达到减小振动、延长寿命和提高可靠性的目的。

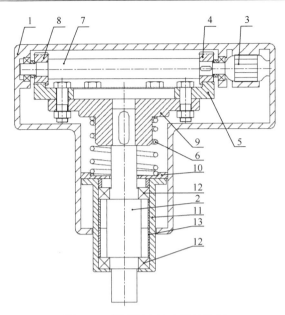

图 7.40 新型复合冲击钻结构图

1-壳体；2-从动轴；3-马达；4-主动齿轮；5-端曲面齿轮；6-弹簧；7-主动轴；8-惰轮；9-法兰盘；10-托盘；
11-轴承套杯；12-轴承；13-套筒

7.5.2 冲击钻运动学特性分析

如图 7.41 所示，小齿轮为主动轮，即直齿圆柱齿轮，o_1-$x_1y_1z_1$ 为其固定坐标系，其轴线 x_1 固定，从动轮为端曲面齿轮，o_2-$x_2y_2z_2$ 为其固定坐标系。齿轮副旋转一定角度后，小齿轮转过角度 θ_1，其随动坐标系为 o_1-$x_1y_1'z_1'$，端曲面齿轮转过角度 θ_2，并在啮合力的作用下移动距离 $s(\theta_2)$，其随动坐标系为 o_2'-$x_2'y_2'z_2'$。

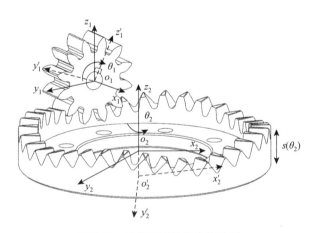

图 7.41 端曲面齿轮复合传动副

根据从动轮即端曲面齿轮的节曲线（表 7.9）可以计算出端曲面齿轮轴向移动随端曲面齿轮转角的变化规律：

$$s = z_2 = r(0) - r(\theta_3) \tag{7.57}$$

对位移进行一次微分有

$$v(\theta_2) = \frac{\mathrm{d}z_2}{\mathrm{d}\theta_2} = \frac{\mathrm{d}z_2}{\mathrm{d}\theta_3} \frac{\mathrm{d}\theta_3}{\mathrm{d}\theta_2} \tag{7.58}$$

由式（7.58）可知，要求得轴向移动的速度，须先得出端曲面齿轮转角 θ_2 与非圆齿轮转角 θ_3 的关系。当与端曲面齿轮共轭的非圆齿轮阶数 $n_1 = 2$ 时，有

$$\theta_2 = \frac{1}{R} \int_0^{\theta_3} r(\theta) \mathrm{d}\theta = \frac{a(k^2-1)^{0.5}}{R} \arctan h \left(\frac{(k+1)\tan\theta_3}{(k^2-1)^{0.5}} \right) \tag{7.59}$$

据此得其反函数为

$$\theta_3 = \arctan \left[\frac{(-1+k^2)^{0.5}}{k+1} \tanh \frac{R\theta_2}{a(-1+k^2)^{0.5}} \right] \tag{7.60}$$

进一步可求得 $\dfrac{\mathrm{d}\theta_3}{\mathrm{d}\theta_2}$。

为简化起见，令 $C_1 = \dfrac{R}{a(1+k)}$ ； $C_2 = \dfrac{R}{a(-1+k^2)^{0.5}}$ ； $C_3 = \dfrac{k^2-1}{(1+k)^2}$ ； $C_4 = \dfrac{(k^2-1)^{0.5}}{1+k}$ ； $C_5 = 2ak(1-k^2)$ ；齿轮副参数固定时， $C_1 \sim C_5$ 均为常数，其不随时间或齿轮的转角而改变。

则式（7.60）可以简化为

$$\theta_3 = \arctan(C_4 \tanh(C_2\theta_2)) \tag{7.61}$$

$$\frac{\mathrm{d}\theta_3}{\mathrm{d}\theta_2} = C_1 \frac{1 - \tanh(C_2\theta_2)^2}{1 + C_3 \tanh(C_2\theta_2)^2} \tag{7.62}$$

$$\frac{\mathrm{d}z_2}{\mathrm{d}\theta_3} = \frac{C_5 \sin(2\theta_3)}{[1 - k\cos(2\theta_3)]^2} \tag{7.63}$$

联立式（7.60）～式（7.63）得轴向移动的速度为

$$v(\theta_2) = \frac{\mathrm{d}z_2}{\mathrm{d}\theta_2} = \frac{C_1 C_5 \sin(2\theta_3)}{[1 - k\cos(2\theta_3)]^2} \frac{1 - \tanh(C_2\theta_3)^2}{1 + C_3 \tanh(C_2\theta_3)^2} \tag{7.64}$$

进一步求加速度，对轴向移动的速度进行一次微分，则可得轴向移动的加速度为

$$a(\theta_2) = \frac{\mathrm{d}v(\theta_2)}{\mathrm{d}\theta_2} = \frac{\mathrm{d}\left(\dfrac{\mathrm{d}z_2}{\mathrm{d}\theta_3} \dfrac{\mathrm{d}\theta_3}{\mathrm{d}\theta_2} \right)}{\mathrm{d}\theta_2}$$

$$= \frac{\mathrm{d}\left(\dfrac{\mathrm{d}z_2}{\mathrm{d}\theta_3} \right)}{\mathrm{d}\theta_2} \frac{\mathrm{d}\theta_3}{\mathrm{d}\theta_2} + \frac{\mathrm{d}z}{\mathrm{d}\theta_3} \frac{\mathrm{d}\left(\dfrac{\mathrm{d}\theta_3}{\mathrm{d}\theta_2} \right)}{\mathrm{d}\theta_2} = \frac{\mathrm{d}^2 z_2}{\mathrm{d}\theta_3^2} \frac{\mathrm{d}\theta_3}{\mathrm{d}\theta_2} \frac{\mathrm{d}\theta_3}{\mathrm{d}\theta_2} + \frac{\mathrm{d}z_2}{\mathrm{d}\theta_3} \frac{\mathrm{d}^2\theta_3}{\mathrm{d}\theta_2^2} \tag{7.65}$$

式中，

$$\frac{\mathrm{d}^2 z_2}{\mathrm{d}\theta_3^2} = \frac{-4ak(-1+k^2)[-\cos(2\theta_3) + k\cos^2(2\theta_3) + 2k\sin^2(2\theta_3)]}{[-1+k\cos(2\theta_3)]^3} \tag{7.66}$$

$$\frac{\mathrm{d}^2\theta_3}{\mathrm{d}\theta_2^2} = \frac{4kR^2 \tanh(C_2\theta_2)[-1 + \tanh^2(C_2\theta_2)]}{a^2(-1+k^2)^{0.5}[k + k\tanh^2(C_2\theta_2) - \tanh^2(C_2\theta_2) + 1]^2} \tag{7.67}$$

根据式（7.57）、式（7.66）和式（7.67）可分别求得该复合运动齿轮副轴向移动的位移速度与加速度变化规律，绘制其运动规律曲线。

事实上，式（7.60）和式（7.61）中尚未考虑正切函数的分段性质，考虑这一性质时：选取已加工的端曲面齿轮副的参数，即 $n_1 = 2, n_2 = 2, k = 0.1, a = 35.8222\text{mm}, R = 71.2854\text{mm}$，在一个周期内，端曲面齿轮转角 θ_2 与非圆齿轮转角 θ_3 之间的关系可以表示为

$$\theta_2 = \begin{cases} 0.5ia\tanh(-1.1055i\tan\theta_3) & \left(\theta_3 \in \left(0, \dfrac{\pi}{2}\right)\right) \\ 0.5ia\tanh(-1.1055i\tan\theta_3) + \dfrac{\pi}{2} & \left(\theta_3 \in \left(\dfrac{\pi}{2}, \dfrac{3\pi}{2}\right)\right) \\ 0.5ia\tanh(-1.1055i\tan\theta_3) + \pi & \left(\theta_3 \in \left(\dfrac{3\pi}{2}, \dfrac{5\pi}{2}\right)\right) \\ 0.5ia\tanh(-1.1055i\tan\theta_3) + \dfrac{3\pi}{2} & \left(\theta_3 \in \left(\dfrac{5\pi}{2}, \dfrac{7\pi}{2}\right)\right) \\ 0.5ia\tanh(-1.1055i\tan\theta_3) + 2\pi & \left(\theta_3 \in \left(\dfrac{7\pi}{2}, 2\pi\right)\right) \end{cases} \tag{7.68}$$

$$\theta_3 = \begin{cases} \arctan[0.9046i\tanh(-2i\theta_2)] & \left(\theta_2 \in \left(0, \dfrac{\pi}{4}\right)\right) \\ \arctan\left[0.9046i\tanh\left(-2i\left(\theta_2 - \dfrac{\pi}{2}\right)\right)\right] + \pi & \left(\theta_2 \in \left(\dfrac{\pi}{4}, \dfrac{3\pi}{4}\right)\right) \\ \arctan[0.9046i\tanh(-2i(\theta_2 - \pi))] + 2\pi & \left(\theta_2 \in \left(\dfrac{3\pi}{4}, \dfrac{5\pi}{4}\right)\right) \\ \arctan\left[0.9046i\tanh\left(-2i\left(\theta_2 - \dfrac{3\pi}{2}\right)\right)\right] + 3\pi & \left(\theta_2 \in \left(\dfrac{5\pi}{4}, \dfrac{7\pi}{4}\right)\right) \\ \arctan[0.9046i\tanh(-2i(\theta_2 - 2\pi))] + 4\pi & \left(\theta_2 \in \left(\dfrac{7\pi}{4}, 2\pi\right)\right) \end{cases} \tag{7.69}$$

端曲面齿轮转角 θ_2 与非圆齿轮转角 θ_3 之间不是线性的正比关系，而是在中间有周期性的规律波动。当二阶非圆齿轮与二阶端曲面齿轮啮合时，非圆齿轮旋转两周，端曲面齿轮旋转一周，平均传动比为2。

按照齿轮啮合的基本原理，两齿轮的节曲线保持纯滚动，则两齿轮上啮合点的瞬时速度相等，即端曲面齿轮上啮合点复合运动的速度等于直齿圆柱齿轮啮合点的速度。

主动齿轮1半径为 r_1、转速为 ω_1，则圆柱齿轮啮合点上的瞬时速度为 $v_1 = r_1\omega_1$；从动端曲面齿轮半径 R，转速为 ω_2，轴向移动速度 v_s，则端曲面齿轮上啮合点的瞬时速度为 $v_2 = R\omega_2 + v_s$。

两啮合点速度相等，即有

$$r_1^2\omega_1^2 = v_s^2 + R^2\omega_2^2 \tag{7.70}$$

得出 ω_1 与 ω_2 之间关系如式（7.70）所示，进而得传动比，即式（7.71）为

$$\omega_1^2 = \frac{v_s^2(\theta_2) + R^2 \omega_2^2(\theta_2)}{r_1^2} \tag{7.71}$$

$$i_{12}^2 = \left(\frac{\omega_1}{\omega_2}\right)^2 = \frac{v_s^2(\theta_2) + R^2 \omega_2^2(\theta_2)}{r^2 \omega_2^2(\theta_2)} \tag{7.72}$$

$$i_{12} = \sqrt{\left(\frac{R}{r}\right)^2 + \left[\frac{C_1 C_5 \sin(2\theta_3)(1 - \tanh^2(C_2\theta_2))}{r\omega_2(1 - k\cos(2\theta_3))^2(1 + C_3\tanh^2(C_3\theta_2))}\right]^2} \tag{7.73}$$

传动比的最大值为直齿圆柱齿轮轴向速度为零时，即直齿圆柱齿轮与端曲面齿轮啮合在波峰或波谷位置时。其平均传动比为主从动轮齿数比，即 $\overline{i}_{12} = \dfrac{z_2}{z_1}$。

若需要其他不同的运动规律，可以选择其他不同的主动轮或从动轮节曲线形状。

根据上述计算方法，计算端曲面齿轮副的运动规律。齿数、模数、阶数和偏心率是端曲面齿轮复合传动副的基本设计参数，故有必要分析这些参数对运动规律变化的影响，为设计者提供参考。

端曲面齿轮传动系统采用的基本参数见表 7.10。

表 7.10　端曲面齿轮传动系统基本参数

参数	模数 m/mm	齿数 z_1	偏心率 k	阶数 n_2	阶数 n_1	长半轴/mm	半径/mm
模数变化	3, 4, 5	18	0.1	2	2	26.87, 35.82, 44.78	53.46, 71.29, 89.11
齿数变化	4	18, 20, 22	0.1	2	2	35.82, 39.80, 43.78	71.28, 79.21, 87.13
偏心率变化	4	18	0.1, 0.2, 0.3	2	2	35.82, 35.31, 34.54	71.29, 69.20, 65.90
端曲面齿轮阶数变化	4	18	0.1	1, 2, 3	2	35.82	35.64, 71.29, 106.93

1. 偏心率对运动规律的影响

端曲面齿轮副选取表 7.10 中的参数，其他参数不变而仅改变偏心率时，计算并绘制该运动副的变化规律。从图 7.42 可以看出，端曲面齿轮轴向移动位移规律呈波浪形，速度与加速度变化规律呈类正弦变化，并呈现出周期性。改变偏心率时，偏心率越大，轴向移动的位移行程也越大，呈正比关系。偏心率取 0.1 时，该齿轮副输出位移的行程为 7.1mm，偏心率取 0.2 时行程为 14.2mm。偏心率越大，速度和加速度的变化范围与波动幅度也越大，但是其周期性不受影响。因此要改变轴向移动的行程，应通过改变偏心率来实现。故需要轴向往复运动的行程更大时，可以选择更大的偏心率，即端曲面齿轮的波峰更高、波谷更低，但偏心率过大容易引起自锁，相应的速度、加速度波动范围也更大，选取时应注意。

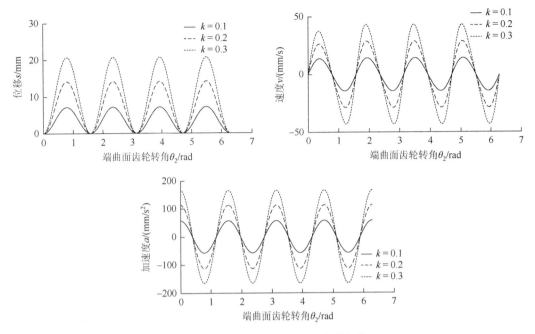

图 7.42　轴向移动规律随偏心率的变化

2. 端曲面齿轮阶数对运动规律的影响

保持其他参数不变，端曲面齿轮阶数变化时，端曲面齿轮节曲线半径等比例变化。端曲面齿轮副选取表 7.10 中的参数，计算该运动副的变化规律，分别作端曲面齿轮阶数 $n_2 = \{1, 2, 3\}$ 条件下的端曲面齿轮轴向移动位移、速度、加速度变化规律。从图 7.43 可以看出，改变端

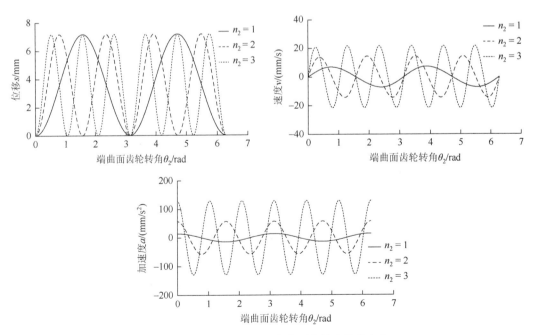

图 7.43　轴向运动规律随端曲面齿轮阶数的变化

曲面齿轮阶数 n_2 时，其轴向移动的行程不变，端曲面齿轮阶数增加时，轴向移动规律的周期变短，且由于相同时间内，位移变化的幅度更大，故轴向移动的速度和加速度变化范围也更大，波动率更大。故当需要轴向往复运动的频率更高时，除了可以增加转速，也可以选择阶数更高的端曲面齿轮。

3. 模数对运动规律的影响

端曲面齿轮副选取表 7.10 中的参数，计算该运动副的变化规律，保持其他参数不变时，分别作端曲面齿轮副模数 m = {3mm, 4mm, 5mm} 条件下的端曲面齿轮轴向移动位移、速度及加速度变化规律，如图 7.44 所示。随着模数的增加，端曲面齿轮轴向移动的位移行程增加，相应运动的速度、加速度也增加，但增加的幅度远小于齿轮副偏心率的影响，运动的周期性不受影响。齿轮副模数的选择应根据传动系统的负载来确定，不能随意选取，不能过大或过小。

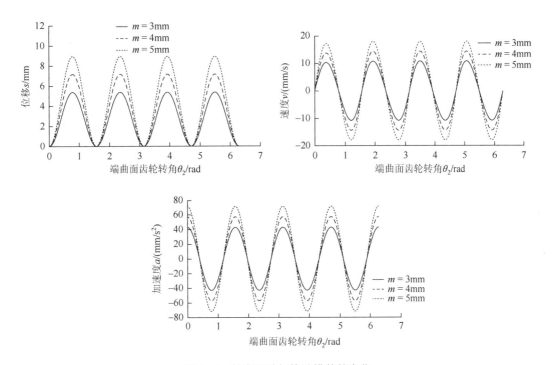

图 7.44 轴向运动规律随模数的变化

4. 主动轮齿数对运动规律的影响

端曲面齿轮副选取表 7.10 中的参数，计算该运动副的变化规律。从图 7.45 可以看出，保持其他参数不变而仅改变圆柱齿轮齿数时，移动规律的变化情况类似于端曲面齿轮模数变化的情况。改变圆柱齿轮齿数时，随着其齿数的增加，端曲面齿轮轴向移动的位移行程增加，而轴向移动的周期不变，故相应运动的速度、加速度也增加，但总体影响不大。

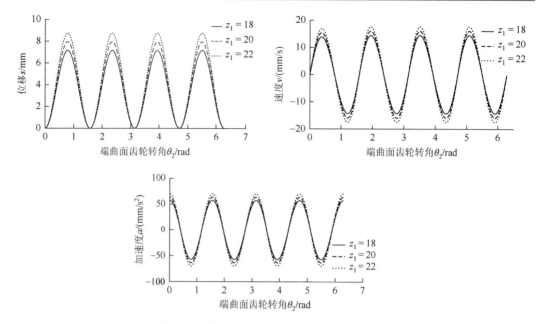

图 7.45　轴向运动规律随圆柱齿轮齿数的变化

当端曲面齿轮复合传动副采取以下参数时，即圆柱齿轮 $z_1 = 12$，$m = 4\text{mm}$，端曲面齿轮 $z_2 = 36$，$n_2 = 2$，非圆齿轮 $z_3 = 18$，$n_3 = 2$，$k = 0.1$，$a = 35.8222\text{mm}$，分别计算该齿轮副轴向移动的位移、速度及加速度变化规律，如图 7.46 所示。速度是对位移函数的求导，加速度是对速度函数的求导，其周期相等。

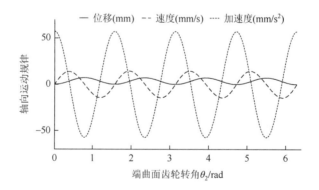

图 7.46　轴向运动规律（位移、速度和加速度）

7.5.3　冲击钻力学特性分析

齿轮副啮合过程中的受力状况直接影响传动系统的设计与校核。进行齿轮强度计算时，首先要知道轮齿上的受力，这就需要对齿轮传动进行受力分析。齿轮传动的受力分析也是计算安装齿轮的轴及轴承所必需的。分析齿轮的受力时，除非特别研究，一般不考虑啮合轮齿间的摩擦力，只计算径向力、切向力及轴向力等。

端曲面齿轮复合传动副啮合过程中的受力状况如图 7.47 所示，图中 1 为主动轮，1′为随动轮，主要用于防止端曲面齿轮出现严重的偏载，2 为从动轮，即端曲面齿轮。理论情况下，该齿轮副只有两个方向的分力，对于主动轮只有切向力和径向力，而无轴向力。

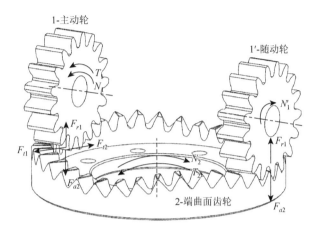

图 7.47　端曲面齿轮复合传动副的受力状况

当以直齿圆柱齿轮 1 作为主动轮时，齿轮副啮合力为

$$F_{t1} = \frac{T_1}{r_1} = \frac{(T_2 + m_2\beta_2)/i_{12}}{r_1} \tag{7.74}$$

$$F_{r1} = 0.5F_{t1}\tan\alpha \tag{7.75}$$

$$F_{t2} = -F_{t1} \tag{7.76}$$

$$F_{a2} = -F_{r1} = -0.5F_{t1}\tan\alpha \tag{7.77}$$

式中，T_1、T_2 分别为直齿圆柱齿轮和端曲面齿轮所受转矩；i_{12} 为齿轮副复合运动的传动比；α 为齿轮副压力角；β_2 为端曲面齿轮角加速度，$\beta_2 = \dfrac{\mathrm{d}\omega_2}{\mathrm{d}t}$；$\omega_2$ 为端曲面齿轮角速度，$\omega_2 = \dfrac{\omega_1}{i_{12}}$。

1. 压力角

计算齿轮副的啮合力需要先计算其压力角的变化。齿轮副压力角增大时，齿轮副传递相同的扭矩需要的作用力也增大，甚至可能出现自锁现象，通常要求齿轮副压力角最大不能大于 65°[22]，因此有必要对该复合运动齿轮副的压力角进行分析。

对于端曲面齿轮副复合运动，其啮合过程中的压力角与标准渐开线齿轮副不同。根据机械原理的定义，渐开线上任意一点法向压力的方向线与该点速度方向之间的夹角为该点的压力角。对于复合运动端曲面齿轮，其压力角即圆柱齿轮的法向力 $\boldsymbol{F}_n$ 与端曲面齿轮的

啮合点的速度 v_2 之间的夹角。如图 7.48 所示，端曲面齿轮复合传动副的压力角 α 等于圆柱齿轮的齿形角 α_0 加上切向速度 v_t 与合速度 v_2 之间的夹角 δ，即式（7.75）。

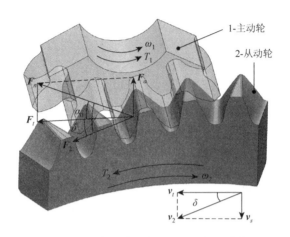

图 7.48　端曲面齿轮复合传动副的压力角

图 7.48 中，ω_1、ω_2 分别为圆柱齿轮和端曲面齿轮的转速，F_a、F_t、F_n 分别为该齿轮副中端曲面齿轮所受的轴向力、切向力和法向力，v_t、v_s、v_2 为端曲面齿轮节曲线上一点的切向速度、轴向速度和合速度，δ 为切向速度 v_t 与合速度 v_2 之间的夹角，α 为端曲面齿轮复合传动副的压力角：

$$\alpha = \alpha_0 + \delta \tag{7.78}$$

式中，$\delta = \arctan \dfrac{v_s}{v_t}$；$\alpha_0$ 为直齿圆柱齿轮压力角，其为标准值 20°；δ 可由式（7.76）～式（7.78）求得。

$$v_s = v_2 - v_t \tag{7.79}$$

$$v_t = R\omega_2 = R\frac{\omega_1}{i_{12}} \tag{7.80}$$

故

$$v_s = \sqrt{v_2^2 - v_t^2} = \sqrt{r^2\omega_1^2 - R^2\frac{\omega_1^2}{i_{12}^2}} \tag{7.81}$$

刀具压力角为标准值 20°，取从动轮负载为 $T_2 = 10\mathrm{N \cdot m}$，分别取直齿圆柱齿轮的齿数为 $z_1 = \{12,13,14,15\}$，其他参数采用表 3.1 中参数时，其压力角变化情况如图 7.49 所示。可以看出，端曲面齿轮复合传动副的压力角呈周期性变化，但圆柱齿轮齿数对压力角的影响并不明显。压力角最大值为 36°，最小值为 20°，处于合理的范围内，不会产生自锁现象。

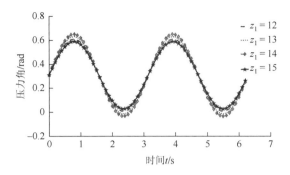

图 7.49 齿轮副压力角随齿数的变化规律

2. 啮合力

在压力角计算的基础上计算该齿轮副的受力状况。根据式（7.75）～式（7.81），结合压力角的计算，可得到该齿轮复合传动副所受啮合力。

主动轮的转矩变化影响到齿轮副的啮合力，进而影响对主动轮轴承的设计与校核。由于端曲面齿轮转速并不恒定，其角加速度的变化对啮合力的影响不可忽视。分别取主动轮转速为 $N_1 = 5\text{r}/\text{s}, 10\text{r}/\text{s}$，在其他参数相同的情况下，主动轮转矩变化如图 7.50 所示，当主动轮转速增加时，圆柱齿轮转矩的波动范围增大，其最小值减小，最大值增大，这在一定程度上决定了端曲面齿轮复合传动副只能用于中低速的场合。而其周期性的改变与转速的增加是等比例的，因而转矩随转角变化的周期性并不受转速的影响。

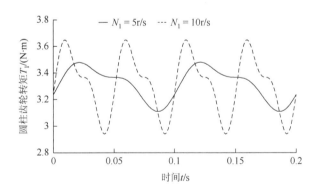

图 7.50 齿轮副圆柱齿轮转矩

圆柱齿轮的切向力与圆柱齿轮转矩是等比例关系，分别取主动轮转速为 $N_1 = 5\text{r}/\text{s}, 10\text{r}/\text{s}$，在其他参数相同的情况下，圆柱齿轮切向力变化如图 7.51 所示。而圆柱齿轮径向力变化如图 7.52 所示，由式（7.75）可知，径向力还与压力角的变化相关，受压力角变化的影响，圆柱齿轮径向力的变化规律不同于切向力，其受转速变化的影响比较小。

对于该齿轮副中端曲面齿轮，其所受轴向力为圆柱齿轮所受径向力的反力，其所受切向力为圆柱齿轮所受切向力的反力。

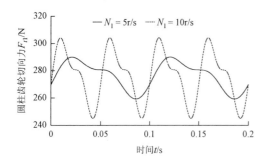

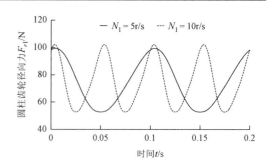

图 7.51　圆柱齿轮切向力变化　　　　　　　图 7.52　圆柱齿轮径向力变化

7.5.4　冲击钻复合运动仿真

令驱动电机的转速 $N_1 = 3000 \text{r}/\text{min}$，负载转矩为 $T_1 = 30 \text{N} \cdot \text{m}$，从动轴转子的质量 1kg；端曲面齿轮副选取表 7.11 中参数。图 7.53 右侧为根据表 7.11 中参数计算的复合传动齿轮副的输出端位移和转速变化规律。

表 7.11　端曲面齿轮副参数

z_1	z_2	z_3	k	n_2	m	r	R
15	36	18	0.1	2	4mm	30mm	71.29mm

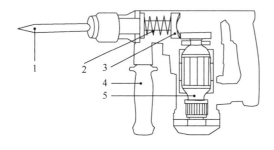

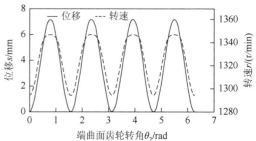

图 7.53　冲击钻原理图及其工作特性

1-钻头；2-弹簧；3-端曲面齿轮复合传动副；4-手柄；5-电机

表 7.11 中，z_1、z_2、z_3 分别是圆柱齿轮、端曲面齿轮和非圆齿轮的齿数。冲击机构的行程为端曲面齿轮的最大位移。代入输出轴的平均转速可得冲击机构的最大速度和最大加速度。机构的平均传动比为 $i'_{12} = \dfrac{z_2}{z_1}$，最小传动比为 $i_{12\min} = \dfrac{R}{r}$。

机构的冲击频率为 $f = N_2 n_2 = \dfrac{N_1}{i_{12}} n_2$，其中 N_2 为从动轴的转速。机构的冲击频率与端曲面齿轮的阶数呈正比关系。齿轮冲击机构的应用特性见表 7.12。

表 7.12　齿轮冲击机构的应用特性

行程 s/mm	速度 v/(m/s)	加速度 a/(m/s²)	冲击频率 f/Hz
0～7.6143	−1.89～1.89	−982～982	41.7～44.9

7.6　双端曲面齿轮柱塞泵

7.6.1　柱塞泵工作原理

斜盘式轴向柱塞泵的基本构件包括转子、柱塞、斜盘、分油盘和随动活塞等,为便于固定滑靴,与斜盘平行安装有返回盘,泵的结构示意图如图 7.54 所示。

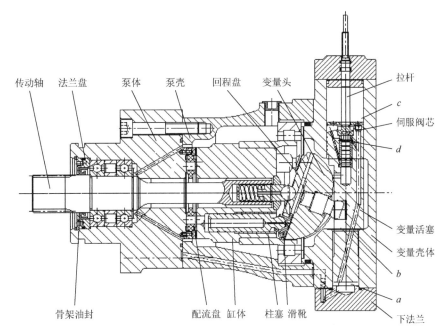

图 7.54　斜盘式轴向柱塞泵结构示意图

a-密封圈；b-缸体；c-腔体；d-随动活塞

转子是一个截去尖头的圆锥体,在锥体上沿圆周均匀分布有若干倾斜于转子轴线的柱塞腔,柱塞安装在转子柱塞腔内。斜盘是一个具有球形工作面的圆盘,在随动活塞和调节拉杆的操纵下,可以绕垂直于转子轴线的平面旋转一定的角度。一个柱塞泵往往包括多个柱塞,为延长柱塞泵的寿命,减小磨损,各柱塞顶部加工成球头并配有滑靴,所有滑靴夹在卡盘上,并靠在斜盘的工作面上。柱塞泵工作时,弹簧力及油压力的作用使柱塞始终顶紧在斜盘工作面上。转子转动时,柱塞随之转动。柱塞在旋转运动中受到斜盘工作面的约束,从而产生相对转子在柱塞腔内的直线往复运动。柱塞泵转子在外动力作用下旋转时,柱塞随着转动，如图 7.55 所示。当斜盘有一定倾角时，随着转子转动，柱塞周期改变柱塞腔的自由容积，在分油盘高低压油窗的配合下，产生连续吸油和排油[48,49]。

具体的工作过程可描述为：当柱塞向转子外移动时，柱塞腔的容积不断增大，而此时柱塞腔孔刚好和分油盘吸油窗相通，将燃油吸进柱塞腔；当柱塞反向移动时，柱塞腔的容积不断减小，此时使柱塞腔孔和分油盘排油窗相通，燃油就被挤往出口处。由于转子中的全部柱塞都在同时工作，因此在转子连续运转中，泵出口将形成连续的油流。由上述工作原理可见，柱塞泵之所以能连续地吸油、供油，是因为转子转动时柱塞相对转子做直线往复运动，柱塞腔工作容积产生周期性变化[50]。

现有斜盘式轴向柱塞泵应用非常广泛，但也存在着一些问题，如斜盘摩擦副的磨损问题、脉动性能有待提高的问题。为解决上述问题，本书提出了一种双端曲面齿轮柱塞泵，它具有小周期、大频率、抗磨损、转速要求低、不间断排油等优点。

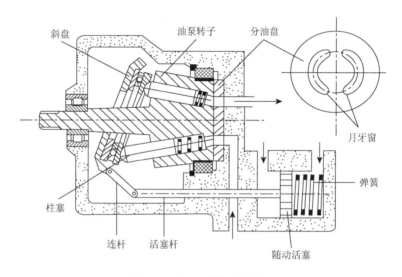

斜盘　油泵转子　分油盘

月牙窗

弹簧

柱塞

连杆　活塞杆

随动活塞

图 7.55　柱塞泵的工作原理

图 7.56 为双端曲面齿轮柱塞泵原理简图。该泵为采用配流阀的轴向柱塞泵，泵体内轴向分布有两个同轴的柱塞缸体，缸体内有导向滑槽和双端曲面齿轮式柱塞机构。其中，右柱塞端、左柱塞端、连杆、滚动齿轮、双端曲面齿轮与压簧共同组成了双端曲面齿轮式柱塞机构。这种新型的柱塞机构为泵的关键部件，它与普通柱塞的不同在于它只做沿自身轴线的直线往复运动。滚动齿轮均匀分布在对置式端曲面齿轮的两端齿面，并与之啮合，同时与连杆一端以转动副连接。其中，连杆的另一端分别与左右两侧的柱塞端固连，使得左右两侧的各滚动齿轮、连杆和左右两柱塞端固连成两个整体，分别形成左右半柱塞。右柱塞端与左柱塞端之间通过压簧固定在一起，并在轴线方向上有一定的韧性，以削弱振动，这样就让两半柱塞固结在一起共同形成了柱塞机构。左右柱塞端的两侧均有滑键在导向滑槽内定位，使得柱塞机构整体只能在输入轴线上做往复运动。

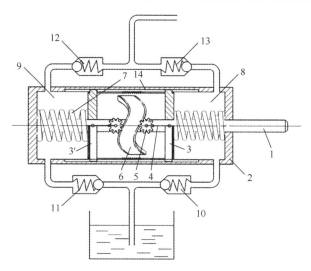

图 7.56　双端曲面齿轮柱塞泵原理简图

1-输入轴；2-泵体；3-右柱塞端；3'-左柱塞端；4-连杆；5-滚动齿轮；6-双端曲面齿轮；7-压簧；8-右缸体；9-左缸体；
10-右缸体吸油阀；11-左缸体吸油阀；12-左缸体排油阀；13-右缸体排油阀；14-导向滑槽

　　新型柱塞泵的工作原理如图 7.57 所示。工作时，输入轴旋转并通过键将转矩传递给对置式端曲面齿轮，产生转动。左右两侧的滚动齿轮与之啮合滚动，由于对置式端曲面齿轮的端齿面节曲线呈波状，故滚动齿轮在沿着连杆一端转动的同时推动各自对应的两半柱塞沿输入轴线往复运动。两侧滚动齿轮高度对称分布，所以在左半柱塞左移时，右半柱塞在压簧的带动下也左移；在右半柱塞右移时，左半柱塞在压簧的带动下也右移。最终，输入轴的连续转动在端曲面齿轮副的作用下转化为了柱塞机构在其轴线方向上的往复运动。

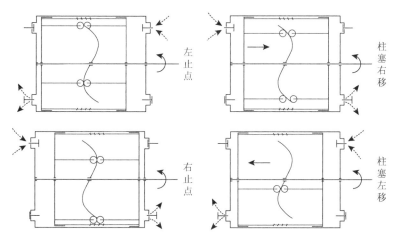

图 7.57　新型柱塞泵的工作原理

　　泵体固定，输入轴旋转带动柱塞往复移动。柱塞向右移动时，左腔的吸油阀打开，这样低压油将通过吸油阀进入左腔内。柱塞向左移动时，左腔的吸油阀关闭，从而形成了一个由阀、柱塞、泵体组成的密封腔室。随着输入轴的转动，这个密封腔室的体积将逐渐减小，压力随之升高。当压力升高到阀的开启压力时，高压排流阀打开，将高压油输出。

右腔有与左腔相反的工作状态。柱塞向右移动时，右腔的吸油阀关闭，形成了一个由阀、柱塞、泵体组成的密封腔室。随着输入轴的转动，这个密封腔室的体积将逐渐减小，压力随之升高。当压力升高到阀的开启压力时，高压排流阀打开，将高压油输出。当柱塞向左移动时，吸油阀打开，这样低压油将通过吸油阀进入左腔内。输入轴不停地转动，高压油就源源不断地输出，这就是该新型双作用柱塞泵的工作原理。

为了更加直观地说明双端曲面齿轮柱塞泵与斜盘式柱塞泵工作原理的差异性，将两种泵的柱塞沿分布圆展开形成平面，如图7.58和图7.59所示。输入轴旋转方向在图中显示，其中图7.58中间波形线为节曲线，柱塞沿着节曲线双向往复运动，每转动一圈，每个柱塞往复次数与波峰数有关系，波峰数越多，往复频率越大。图7.59中的波形线为斜盘旋转轨迹，只能是单波峰曲线，故每转动一圈，柱塞只能完成一次往复运动。因此，同等输入转速条件下，双端曲面齿轮柱塞往复频率大于斜盘式柱塞，即柱塞速度变化频率更大。

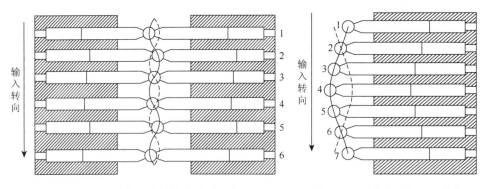

图 7.58　双端曲面齿轮柱塞展开分布　　　　图 7.59　斜盘式柱塞展开分布

经分析可知，两种泵在柱塞运动的原理上存在差异。双端曲面齿轮柱塞机构能够在每时每刻进行吸油与排油动作，而斜盘式柱塞只能在旋转一周后完成一次吸油与排油动作，为达到流量供应，斜盘式柱塞泵对输入转速要求高。同等输入转速条件下，双端曲面齿轮柱塞往复运动频率高、往复速度变化周期短、瞬时速度大。为达到一定的流量值与流量脉动值，双端曲面齿轮柱塞泵只需要较低的转速，在延长柱塞泵的寿命上具有较大优势。

当输入转速均为100r/min时，双端曲面齿轮柱塞泵取阶数为3，柱塞数为6，斜盘式柱塞泵取7个柱塞（斜盘式柱塞泵取偶数柱塞个数时脉动性能差），在工作的1min内，针对其吸/排油周期与吸/排油次数进行对比分析，具体数据如表7.13所示。

表 7.13　两柱塞泵吸/排油情况对比

柱塞泵	单个柱塞吸/排油周期	单个柱塞完成吸油次数	共吸/排油次数
斜盘式柱塞泵	0.6s	100	700
双端曲面齿轮柱塞泵	0.1s	600	3600

由表 7.13 可知，双端曲面齿轮柱塞泵与斜盘式柱塞泵相比，前者在吸/排油上具有明显的优势。前者的吸/排油单个周期是后者的 1/6，同样时间内，前者的单个柱塞吸/排油次数是后者的 6 倍。因此，该新型泵具有小周期、大频率的特性。这在提高流量和降低流量脉动方面，有着较大优势。

7.6.2 双端曲面齿轮柱塞泵运动分析

新型柱塞泵所采用的柱塞为特殊的双作用柱塞，即柱塞每往复运动一次，将在两端的柱塞缸中均产生作用。每个双作用柱塞均由两个柱塞杆组成，并由韧性连杆连接起来，其部分结构如图 7.60 所示。与斜盘式柱塞泵相比，双端曲面齿轮柱塞泵的动力端由斜盘改为双端曲面齿轮，并在双作用柱塞的两柱塞端头部安装滚动齿轮。在压簧的作用下，两滚动齿轮始终抵在双端曲面齿轮齿面上。柱塞上有一导向槽，与缸体上的导向键相配合，可以防止柱塞产生自转。工作时，由动力机械驱动双端曲面齿轮转动，使双作用柱塞按一定的规律做往复运动，同时作用于两个缸体，并呈现吸/排油互补的作用形式，从而无间断地吸入和排出燃料或油体，完成燃料的稳定增压[52]。

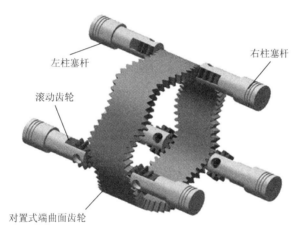

左柱塞杆 右柱塞杆

滚动齿轮

对置式端曲面齿轮

图 7.60 双端曲面齿轮柱塞泵局部结构示意图

图 7.60 中双端曲面齿轮柱塞泵设计为 3 阶 6 峰 6 谷结构，柱塞为 3 个，后两个柱塞与第一个柱塞之间的相位差分别为 150°、270°，可由式（7.82）得到。按此规律布局柱塞，该柱塞泵在工作的任意时刻，柱塞位移曲线相位差均分半个波峰/波谷角度。这样，只要双端曲面齿轮节曲线选取得当，就可使整个柱塞泵吸入或排出的流量脉动趋于无限小。

为减小柱塞泵流量脉动，满足各种工况的需要，对于不同柱塞数下的柱塞泵分别进行柱塞布局的分析。与斜盘式柱塞泵不同，柱塞的分布与双端曲面齿轮的波峰有关，各柱塞所在位置必须为波峰上的不同相位。为达到柱塞分布均匀的目的，还要求柱塞的分布应与柱塞数量 z 有关。

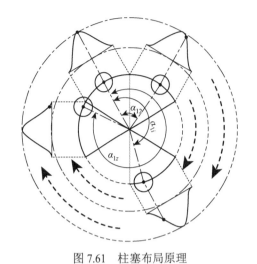

图 7.61　柱塞布局原理

α_{12}-柱塞 1、2 之间的相位角；α_{1i}-柱塞 1、i 之间的相位角；
α_{1z}-柱塞 1、z 之间的相位角

柱塞布局原理如图 7.61 所示，选波峰处作为第 1 个柱塞的位置，其余柱塞在端曲面齿轮底面方向上的位置根据与第 1 个柱塞的相位角而定（顺时针方向）。

第 i 个柱塞所在位置与第 1 个柱塞的相位角差为

$$\alpha_{1i} = \frac{(i-1)2\pi}{z} + \frac{(i-1)\pi}{u \cdot (z-1)} \qquad (7.82)$$

式中，u 为波峰数量。

取 $z = 3$、4、5、6、7、8 时，根据式（7.82），分别计算出不同柱塞数量时，柱塞之间的分布角。得到各柱塞布局图与柱塞机构图，如表 7.14 所示。

表 7.14　柱塞机构布局与柱塞机构

端曲面齿轮副	柱塞布局原理	柱塞机构
三柱塞机构 $n_1 = 1$ $n_2 = 3$ $u = z = 3$		
四柱塞机构 $n_1 = 2$ $n_2 = 2$ $u = z = 4$		
五柱塞机构 $n_1 = 1$ $n_2 = 2$ $u = z = 5$		
六柱塞机构 $n_1 = 2$ $n_2 = 3$ $u = z = 6$		
七柱塞机构 $n_1 = 1$ $n_2 = 7$ $u = z = 7$		

续表

端曲面齿轮副	柱塞布局原理	柱塞机构
八柱塞机构 $n_1 = 2$ $n_2 = 4$ $u = z = 8$		

从表 7.14 可知，随着柱塞数量的增加，柱塞之间更加密集。因此，在考虑柱塞数量时，应根据相关公式对双端曲面齿轮的尺寸参数进行合理设计。在多柱塞泵的相关研究中，此表可为其提供参考依据。

由双端曲面齿轮柱塞泵工作原理可知，当液压泵工作时，柱塞对于固定缸体而言，只在缸体内做往复移动。以单柱塞泵为例，分析如下。

图 7.62 为双端曲面齿轮柱塞泵柱塞的运动分析坐标系，根据其对称性只画出了半边机构。坐标系 $o\text{-}xyz$ 固定在双端曲面齿轮上，$o_1\text{-}x_1y_1z_1$ 固定在滚动齿轮上，取坐标系 $o\text{-}xyz$，以柱塞运动的左止点 o 作为零位，当双端曲面齿轮转过任一角度 θ 时，滚动齿轮移动到 A 点。此时。根据端曲面齿轮节曲线方程，可得 A 点的坐标为

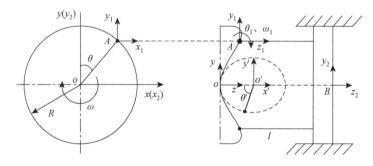

图 7.62　柱塞运动分析坐标系

$$\begin{cases} x = -R\cos\theta \\ y = -R\sin\theta \\ z = r(0) - r(\theta') \end{cases} \tag{7.83}$$

式中，R 为端曲面齿轮节曲线柱面半径；$r(\theta')$ 为非圆齿轮节曲线；θ 为双端曲面齿轮转角；θ' 为非圆齿轮转角。

根据式（7.83），可得其反函数：

$$\theta' = \arctan\left[\frac{(-1+k^2)^{\frac{1}{2}}}{k+1}\tanh\frac{R\theta}{a(-1+k^2)^{\frac{1}{2}}}\right] \tag{7.84}$$

由此坐标方程可以看出，沿端曲面齿轮轴线方向（z 方向）的相对运动，是与端曲面

齿轮转角（输入轴转角）有关的函数。在 oxy 平面内，滚动齿轮节曲线与端曲面齿轮节曲线的接触轨迹是一个圆。

1. 柱塞往复位移

右柱塞机构的滚动齿轮处于左止点位置时，其柱塞杆中心 B 点在 z 轴上的坐标为 z^0，输入轴转过任一角度 θ 后，其柱塞杆中心 B 点在 z 轴上的坐标为 z^1，则柱塞机构的位移 S 为

$$S = z^1 - z^0 = r(0) - r(\theta') \qquad (7.85)$$

同理，右柱塞机构的位移与之相同。S 即柱塞机构的整体位移。

柱塞机构的滚动齿轮转到右止点时，柱塞达到最大位移：

$$S_{\max} = a(1+k) - \frac{a(1-k^2)}{1 - k\cos\left(\dfrac{\pi}{2}n_1\right)} = h \qquad (7.86)$$

式中，h 为柱塞行程，m。

从公式中可知，柱塞往复位移是非圆齿轮转角 θ' 的简谐函数曲线，与双端曲面齿轮的偏心率 k、非圆齿轮阶数 n_1 等参数有关。

2. 柱塞往复速度

对柱塞位移 S 的表达式微分，得柱塞相对泵体的运动速度为

$$v(\theta) = \frac{\mathrm{d}S}{\mathrm{d}\theta} = \frac{\mathrm{d}S}{\mathrm{d}\theta'}\frac{\mathrm{d}\theta'}{\mathrm{d}\theta}$$

为简化起见，令 $C_1 = \dfrac{R}{a(1+k)}$ ；$C_2 = \dfrac{R}{a(-1+k^2)^{\frac{1}{2}}}$ ；$C_3 = \dfrac{k^2-1}{(1+k)^2}$ ；$C_4 = \dfrac{(k^2-1)^{\frac{1}{2}}}{1+k}$ ；

$C_5 = 2ak(1-k^2)$ ；则有

$$\theta' = \arctan(C_4 \tanh(C_2\theta))$$

联立方程得

$$v(\theta) = \frac{\mathrm{d}S}{\mathrm{d}\theta} = \frac{C_1 C_5 \sin(2\theta')}{[1 - k\cos(2\theta')]^2} \cdot \frac{1 - \tanh(C_2\theta)^2}{1 + C_3 \tanh(C_2\theta)^2} \qquad (7.87)$$

则柱塞相对泵体的运动速度为

$$v = \frac{\mathrm{d}S}{\mathrm{d}\theta}\frac{\mathrm{d}\theta}{\mathrm{d}t} = \omega \frac{C_1 C_5 \sin(2\theta')}{[1 - k\cos(2\theta')]^2} \cdot \frac{1 - \tanh(C_2\theta)^2}{1 + C_3 \tanh(C_2\theta)^2} \qquad (7.88)$$

式中，ω 为双端曲面齿轮转动角速度，即输入轴角速度。

从公式中可知，柱塞往复速度是双端曲面齿轮转动角度 θ 的简谐函数曲线，与双端曲面齿轮的偏心率 k、阶数 n_2 等参数有关。

3. 柱塞往复加速度

对柱塞往复速度进行一次微分，则可得柱塞往复运动的加速度为

$$a(\theta) = \frac{\mathrm{d}v(\theta)}{\mathrm{d}\theta} = \frac{\mathrm{d}\left(\dfrac{\mathrm{d}S}{\mathrm{d}\theta'}\dfrac{\mathrm{d}\theta'}{\mathrm{d}\theta}\right)}{\mathrm{d}\theta}$$

$$= \frac{\mathrm{d}\left(\dfrac{\mathrm{d}S}{\mathrm{d}\theta'}\right)}{\mathrm{d}\theta}\frac{\mathrm{d}\theta'}{\mathrm{d}\theta} + \frac{\mathrm{d}S}{\mathrm{d}\theta'}\frac{\mathrm{d}\left(\dfrac{\mathrm{d}\theta'}{\mathrm{d}\theta}\right)}{\mathrm{d}\theta} = \frac{\mathrm{d}^2 S}{\mathrm{d}\theta'^2}\frac{\mathrm{d}\theta'}{\mathrm{d}\theta}\frac{\mathrm{d}\theta'}{\mathrm{d}\theta} + \frac{\mathrm{d}S}{\mathrm{d}\theta'}\frac{\mathrm{d}^2\theta'}{\mathrm{d}\theta^2} \quad (7.89)$$

式中，

$$\frac{\mathrm{d}^2 S}{\mathrm{d}\theta'^2} = \frac{-4ak(-1+k^2)[-\cos(2\theta') + k\cos^2(2\theta') + 2k\sin^2(2\theta')]}{[-1+k\cos(2\theta')]^3} \quad (7.90)$$

$$\frac{\mathrm{d}^2\theta'}{\mathrm{d}\theta^2} = \frac{4kR^2\tanh(C_2\theta)[-1+\tanh^2(C_2\theta)]}{a^2(-1+k^2)^{0.5}[k+k\tanh^2(C_2\theta) - \tanh^2(C_2\theta)+1]^2} \quad (7.91)$$

由于与斜盘式柱塞泵具有不同的结构，双端曲面齿轮柱塞泵的柱塞运动学影响因素有异于斜盘式柱塞泵。现有柱塞泵的柱塞运动与斜盘的倾斜角度有很大关系。

7.6.3　双端曲面齿轮柱塞泵数量分析

1. 单柱塞情况

只有一个柱塞做往复运动时，双端曲面齿轮柱塞泵的部分结构与运动模型如图 7.63 所示。与斜盘式轴向柱塞泵相比，该柱塞泵的转子由斜盘改为双端曲面齿轮，滑靴改为滚动齿轮，由原来的摩擦副改为端曲面齿轮副。双端曲面齿轮旋转，带动滚动齿轮旋转并往复运动，从而使柱塞产生往复直线运动。由于左右两端的柱塞杆运动情况一致，为方便分析，将 2 个柱塞杆看作一个整体柱塞。柱塞每往复运动一次，同时完成两次吸油和排油工作，故称为双作用柱塞。以单柱塞泵为例，分析如下。

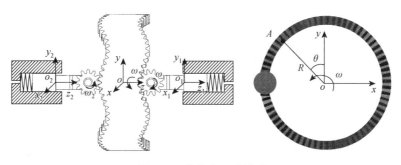

图 7.63　单柱塞运动模型

单柱塞泵所采用的复合双端曲面齿轮副参数如表 7.15 所示。

表 7.15　复合双端曲面齿轮副参数

参数	数值
滚动齿轮齿数 z_1	12
齿轮副模数 m/mm	4
双端曲面齿轮齿数 z_2	132
偏心率 k	0.2
椭圆长轴 a/mm	43.16
节曲线半径 R/mm	126.87
端曲面齿轮阶数 n_2	3
非圆齿轮阶数 n_1	2

根据式（7.85）、式（7.88）和式（7.89）可分别求得柱塞往复运动的位移、速度与加速度变化规律，绘制其运动规律曲线。在输入轴角速度 $\omega = 1rad/s$ 时，柱塞往复运动位移、速度、加速度与时间的关系如图 7.64～图 7.66 所示。

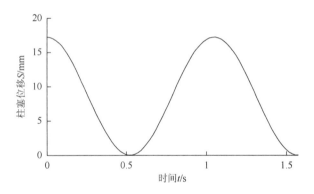

图 7.64　柱塞位移曲线

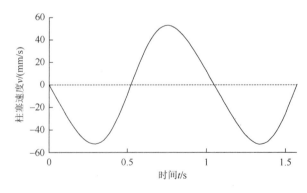

图 7.65　柱塞速度曲线

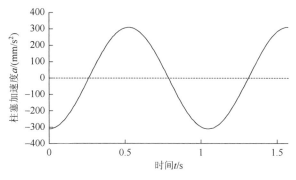

图 7.66　柱塞加速度曲线

由图 7.64～图 7.66 可知，柱塞的位移、速度与加速度曲线，呈现简谐变化规律。在柱塞位移取峰值时柱塞速度为 0，且柱塞回程与去程的速度方向相反。在柱塞速度的绝对值最大时，柱塞加速度为 0。

2. 多柱塞情况

以六柱塞情况为例，6 个柱塞的滚动齿轮分别布置在 6 个波峰上，每一个滚动齿轮在波峰上的位置定义为相位，6 个相位点分别是波峰上不同的五等分点。与斜盘式柱塞泵不同，双端曲面齿轮转过一个波峰相当于斜盘转过一周，所以柱塞不是在圆周上均匀分布的，而是在波峰上均匀分布。为尽可能使柱塞分布均匀，要求柱塞的分布应与柱塞数量 z 有关，并符合公式（7.92）。即柱塞的序号与相位角的关系为

$$i = \frac{\alpha_{1i}u(z^2-2)}{(2z+1)\pi u} + 1 \tag{7.92}$$

式中，z 为柱塞数量；u 为波峰/波谷数量。

根据式（7.92），六柱塞布局情况如图 7.67 所示，选一波峰顶点处作为第 1 个柱塞的位置，其余柱塞在端曲面齿轮底面方向上的位置与第 1 个柱塞的相位夹角分别为 $\alpha_{12} = 66°$，$\alpha_{13} = 132°$，$\alpha_{14} = 198°$，$\alpha_{15} = 264°$，$\alpha_{16} = 330°$。

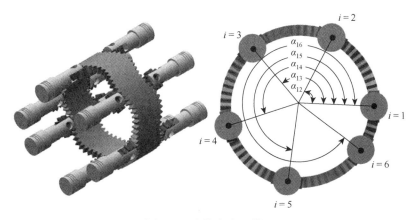

图 7.67　六柱塞布局情况

　　6 个柱塞上的滚动齿轮均与同一个双端曲面齿轮啮合传动，这 6 个柱塞的运动特性是一样的。由于各柱塞上滚动齿轮的初始相位不同，每个柱塞的位移与速度曲线的初始数值不同。

　　该六柱塞泵所采用的复合双端曲面齿轮副参数如表 7.15 所示。在输入轴角速度 $\omega = 1\mathrm{rad/s}$ 时，分别将 6 个相位的柱塞参数代入式（7.85）、式（7.88）和式（7.89）中，得出六柱塞（P1～P6）的位移 S、速度 v、加速度 a 与时间 t 之间的关系曲线，如图 7.68～图 7.70 所示。

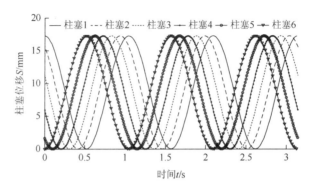

图 7.68　六柱塞位移曲线

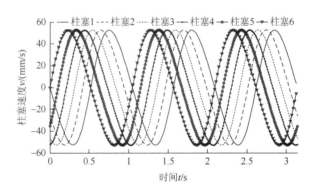

图 7.69　六柱塞速度曲线

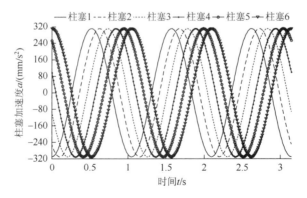

图 7.70　六柱塞加速度曲线

从图 7.68~图 7.70 可知，六个柱塞的位移、速度和加速度的变化规律基本一致，每个柱塞之间的差别只在于初始值不一样，这是由每个柱塞的初始位置不同造成的。

斜盘式柱塞泵的基本构件包括转子、柱塞、斜盘，转子上沿圆周均匀分布有柱塞腔，柱塞安装在转子柱塞腔内。斜盘是一个具有球形工作面的圆盘，垂直于转子轴线的平面旋转一定的角度。斜盘式柱塞泵在工作过程中，其柱塞的运动规律与斜盘角度有关。与斜盘式柱塞泵不同，双端曲面齿轮柱塞泵的柱塞运动规律与端曲面齿轮的阶数、偏心率有关。因此，研究端曲面齿轮的偏心率、阶数对柱塞运动的影响规律很有必要。

7.6.4　双端曲面齿轮参数影响分析

1. 偏心率影响规律

在单柱塞情况下，取非圆齿轮阶数 $n_1 = 2$，端曲面齿轮的阶数 $n_2 = 3$，分别取偏心率 $k = 0.1$、0.2、0.3 时，根据式（7.85）可求得柱塞位移的变化规律，绘制其运动规律曲线。在输入轴角速度 $\omega = 1\mathrm{rad}/\mathrm{s}$ 时，柱塞往复运动位移与时间的关系如图 7.71 所示。

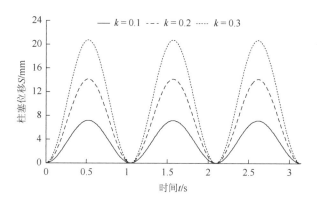

图 7.71　偏心率对柱塞位移的影响规律

由图 7.71 可知，随着偏心率 k 的增加，柱塞泵的运动位移会逐渐增大，而往复运动周期不变。并且，偏心率每增加 0.1，最大位移将大约增大 1 倍。由此可见，增加偏心率可以在相同运动周期的情况下来增大柱塞往复位移。

在单柱塞情况下，取非圆齿轮阶数 $n_1 = 2$，端曲面齿轮的阶数 $n_2 = 3$，分别取偏心率 $k = 0.1$、0.2、0.3 时，根据式（7.88）可求得柱塞速度的变化规律，绘制其运动规律曲线。在输入轴角速度 $\omega = 1\mathrm{rad}/\mathrm{s}$ 时，柱塞往复运动速度与时间的关系如图 7.72 所示。

由图 7.72 可知，随着偏心率 k 的增加，柱塞泵的运动速度会逐渐增大，而往复运动周期不变。并且，偏心率每增加 0.1，最大速度将大约增大 1 倍。由此可见，增加偏心率可以在相同运动周期的情况下来增大柱塞往复速度。经过与位移曲线的对比发现，在端曲面齿轮的波峰与波谷处，柱塞的速度为 0。柱塞远离波谷与靠近波谷的过程中，速度的方向是相反的。

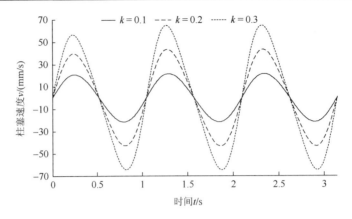

图 7.72　偏心率对柱塞速度的影响规律

在单柱塞情况下，取非圆齿轮阶数 $n_1 = 2$，端曲面齿轮的阶数 $n_2 = 3$，分别取偏心率 $k = 0.1$、0.2、0.3 时，根据式（7.89）可求得柱塞加速度的变化规律，绘制其运动规律曲线。在输入轴角速度 $\omega = 1\mathrm{rad}/\mathrm{s}$ 时，柱塞往复运动加速度与时间的关系如图 7.73 所示。

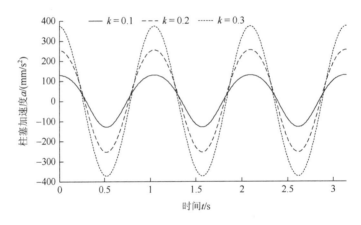

图 7.73　偏心率对柱塞加速度的影响规律

由图 7.73 可知，随着偏心率 k 的增加，柱塞泵的运动加速度会逐渐增大，而往复运动周期不变。并且，偏心率每增加 0.1，最大速度将大约增大 1 倍。由此可见，增加偏心率可以在相同运动周期的情况下来增大柱塞往复加速度。经过与位移、速度曲线的对比发现，在端曲面齿轮的波峰与波谷处，即在柱塞速度为 0 的地方，柱塞加速度达到最大，且方向相反。

2. 端曲面齿轮阶数影响规律

与斜盘式柱塞泵不同，双端曲面齿轮柱塞泵的柱塞运动规律与端曲面齿轮的阶数、偏心率有关。

在单柱塞情况下，取非圆齿轮阶数 $n_1 = 2$，偏心率 $k = 0.1$，分别取端曲面齿轮的阶数 $n_2 = 1$、2、3 时，根据式（7.85）可求得柱塞位移的变化规律，绘制其运动规律曲线。在输入轴角速度 $\omega = 1\text{rad}/\text{s}$ 时，柱塞往复运动位移与时间的关系如图 7.74 所示。

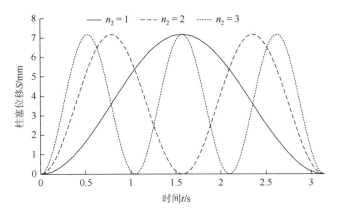

图 7.74　阶数对柱塞位移的影响规律

由图 7.74 可知，随着端曲面齿轮阶数 n_2 的增加，柱塞泵的运动位移大小不会变化，而往复运动周期逐渐变小。并且，端曲面齿轮阶数 n_2 每增加 1，周期将大约降低 50%。由此可见，增加端曲面齿轮阶数可以在相同运动位移的情况下来降低柱塞往复运动周期。

在单柱塞情况下，取非圆齿轮阶数 $n_1 = 2$，偏心率 $k = 0.1$，分别取端曲面齿轮的阶数 $n_2 = 1$、2、3 时，根据式（7.88）可求得柱塞速度的变化规律，绘制其运动规律曲线。在输入轴角速度 $\omega = 1\text{rad}/\text{s}$ 时，柱塞往复运动速度与时间的关系如图 7.75 所示。

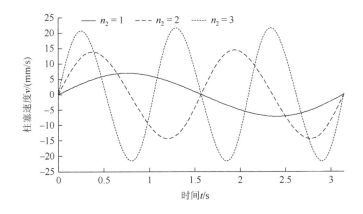

图 7.75　阶数对柱塞速度的影响规律

由图 7.75 可知，随着端曲面齿轮阶数 n_2 的增加，柱塞泵的运动速度大小逐渐增大，而往复运动周期也逐渐变小。并且，端曲面齿轮阶数 n_2 每增加 1，周期将大约降低 50%。由此可见，增加端曲面齿轮阶数既可以增大运动速度，又可以降低柱塞往复运动周期。经过与位移曲线的对比发现，在端曲面齿轮的波峰和波谷处，柱塞的速度为 0。柱塞远离波谷与靠近波谷的过程中，速度的方向是相反的。

在单柱塞情况下，取非圆齿轮阶数 $n_1 = 2$，偏心率 $k = 0.1$，分别取端曲面齿轮的阶数 $n_2 = 1$、2、3 时，根据式（7.89）可求得柱塞加速度的变化规律，绘制其运动规律曲线。在输入轴角速度 $\omega = 1\mathrm{rad/s}$ 时，柱塞往复运动加速度与时间的关系如图 7.76 所示。

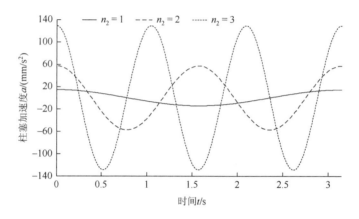

图 7.76　阶数对柱塞加速度的影响规律

由图 7.76 可知，随着端曲面齿轮阶数 n_2 的增加，柱塞泵的运动加速度逐渐增大，而往复运动周期也逐渐变小。并且，端曲面齿轮阶数 n_2 每增加 1，周期将大约降低 50%。由此可见，增加端曲面齿轮阶数既可以增大运动加速度，又可以降低柱塞往复运动周期。经过与位移、速度曲线的对比发现，在端曲面齿轮的波峰与波谷处，即在柱塞速度为 0 的地方，柱塞加速度达到最大，且方向相反。

3. 输入转速对运动学特性的影响

除了复合双端曲面齿轮副的结构参数，输入转速也会对运动学特性产生影响，下面针对输入转速 n 与运动学特性的关系展开讨论。由于运动学特性中的位移、速度与加速度公式中均体现的是与输入转角 θ_2 之间的关系，在讨论前需要对时间 t 与转角 θ_2 进行转化。其中，输入转角 θ_2 与输入转速 n 和时间 t 的关系式为 $\theta_2 = \dfrac{n\pi}{30}t$。因此，可得出 $t = \dfrac{30\theta_2}{n\pi}$。

分别取输入转速为 20r/min、40r/min、60r/min 时，将 $\theta_2 = \dfrac{n\pi}{30}t$ 代入运动学方程中，可以得出位移、速度与加速度与时间的变化关系，如图 7.77～图 7.79 所示。

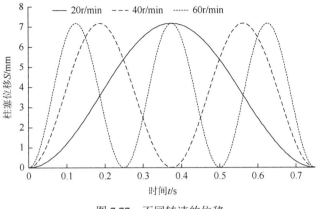

图 7.77　不同转速的位移

从图 7.77 可知，当输入转速不断提高时，柱塞位移呈现周期不断变小的趋势，但整体位移大小不受影响。

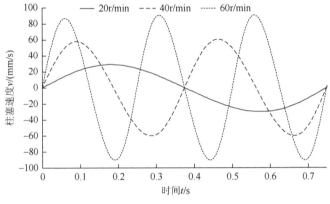

图 7.78　不同转速的速度

从图 7.78 可知，当输入转速不断提高时，柱塞速度呈现周期不断变小的趋势，同时整体速度逐渐变大。

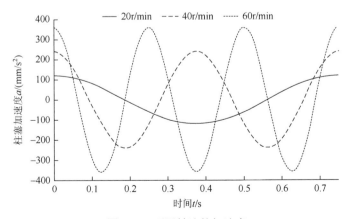

图 7.79　不同转速的加速度

从图 7.79 可知，当输入转速不断提高时，柱塞加速度呈现周期不断变小的趋势，同时整体加速度逐渐变大。

在柱塞运动学特性中，柱塞速度与柱塞泵的流量有着很大的关系，柱塞速度变化规律直接影响柱塞泵流量性能。为与现有斜盘式柱塞泵进行对比，选用柱塞速度作为研究对象。从图 7.78 中可知，在不同主轴转速下，柱塞往复运动的瞬时速度呈现周期性变化，且转速不同，其幅值和周期也不相同。当转速为 $n = 20r/min$ 时，瞬时速度的最大值约为 0.03m/s，速度的变化周期约为 0.75s；转速为 $n = 40r/min$ 时，瞬时速度的最大值约为 0.06m/s，速度的变化周期约为 0.37s；转速为 $n = 60r/min$ 时，瞬时速度的最大值约为 0.09m/s，速度的变化周期约为 0.25s。随着转速的增加，柱塞运动的瞬时速度也在急剧增加，转速由 $n = 20r/min$ 增加到 $n = 60r/min$ 时，瞬时速度由 $v_{max} = 0.03m/s$ 增加到 $v_{max} = 0.09m/s$。柱塞运动的瞬时速度变化周期却由 0.75s 缩短到 0.25s。

因此，随着转速的增加，柱塞的运动速度变化比较剧烈，使转子轴承以及柱塞与缸体之间的摩擦、磨损和发热加剧，缩短了柱塞泵的使用寿命。转速的过分增加，还会造成进口油液充填不良，不仅会造成柱塞泵的容积效率降低，严重时还会发生气隙，使泵的供油量产生较大的脉动，影响其他装置的工作。下面就针对转速与柱塞速度的关系进行对比，表 7.16 为新型双端曲面齿轮柱塞泵速度参数，表 7.17 为现有斜盘式柱塞泵速度参数。

表 7.16　新型双端曲面齿轮柱塞泵速度参数

输入转速/(r/min)	10	20	30	40	50	60	70	80
最大速度/(m/s)	0.015	0.03	0.045	0.06	0.075	0.09	0.105	0.12
变化周期/s	1.5	0.75	0.5	0.37	0.3	0.25	0.21	0.19

表 7.17　现有斜盘式柱塞泵速度参数

输入转速/(r/min)	100	200	300
最大速度/(m/s)	0.02792	0.05716	0.08447
变化周期/s	0.764	0.456	0.224

根据表 7.16 和表 7.17，可以做出图 7.80 与图 7.81 的对比曲线。

从图 7.80 可知，现有斜盘式柱塞泵的柱塞速度若要达到 0.0279～0.08447m/s 的水平，需要输入转速在 100～300r/min。而当双端曲面齿轮柱塞泵的输入转速为 20～60r/min 时，可以完全达到 0.03～0.09m/s 的水平。可以得出，要达到与现有斜盘式柱塞泵同等柱塞速度的水平，双端曲面齿轮柱塞泵的输入转速降低了 80%。能够用更低的输入转速获得更高的柱塞速度，这为延长泵寿命和提高流量脉动提供了很大优势。

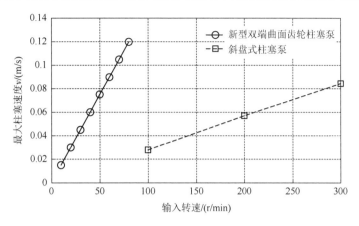

图 7.80 两种泵最大柱塞速度对比

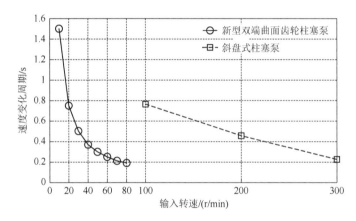

图 7.81 两种泵柱塞速度周期对比

从图 7.81 可知,现有斜盘式柱塞泵的柱塞速度变化周期若要达到 0.764~0.224s 的水平,需要输入转速在 100~300r/min。而当双端曲面齿轮式柱塞泵的输入转速为 20~60r/min 时,就可以降低到 0.75~0.25s 的水平。可以得出,要达到与现有斜盘式柱塞泵同等柱塞速度变化周期的水平,双端曲面齿轮柱塞泵的输入转速降低了 80%。能够用更低的输入转速获得更高的柱塞速度变化频率,这也为延长泵寿命和提高流量脉动提供了很大优势。

通过以上分析以及针对两者的对比,可以得出双端曲面齿轮柱塞泵与斜盘式柱塞泵具有以下几点不同之处,如表 7.18 所示。

表 7.18 双端曲面齿轮柱塞泵与斜盘式柱塞泵的对比分析

项目	斜盘式柱塞泵	双端曲面齿轮柱塞泵	结果
关键接触副	摩擦副	齿轮副	延长寿命
对输入转速要求	高	低	降低磨损
柱塞速度	低	高	增大流量

项目	斜盘式柱塞泵	双端曲面齿轮柱塞泵	结果
柱塞速度变化周期	大	小	提高效率
柱塞速度变化频率	小	大	提高效率
单周吸/排油次数	少	多	增大流量
吸/排油特性	单作用	双作用	不间断排油

由表 7.18 可知,双端曲面齿轮柱塞泵具有小周期、大频率、抗磨损、大流量和不间断排油的特性。这些特性在提高柱塞泵的性能上具有较大的优势。

参 考 文 献

[1] Emura T，Arakawa A. A new steering mechanism using non-circular gears [J]. JSME International Journal，Series Ⅲ，1992，35（4）：604-610.

[2] Brown J. Noncircular gears make unconventional moves [J]. Power Transmission Design，1996，38（3）：29-31.

[3] Ferguson R J. Transmission uses noncircular gear [J]. Power Transmission Design，1977，19（8）：42-43.

[4] Lozzi A. Non-circular gears-graphic generation of involutes and base outlines [J]. IMechE，2000，214（3）：411-422.

[5] Cleghorn W L，Show E C. Computer analysis for continuously variable transmissions using noncircular gears [J]. Transactions of the CSME，1987，11（2）：113-120.

[6] 马延会. 变传动比限滑差速器的齿轮设计[D]. 武汉：武汉理工大学，2007.

[7] Jumin J. A novel methodology for noncircular bevel gearing [J]. ICMT，2006，1（9）：114-118.

[8] 王小椿，吴序堂，彭炜. 高性能变传动比差速器的研究[J]. 西安交通大学学报，1990，24（2）：1-8.

[9] 姜虹，王小椿. 三周节变传动比限滑差速器设计与试验[J]. 农业机械学报，2007，38（4）：31-34.

[10] 刘毅. 复合运动端曲面齿轮副的设计与分析[D]. 重庆：重庆大学，2016.

[11] Lin C，Gong H，Nie N，et al. Geometry design，three-dimensional modeling and kinematic analysis of orthogonal fluctuating gear ratio face gear drive [J]. Proceedings of Institution of Mechanical Engineers Part C Journal of Mechanical Engineering Science，2013，227（4）：779-793.

[12] Lin C，Wu X Y，Wei Y Q. Design and characteristic analysis of eccentric helical curve-face gear [J]. Journal of Advanced Mechanical Design，Systems，and Manufacturing，2017，11（1）：JAMDSM0011.

[13] 郭承志，符炜，朱巨才，等. 急回机构中非圆齿轮节曲线的设计[J]. 机械工程学报，2005，41（11）：221-227.

[14] Ollson U. Non-circular bevel gears（Acta Polytechnics，Mechanical Engineering Series）[R]. Stockholm，The Royal Swedish Academy of Engineering Sciences，1959.

[15] 林超，张雷，张志华. 一种新型非圆锥齿轮副的传动原理及其齿面求解[J]. 机械工程学报，2014，50（13）：66-72.

[16] Litvin F，Zhang Y，Wang J C. Design and geometry of face-gear drive [J]. ASME Journal of Mechanical Design，1992，114：642-647.

[17] Litvin F，Fuentes A. Gear Geometry and Applied Theory [M]. Cambridge：Cambridge University Press，2004.

[18] Yang D H，Tong S H，Lin J. Deviation-function based pitch curves modification for conjugate pair design [J]. ASME Journal of Mechanical Design，1999，121（4）：579-585.

[19] Tong S H，Yang D H. Generation of identical noncircular pitch curves [J]. ASME Journal of Mechanical Design，1998，120（2）：337-341.

[20] Tsay D M，Lin B J. Profile determination of planar and spatial cams with cylindrical roller-followers [J]. Proceeding Institute of Mechanical Engineering，Part C：Journal of Mechanical Engineering Sciences，1996，210：565-574.

[21] Bravo R H，Flocker F W. Optimizing cam profiles using the particle swarm technique [J]. Journal of Mechanical Design，2011，133（9）：091003.

[22] Figliolini G，Migliozzi P. Synthesis of the pitch cones of n-lobed elliptical bevel gears [C]// ASME 2004 International Design Engineering Technical Conferences and Computers and Information in Engineering Conference. Salt Lake City，USA，2011：943-951.

[23] Fan Q. Optimization of face cone element for spiral bevel and hypoid gears [C]// ASME 2011 International Design Engineering Technical Conferences and Computers and Information in Engineering Conference. Washington，USA，2011：189-195.

[24] 刘大伟，任廷志. 由补偿法构建封闭非圆齿轮节曲线[J]. 机械工程学报，2011，47（13）：147-152.

[25] 刘永平，吴序堂，李鹤岐. 常见的凸封闭节曲线非圆齿轮副设计[J]. 农业机械学报，2007，38（6）：143-146.

[26] 夏继强，耿春明，宋江滨. 变传动比相交轴直齿锥齿轮副几何设计方法，中国：200410009582. 6 [P]. 2006-03-29.

[27] Xia J Q，Liu Y Y，Geng C M，et al. Noncircular bevel gear tranamission with intersecting axes [J]. Transactions of the ASME，2008，130（5）：1-6.

[28] 龚海. 正交非圆面齿轮副的传动设计与特性分析[D]. 重庆：重庆大学，2012.

[29] 林超，李莎莎，龚海. 正交变传动比面齿轮的设计及三维造型[J]. 湖南大学学报（自然科学版），2014，41（3）：49-55.

[30] Penaud J，Alazard D，Amiez A. Kinematic analysis of spatial geared mechanisms [J]. Journal of Mechanical Design，2012，134（2）：021009.

[31] Talpasanu I，Simionescu P A. Kinematic analysis of epicyclic bevel gear trains with matroid method [J]. Journal of Mechanical Design，2012，134（11）：114501.

[32] 徐辅仁. 椭圆齿轮机构与摆动导杆机构之组合[J]. 组合机床与自动化加工技术，1990，（7）：27-29.

[33] 冉小虎. 非圆齿轮传动特性与实验研究[D]. 重庆：重庆大学，2007.

[34] 陈全明. 面齿轮传动系统的设计研究及应用[D]. 哈尔滨：哈尔滨工业大学，2017.

[35] 梁栋. 共轭曲线齿轮啮合理论研究[D]. 重庆：重庆大学，2015.

[36] Bair B W，Sung M H，Wang J S，et al. Tooth profile generation and analysis of oval gears with circular-arc teeth [J]. Mechanism & Machine Theory，2009，44（6）：1306-1317.

[37] Tsay M F，Fong Z H. Study on the generalized mathematical model of noncircular gears [J]. Mathematical & Computer Modelling，2005，41（4）：555-569.

[38] 林菁. 基于啮合角函数的非圆齿轮齿廓求解及几何特性研究 [J]. 机械传动，2004，28（3）：6-9.

[39] 童婷，郑方炎，孙科，等. 基于齿廓法线的非圆齿轮齿廓数值算法 [J]. 武汉理工大学学报（交通科学与工程版），2013，37（3）：652-654.

[40] Qiu H，Deng G. A calculation approach to complete profile of noncircular gear teeth [J]. Lecture Notes in Electrical Engineering，2014，237：23-33.

[41] 李建刚，吴序堂，毛世民. 非圆齿轮齿廓数值计算的研究[J]. 西安交通大学学报，2005，39（1）：75-78.

[42] 张瑞，吴序堂，聂钢. 高阶变性椭圆齿轮的研究与设计[J]. 西安交通大学学报，2005，39（7）：726-730.

[43] 方毅，邵建敏. 椭圆齿轮齿廓曲线的设计与绘图[J]. 机械设计与制造，2005，（8）：33-34.

[44] Li B，Hu J，Chen D，et al. Numerical algorithm of non-circular gear's tooth profile based on jarvis march [C]// Revised Selected Papers of the Second International Conference on Human Centered Computing. New York，USA，2016：689-694.

[45] 林超，龚海，侯玉杰，等. 高阶椭圆锥齿轮齿形设计与加工[J]. 中国机械工程，2012，23（3）：253-258.

[46] Wu X T，Wang S Z，Wang G H，et al. Noncircular gear CAD/CAM technology [C]//Proceedings of 8th World Congress on the Theory of Machines and Mechanisms. Prague，Czechoslovakia，1999：26-31.

[47] 李建刚，吴序堂，李泽湘. 基于插齿数值计算模型的非圆齿轮根切分析[J]. 农业机械学报，2007，

38（6）：138-142.

[48] 王艾伦，马强，刘琳琳. 椭圆齿轮动态特性仿真研究[J]. 机械传动，2006，30（4）：7-10.

[49] 王雷. 非圆齿轮动力学特性研究[D]. 郑州：郑州大学，2008.

[50] 丁康，李巍华，朱小勇. 齿轮及齿轮箱故障诊断实用技术[M]. 北京：机械工业出版社，2005.

[51] 林超，侯玉杰，龚海，等. 高阶变性椭圆锥齿轮传动模式设计与分析[J]. 机械工程学报，2011，47（13）：131-139.

[52] 林超，曾庆龙，聂玲，等. 高阶椭圆锥齿轮齿距误差的三坐标测量方法[J]. 重庆大学学报，2013，36（10）：1-7.

[53] 李莎莎. 正交变传动比面齿轮副齿面接触分析[D]. 重庆：重庆大学，2014.

[54] 林超，顾思家，刘毅. 点接触正交变传动比面齿轮副重合度分析[J]. 吉林大学学报（工学版），2016，46（2）：471-478.

[55] 王瑶. 端曲面齿轮传动的啮合特性及承载能力分析[D]. 重庆：重庆大学，2015.

[56] 刘永平，县喜龙，王鹏. 非圆齿轮动态特性测试装置与实验分析[J]. 机械传动，2015，39（9）：126-128.

[57] 张鸿翔，李波，陈定方，等. 非圆齿轮节曲线综合误差检测与实验研究[C]//全国地方机械工程学会暨中国制造2025发展论坛，腾冲，2015.

[58] 侯玉杰. 椭圆锥齿轮传动的设计分析及实验研究[D]. 重庆：重庆大学，2011.

[59] 陈宁新. 齿轮几何中的根切与极限法线点的几何特性研究[J]. 机械传动，2015，39（1）：1-7.

[60] 陈建能，叶军，赵华成. 高阶变性偏心共轭非圆齿轮的凹凸性及根切判别[J]. 中国机械工程，2014，25（22）：3028-3033.

[61] 崔艳梅，方宗德，王丽萍. 弧线齿面齿轮的根切与变尖研究[J]. 机械强度，2014，36（4）：572-577.

[62] 曹启章. 非正交面齿轮齿面建模及加工误差分析[D]. 哈尔滨：哈尔滨工业大学，2008.

[63] 魏冰阳，袁群威，吴聪. 偏置正交面齿轮的几何设计及三维造型[J]. 河南科技大学学报（自然科学版），2012，33（3）：8-11.

[64] Litvin F L，Fuentes A，Howkins M . Design，generation and TCA of new type of asymmetric face-gear drive with modified geometry[J]. Computer Methods in Applied Mechanics & Engineering，2001，190（43）：5837-5865.

[65] Litvin F L，Fuentes A，Handschuh R F，et al. Face-gear drives with spur involute pinion：Geometry generation by a worm，stress analysis [J]. Computer Methods in Applied Mechanics and Engineering，2002，（191）：2785-2813.

[66] 李政民卿，朱如鹏. 正交面齿轮齿廓的几何设计和根切研究[J]. 华南理工大学学报（自然科学版），2008，36（2）：78-82.

[67] Sandro B，Leonardo B，Forte P，et al. Evaluation of the effect of misalignment and profile modification in face-gear drive by a finite element meshing simulation [J]. Transactions of the ASME，2004，（9）：126-134.

[68] Li Z M Q，Hao W. Influence predictions of geometric parameters on face gear strength [J]. Advances in Mechanical Engineering，2014，（6）：1-7.

[69] Lei B Z，Cheng G. Remanufacturing the pinion：An application of a new design method for spiral bevel gears [J]. Advances in Mechanical Engineering，2015，（7）：1-9.

[70] Zhu R P，Pan S C，Gao D P. Study of the design of tooth width of right shaft-angle face-gear drive [J]. Mechanical Science and Technology，1999，18（4）：566-569.

[71] 李政民卿，朱如鹏. 基于包络法的正交面齿轮齿廓尖化研究[J]. 中国机械工程，2008，19（9）：1029-1032.

[72] 鲁文龙，朱如鹏，曾英. 正交面齿轮传动中齿面曲率研究[J]. 南京航空航天大学学报，2000，32（4）：400-404.

[73] 朱如鹏，潘升材，高德平. 正交面齿轮传动中齿宽设计的研究[J]. 机械科学与技术，2009，40（10）：10-13.

[74] Shen Y J，Yang S P，Liu X D，Nonlinear dynamics of a spur gear pair with time-varying stiffness and backlash based on incremental harmonic balance method [J]. International Journal of Mechanical Sciences，2006，48：1256-1263.

[75] Litak G，Friswell M I. Dynamics of a gear system with faults in meshing stiffness [J]. Nonlinear Dynamics，2005，41：415-421.

[76] 李晓贞，朱如鹏，李政民卿，等. 非正交面齿轮传动系统的耦合振动分析[J]. 机械科学与技术，2009，28（1）：124-128.

[77] 林腾蛟，冉雄涛. 正交面齿轮传动非线性振动特性分析[J]. 振动与冲击，2012，31（2）：25-31.

[78] Cui Y M，Fang Z D，Su J Z，et al. Precise modeling of arc tooth face-gear with transition curve [J]. Chinese Journal of Aeronautics，2013，26（5）：1346-1351.

[79] Fernandez D，Rincon A，Viadero F. A model for the study of meshing stiffness in spur gear transmission [J]. Mechanism and Machine Theory，2013，61（1），30-58.

[80] Monsak P，Kazem K. Efficient evaluation of spur gear tooth mesh load using pseudo-interference stiffness estimation method [J]. Mechanism and Machine Theory，2002，37（8）：769-786.

[81] Comell R W. Compliance and stress sensitivity of spur gear teeth [J]. Journal of Mechanical Design，1981，103：447-459.

[82] 唐进元，蒲太平. 基于有限元法的螺旋锥齿轮啮合刚度计算[J]. 机械工程学报，2011，47（11）：23-29.

[83] 卜忠红，刘更，吴立言. 斜齿轮啮合刚度变化规律研究[J]. 航空动力学报，2010，25（4）：957-962.

[84] Weber C. The deformation of loaded gears and the effect on their load-carrying capacity, sponsored research（Germany）[R]. London：British Scientific and Industrial Research，1949.

[85] Ishikawa J. Deflection of gear（in Japanese）[J]. Transactions of the Japan Society of Mechanical Engineering，1951，17：103-106.

[86] Kuang J H，Yang Y T. An estimate of mesh stiffness and load sharing ratio of a spur gear pair [J]. Advancing Power Transmission into the 21st Century，1992，2（7）：1-9.

[87] Furrow R W，Mabie H H. The measurement of static deflection in spur gear teeth [J]. Journal of Mechanisms，1970，5（2）：147-150.

[88] 方宗德，蒋孝煜. 齿轮轮齿受载变形的激光散斑测量及计算[J]. 机械传动，1984，（5）：21-27.

[89] 李政民卿，黄鹏，李晓贞. 面齿轮轮齿刚度的计算方法及其影响因素分析[J]. 重庆大学学报（自然科学版），2014，37（1）：26-30.

[90] 雷敦财. 面齿轮时变啮合刚度计算及动态啮合性能研究[D]. 长沙：中南大学，2013.

[91] Buckingham E. Analytical Mechanics of Gears [M]. New York：Dover Publications，1949：302-320.

[92] Xu H. Development of a generalized mechanical efficiency prediction methodology for gear pairs [D]. Columbus：Ohio State University，2005.

[93] Chase D. The development of an efficiency test methodology for high speed gearboxes [D]. Columbus：Ohio State University，2005.

[94] Xu H，Kahraman A，Anderson N E，et al. Prediction of mechanical efficiency of parallel-axis gear pairs [J]. Journal of Mechanical Design，2007，129（1）：58-68.

[95] 姚建初，陈义保，周济，等. 齿轮传动啮合效率计算方法的研究[J]. 机械工程学报，2001，37（11）：18-21.

[96] 周哲波. 弹流润滑状态下齿轮啮合效率的研究[J]. 机械设计，2004，21（12）：40-43.

[97] Barone S，Borgianni L，Forte P. Evaluation of the effect of misalignment and profile modification in face gear drive by a finite element meshing simulation [J]. Transactions of ASME，Journal of Mechanical

Design，2004，126：916-924.

[98] Radzimovsky A，Mirarefi E I. Instantaneous efficiency and coefficient of friction of an involute gear drive [J]. Journal of Manufacturing Science and Engineering，1997，95（4）：1131-1138.

[99] Winter H，Wech L. Measurements and optimization of the efficiency of hypoid axle drives of vehicles [J]. SAE Technical Papers，1988，885127：1-15.

[100] Kolivand M，Li S，Kahraman A. Prediction of mechanical gear mesh efficiency of hypoid gear pairs [J]. Mechanism and Machine Theory，2010，45：1568-1582.

[101] 盛兆华，唐进元，陈思雨，等. 直齿-面齿轮传动啮合效率的计算与分析[J]. 中南大学学报（自然科学版），2016，（2）：459-466.

[102] 苏进展，贺朝霞. 直齿面齿轮啮合效率计算研究[J]. 机械制造，2014，52（6）：26-29.

[103] 赵木青. 准双曲面齿轮副对驱动桥传动效率的影响规律[D]. 武汉：武汉理工大学，2013.

[104] 张展. 齿轮减速器现状及发展趋势[J]. 水利电力机械，2001，（1）：58-59.

[105] 洪福顺. 直升机减速器新发展[J]. 直升机技术，1996，（3）：37-41.

[106] 日本设备工程师协会设备诊断技术委员会. 设备诊断技术[M]. 北京：北京市机械工业局技术开发研究所，1983.

[107] 梁桂明，朱象矩，黄希忠. 齿轮技术的发展趋势[J]. 中国机械工程，1995，（3）：26-27.

[108] Harumi I，Shigeyoshi N. Tooth cutting method of face gear by using CNC-hobbing machine [J]. American Society of Mechanical Engineers，Design Engineering Division，1992，43（1）：209-214.

[109] Ohshima F，Yoshino H. A study on high reduction face gears [J]. Hen/Transactions of the Japan Society of Mechanical Engineers，Part C，2009，75（758）：2816-2821.

[110] Frackowiak P，Ptaszynski W，Stoic A. New geometry and technology of face-gear forming with circle line of teeth on CNC milling machine [J]. Metalurgija，2012，51（1）：109-112.

[111] 薛东彬，陈大立. 面齿轮的数控铣削加工 [J]. 机械制造技术，2010，11（37）：65-67.

[112] Li X Z，Zhu R P，Li Z M Q. Study on designing and dressing of worm for grinding process of face gear [J]. Applied Mechanics and Materials，2011，86：475-478.

[113] 彭先龙，方宗德. 应用大碟形刀具加工面齿轮的理论分析[J]. 哈尔滨工业大学学报，2013，45（5）：80-85.

[114] 付自平. 正交面齿轮的插齿加工仿真和磨齿原理研究[D]. 南京：南京航空航天大学，2006.

[115] 姬存强，魏冰阳，邓效忠，等. 正交面齿轮的设计与插齿加工试验[J]. 机械传动，2010，34（2）：58-61.

[116] 张鸿源. 圆锥齿轮测量[M]. 北京：中国计量出版社，1988.

[117] 庄葆华，李真. 齿轮近代测量技术与仪器[M]. 北京：机械工业出版社，1986.

[118] 柏永新. 齿轮精度与综合检验[M]. 上海：上海科学技术出版社，1986.

[119] Health G F，Filler R F，Tan J. Development of face gear technology for industrial and aerospace power transmission [R]. New York：NASA Contractor Report CR-2002-211320，2002.

[120] 王延忠，王庆颖，吴灿辉，等. 正交面齿轮齿面偏差的坐标测量[J]. 机械传动，2010，34（7）：1-4.

[121] 王志，石照耀. CMM 测量正交面齿轮的误差理论分析[J]. 北京工业大学学报，2012，38（5）：663-667.

[122] 丁志耀，张俐，李东升，等. 面齿轮齿面检测路径规划方法研究[J]. 机床与液压，2011，39（17）：4-8.

[123] 石照耀，鹿晓宁，陈昌鹤，等. 面齿轮单面啮合测量仪的研制[J]. 仪器仪表学报，2013，34（12）：2715-2721.

[124] 朱孝录. 齿轮的试验技术与设备丛书[M]. 北京：机械工业出版社，1988.

[125] 郭辉，赵宁，侯圣文. 基于碟形砂轮的面齿轮磨齿加工误差分析及实验研究[J]. 西北工业大学学报，

2013，31（6）：915-920.

[126] 崔艳梅. 弧线齿面齿轮传动设计及制造技术研究[D]. 西安：西北工业大学，2016.

[127] 何国旗. 面齿轮齿面创成方法及啮合特性研究[D]. 长沙：中南大学，2014.

[128] 何国旗，严宏志，胡威，等. 面齿轮啮合过程中齿面接触分析[J]. 中南大学学报（自然科学版），2013，44（1）：95-100.

[129] 唐德威，于红英，李建生，等. 非圆齿轮加工中刀具齿根与轮齿齿顶干涉分析[J]. 中国机械工程，2002，13（12）：1045-1047.

[130] Sagirli A，Bogoclu M E，Omurlu V E. Modeling the dynamics and kinematic of a telescopic rotary crane by the bond graph method：Part I [J]. Nonlinear Dynamics，2003，33：337-351.

[131] 吴昊，王建文，安琦. 圆锥滚子轴承径向刚度的计算方法研究[J]. 润滑与密封，2008，33（7）：39-43.

[132] Winter H，Michaelis K. Scoring load capacity of gears lubricated with ep-oils [C]// AGMA. Fall Technical Meeting. Montreal，Canada，1983.

[133] 唐群国，陈卓如，金朝铭. 非圆齿轮传动弹流润滑的数值解[J]. 佳木斯大学学报（自然科学版），1999，17（1）：17-19.

[134] Hamrock B J，Jacobson B O. Elastohydrodynamic lubricationof line contacts [J]. ASME，1981，27（4）：303-313.

[135] Crook A W. The lubrication of rollers IV. Measurements of friction and effective viscosity [J]. Philosophical Transmissions of the Royal Society（London），Series A，1963，255：281.

附录 部分参数表

a	非圆齿轮长半轴	k	偏心率
n_1	非圆齿轮阶数	θ_1	非圆齿轮转角
n_2	端曲面齿轮阶数		
ω_1	非圆齿轮角速度	R	端曲面齿轮半径
ω_2	端曲面齿轮角速度	$r(\theta_1)$	非圆齿轮瞬时半径
θ_2	端曲面齿轮转角	L	非圆齿轮与齿轮刀具瞬时距离
λ	非圆齿轮与齿轮刀具压力角瞬时夹角	θ_S	齿轮刀具转角
r_s	齿轮刀具节曲线半径	r_{bk}	齿轮刀具基圆半径
θ_{os}	齿形角	B	齿宽
i_{12}	端曲面齿轮副传动比	α_c	端曲面齿轮压力角
m	模数	α_u	产形轮压力角
h_f	端曲面齿轮齿根高度	h_a	端曲面齿轮齿顶高度
β	螺旋角	u_k	齿宽系数
p_s	螺旋参数	H	螺旋导程
ψ_1	非圆锥齿轮锥角	ΔF_p	齿距累积总偏差
$\Delta F_i'$	切向综合偏差	Δf_{pt}	单个齿距偏差
Δf_c	齿形相对误差	δ	齿距法向偏差
z_k	插齿刀齿数	ρ	刀具圆角半径